Optronics MOOK

光通信技術
OPTICAL COMMUNICATIONS

株式会社 オプトロニクス社

OPTRONICS MOOK 光通信技術

第1章　つながる宇宙・航空光通信

非地上系ネットワークにおける衛星光通信技術 ………………………………………… 2
(国研)情報通信研究機構　Dimitar Kolev，小竹秀明，斉藤嘉彦，辻　宏之，豊嶋守生

Beyond 5G/6G時代の非地上系ネットワークを実現する宇宙光通信技術 ………… 5
(国研)情報通信研究機構　小竹秀明，Alberto Carrasco-Casado，斉藤嘉彦，Dimitar Kolev

衛星搭載用および地上局用光通信機器の光学設計 ………………………………… 11
㈱ニコン　作田博伸

HAPSの可能性を広げる光無線 …………………………………………………………… 15
ソフトバンク㈱　先端技術研究所　柳本教朝

大気による衛星地上間光通信品質劣化の軽減に関する研究開発 …………………… 19
(国研)情報通信研究機構　斉藤嘉彦，六川慶美，Dimitar Kolev，豊嶋守生

地球観測衛星からの光通信への期待 ……………………………………………………… 23
㈱パスコ　池辺憲一

第2章　シリコンフォトニクスのアプリケーション展望とそれを支える基盤技術

シリコンフォトニクスハイブリッドレーザを用いた1チップLiDAR ……………… 28
早稲田大学　北　智洋

シリコン光集積回路で動作するニューラルネットワークコンピューティング ……… 33
(国研)産業技術総合研究所　コン　グアンウエイ，山本宗継，並木　周，山田浩治

シリコンフォトニクスを用いた量子情報デバイス ……………………………………… 38
東北大学　松田信幸

シリコンフォトニクスのデジタルコヒーレント光トランシーバーへの適用 ……… 43
日本電信電話㈱　亀井　新

シリコンフォトニクス内蔵型光電コパッケージ基板技術 …………………………… 48
(国研)産業技術総合研究所　天野　建

シリコン光集積技術を応用した高効率ポリマー光変調器 …………………………… 53
九州大学　横山士吉

第3章　サスティナブル社会を実現！ Beyond 5G時代の光通信

総論〜サスティナブル社会に向けた光通信技術〜 …………………………………… 60
早稲田大学　鈴木正敏

高速・大容量デジタルコヒーレント光伝送技術 ……………………………………… 64
日本電信電話㈱　木坂由明

マルチバンド波長多重光通信技術 ……………………………………………………… 69
富士通㈱　星田剛司，加藤智行，田中　有
㈱KDDI総合研究所　若山雄太，吉兼　昇，釣谷剛宏

Beyond 5G時代の超低遅延技術とそのアプリケーション …………………………… 73
慶應義塾大学　山中直明

空間分割多重伝送用光ファイバ技術 ……………………………………………………… 79
日本電信電話㈱　中島和秀，松井　隆，山田裕介，森　崇嘉，寒河江悠途

海底系：マルチコア大容量光伝送システム技術 …………………………………………… 84
㈱KDDI総合研究所　釣谷剛宏

空間多重光ネットワーク・ノード技術の研究開発：PHUJINプロジェクト ……………… 89
香川大学　神野正彦

Beyond 5G向けデジタルコヒーレント光アクセス技術（400G-PON）……………………… 96
沖電気工業㈱　鹿嶋正幸

Beyond 5G向けアナログRoF/IFoF光アクセス技術 …………………………………………… 102
㈱KDDI総合研究所　猪原　涼

Beyond 5G/6Gに向けたテラヘルツ無線技術の展望 ………………………………………… 106
大阪大学　永妻忠夫

第4章　注目！シリコンフォトニクスの展開

総論：シリコンフォトニクスと国家プロジェクト ………………………………………… 112
東京大学　荒川泰彦

光電子集積インターポーザーの進展 ………………………………………………………… 117
技術研究組合光電子融合基盤技術研究所　中村隆宏

シリコンフォトニクスの新市場 ……………………………………………………………… 122
アイオーコア㈱　福田秀敬

III-V族半導体薄膜接合を用いた光変調器 …………………………………………………… 127
東京大学　竹中　充

シリコンフォトニック結晶導波路におけるスローライト生成とその応用 ……………… 132
横浜国立大学　馬場俊彦

集積型光周波数コム光源とシリコンフォトニクス ………………………………………… 137
慶應義塾大学　田邉孝純

異種基板接合とシリコンフォトニクス ……………………………………………………… 143
東京工業大学　西山伸彦

シリコンフォトニクスにおけるフォトニック結晶共振器技術の展開 …………………… 147
京都大学　浅野　卓，野田　進

ハイブリッド集積シリコン量子フォトニクス ……………………………………………… 154
慶應義塾大学　太田泰友
東京大学　岩本　敏，荒川泰彦

IOWN構想とシリコンフォトニクス ………………………………………………………… 159
NTT先端集積デバイス研究所　松尾慎治

第5章　Beyond 5Gにおけるテラヘルツ通信への期待

総論：Beyond 5Gに向けたテラヘルツ波無線通信の開発動向 …………………………… 166
（国研）情報通信研究機構　笠松章史

テラヘルツスペクトラムの標準化動向 ……………………………………………………… 171
（国研）情報通信研究機構　小川博世

CMOS集積回路を用いたサブテラヘルツトランシーバとその未来 ……………………… 177
広島大学　藤島　実

Beyond 5Gテラヘルツ無線通信用小型誘電体アンテナの開発 ……………………… 185
岐阜大学　久武信太郎

テラヘルツ通信システム・ネットワーク ……………………………………………… 190
早稲田大学　川西哲也

共鳴トンネルダイオードとシリコンフォトニック構造が拓く
テラヘルツ帯集積基盤技術の進展 …………………………………………………………… 195
大阪大学　冨士田誠之

サブテラヘルツ帯域における通信を対象としたテストベッドの評価 ……………… 201
キーサイト・テクノロジー㈱　眞鍋秀一

テラヘルツ波帯域透明電波吸収シート ……………………………………………… 208
マクセル㈱　藤田真男，豊田将之

第6章　インタビュー　NTTが描く次世代光通信と新たな世界―IOWN構想が導く未来とは

NTTが描く次世代光通信と新たな世界―IOWN構想が導く未来とは ……………… 214
日本電信電話㈱　芝　宏礼，大西隆之，工藤伊知郎

第7章　OPTRONICS ONLINE ニューストピックス

OPTRONICS ONLINE ニューストピックス ………………………………………… 222

収録記事一覧

第 1 章　つながる宇宙・航空光通信
　　（2023 年 12 月号：特集）

第 2 章　シリコンフォトニクスのアプリケーション展望とそれを支える基盤技術
　　（2023 年 3 月号：特集）

第 3 章　サスティナブル社会を実現！ Beyond 5G 時代の光通信
　　（2022 年 12 月号：特集）

第 4 章　注目！シリコンフォトニクスの展開
　　（2022 年 3 月号：特集より抜粋）

第 5 章　Beyond 5G におけるテラヘルツ通信への期待
　　（2021 年 10 月号：特集）

第 6 章　インタビュー　NTT が描く次世代光通信と新たな世界 ― IOWN 構想が導く未来とは
　　（2020 年 5 月号：Interview）

第 7 章　OPTRONICS ONLINE ニューストピックス
　　（OPTRONICS ONLINE　https://optronics-media.com/　より）

はじめに

　インターネットは、我々の生活やビジネスが成り立たないほど身近な存在として浸透しています。この通信インフラを支えている重要な要素の一つが光であり、光通信技術の開発は地上から宇宙まで広がっています。こうした中で、光通信市場も平均成長率約8%が予測されており、拡大が期待されています。

　光通信技術の開発では高速・大容量化に加え、低遅延、低消費電力も重要な課題として取り組まれています。トレンドの一つとして、シリコンフォトニクス技術による光電融合技術があり、NTTが主導するIOWN（Innovative Optical & Wireless Network）構想においても、その実現に不可欠な役割を果たしています。

　光通信技術の進化によって、ありとあらゆるものがネットワークでつながり、超スマートな社会の実現へとつながることが期待されています。月刊オプトロニクスでは光通信技術をテーマとする特集を企画してきました。今回、これらを一冊にまとめたMOOK本を刊行しました。

　本書には、最新の研究成果や技術動向、実際の応用事例などが網羅されており、光通信技術の最前線を理解するための一助となるでしょう。さらに、本書を通じて、異なる分野の研究者や技術者同士の交流が促進され、新たなアイデアやコラボレーションが生まれることを期待しています。本書が、次世代光通信技術の開発に向けた道標となり、未来の通信インフラの構築に貢献することを願っています。

㈱オプトロニクス社

編集長　三島滋弘

第 1 章

つながる宇宙・航空光通信

第 1 章　つながる宇宙・航空光通信

非地上系ネットワークにおける衛星光通信技術

(国研)情報通信研究機構

Dimitar Kolev，小竹秀明，斉藤嘉彦，辻　宏之，豊嶋守生

1 はじめに

　非地上系ネットワーク（NTN）は，既存の地上ネットワークを3次元に拡張し，高速かつ低遅延の通信ネットワークを海上，航空，遠隔地を含むすべてのユーザーに拡張し，災害時の強力なバックアップを提供すると期待されている。

　その中で衛星光通信技術は，現在のRFシステムより広い帯域幅を免許不要で提供できるため，注目を集めている。近年，世界中で宇宙機関[1]，産業界，学界[2]による数多くの宇宙実証によって，この技術は成熟してきており，NTNへの導入がトレンドになっている。

2 非地上系ネットワークにおける衛星光通信技術

2.1 非地上系ネットワークのサービス動向

　NTNは，低軌道（LEO），中軌道（MEO），静止軌道（GEO）の衛星，ドローン，飛行機，高高度プラットフォーム（HAPS）等，様々な軌道上の衛星で構成されている。

　近年では，LEOコンステレーションの構築を目指す明らかな傾向がある。LEOコンステレーションネットワークでは，以下の複数のメリットがある。

- 静止衛星と比べると低遅延通信が可能。長距離の場合は，ファイバーを使用したネットワークよりも低遅延通信が可能。
- 衛星の高度が低く，高速通信また小型アンテナを利用

したユーザーリンクが可能。
- 静止衛星より小型なので，打上げコストを抑えることが可能。
- 低軌道衛星の寿命は，静止衛星より短いので，搭載機器の耐放射線性などの要件が厳しくない。

　上記の事情を鑑み，複数のベンチャー企業が既にLEO衛星コンステレーションを推進しており，いくつかの例を表1に示す。

　LEOコンステレーションとは別に，HAPSコンステレーションも新しいトレンドとして見られる。HAPSは衛星と同じく，消費電力と搭載質量に制限があるため，搭載機器はほぼ同等に考えられる。HAPSのプラットフォームには以下のような利点がある。

- ロケットの打ち上げが必要なく，宇宙で運用するシステムではないので，耐放射線性，耐熱真空性などの要件が厳しくない。
- 地上のユーザーまでの伝搬距離が短く，HAPSから直接携帯電話サービスやWi-Fiのサービスも可能。
- HAPSのプラットフォームは回収が可能であるため，搭載機器の交換・修理が可能である。

表1　LEO衛星コンステレーションの例

会社名	サービス開始	衛星数
O3b[3]	2014	12
Oneweb[4]	2023	648
Startlink[5]	2020	12000
Telesat[6]	2023	188
Iridium-next[7]	2018	66

2.2　衛星光通信のシナリオ

NTNの構成として，特にコンステレーションの動向を考えると，衛星光通信技術を使用できるシナリオは，主に衛星間及びHAPS間の光リンクに使用される。このシナリオでは，大気による影響が少ない条件なので，超高速光通信が可能になる。NTNのバックボーンリンクは，地上間ネットワークと同じく，光通信になると考えられる。さらに，衛星及びHAPSと地上間の光フィーダーリンクが用いられ，NTNネットワークと地上ネットワークを繋ぐために，高速通信フィーダーリンクが必要となる。光通信を使うと高速通信が可能となるが，大気を伝搬することにより大気ゆらぎの影響を受けるので，様々な対策が必要となる。また，コンステレーションだけではなく，例えば，静止衛星のハイスループット衛星（HTS）の場合でも光フィーダーリンクを用いることができる。例えば，NICTのHICALIミッションは2025年に打ち上げを行い宇宙実証する予定である[8]。フランス国立宇宙研究センター（CNES）とAirbus社が開発したフィーダーリンク用光通信実証ペイロード（TELEO）をBADR-8衛星に搭載し，2023年5月に打ち上げられた[9]。

地球観測衛星には，収集した情報を地上に転送するための高速リンクが必要である。これは光ダウンリンクが主となるシナリオである。

コンステレーションが利用できない場合に，低軌道衛星と地上の間のリンク稼働性を高めるには，LEOから地上への直接ダウンリンクの代わりにデータ中継衛星を使用することもできる。このシナリオでは，LEOから地上への直接リンクと比較して，LEO衛星とGEO衛星間のリンク稼働性を大幅に向上できる。このような実証とソリューションには，2016年から運用されている欧州データ中継システム（EDRS）[10]，2021年末に開始されたレーザー通信中継実証（LCRD）[11]，光衛星間通信システム（LUCAS）[12] が含まれる。この通信シナリオの課題は，LEO-地上リンク（通常は1000 km未満）または衛星間リンクと比較して，LEO-GEOリンク（30000〜40000 km程度）が長いため，衛星のペイロードが大きくなることである。

2.3　衛星光通信搭載機器の研究開発動向

衛星やHAPSの消費電力制限，また質量と打ち上げコスト等を考えつつ，衛星光通信搭載機器は小型化と高速通信化を目指している。表2で近年の世界における衛星光通信搭載機器の研究開発動向をまとめた。質量はkg級へと小型化に向かっており，通信速度も10 Mb/sから100 Mp/s〜Gb/s級へと高速化している。

近年では，CubeSatプラットフォームも非常に注目されていて，搭載機器もCubeSatプラットフォームを基準に考えられ，質量ではなく，CubeSatユニット（10×10×10 cmを1 Uという）で表される。

そのような例のひとつは，ドイツ航空宇宙センター（DLR）によって開発された，PIXL-1ペイロードとも呼ばれるOSIRIS4CubeSat（O4C）である。これは，OSIRISシリーズのプログラムの一部であり，100 Mb/sのダウンリンクをサポートしている。衛星光通信搭載機器自体はCubeSatユニットで1/3 U以内にあり，質量は395 g，消費電力は9 W未満である。O4Cは，2021年1月に打ち上げられた（PIXL-1）ミッションで実証されている。

CubeSat Laser Infrared Crosslink（CLICK）ミッションは，高速な衛星間リンクを実証し，LEOの3 U CubeSatで高精度測距を可能にする光通信端末を宇宙実証を行う[21]。CLICK-Aは2022年7月に国際宇宙ステーション（ISS）から展開され，CLICK B/Cは2024に打ち上げられる予定である。CLICK-Aペイロードの質量は1.2 kg未満で，1.2 Uの筐体に収められる。28 cm口径の光地上局に対して10 Mb/sダウンリンクが可能である。CLICK-B/Cペイロードは1.5 Uに収まり，データレート≧20 Mb/sを目指し

表2　衛星光通信搭載機器の研究開発動向

Entity	Payload	Year	Data rate	Mass/Size
NICT[13]	SOTA	2014	1/10 M	6 kg
Aerospace[14]	OCSD	2018	100 M	2.5 kg
SONY[15]	SOLISS	2019	80 M	1.2 kg
DLR[16]	PIXL-1	2021	100 M	0.3 U
TNO[17]	CubeCAT	2022	1 G	1 U
MIT LL[18]	TBIRD	2022	200 G	1.8 U
Astrogate Labs[19]	ASTRO-LINK	2022	1 G	1 U
NICT[20]	CubeSOTA	2025	10 G	3 U

ている。

NASAのTBIRDプログラムでは，地上ファイバー通信の1550 nm技術を活用した，100 Gb/s以上の直接ダウンリンク用の光通信アーキテクチャを開発した。6 U CubeSatは，その内3 Uが衛星バス部でありTBIRDの光通信端末ペイロードをホストしている。2022年5月に打ち上げられ，光衛星通信分野で世界最速となる200 Gb/sのダウンリンクに成功した。

3 まとめ

本稿では，非地上系ネットワーク（NTN）の最新動向を紹介し，世界における衛星光通信搭載の研究開発動向と，小型化・高速通信化への傾向をまとめた。また，衛星光通信を搭載し活用できるシナリオを紹介し，特にLEOコンステレーションの動向が活発になってきており，今後，さらなるベンチャー企業等の参入も出てくると考えられ，注目していく必要がある。

参考文献

1) D. M. Cornwell, "NASA's optical communications program for 2015 and beyond," DOI: 10.1117/12.2087132.
2) H. Yamazoe, et al., "The communication experiment result of Small Optical Link for ISS (SOLISS) to the first commercial optical ground station in Greece," DOI: 10.1109/ICSOS53063.2022.9749739.
3) https://www.apt.int/sites/default/files/2017/04/5_O3bs_New_Satellite_Tehncology_and_Serrvices_in_the_Pacific.pdf
4) https://www.airbus.com/en/products-services/space/telecom/constellations
5) https://www.space.com/spacex-starlink-satellites.html
6) https://spacenews.com/canadian-government-pledges-521-million-for-telesat-leo-constellation/
7) https://www.thalesgroup.com/en/worldwide/space/press-release/iridium-next-constellation-66-operational-satellites-will-make
8) T. Kubo-oka, et al., "Development of "HICALI"：high speed optical feeder link system between GEO and ground," Proc. SPIE 11180, ICSO 2018, July, 2019.
9) https://spacemedia.jp/technology-and-engineering/8560
10) H. Zech, et al., "LCT for EDRS: LEO to GEO optical communications at 1,8 Gbps between Alphasat and Sentinel 1a," https://doi.org/10.1117/12.2196273
11) B. Edwards, et al., "Challenges, Lessons Learned, and Methodologies from the LCRD Optical Communication System AI&T," 2022 IEEE International Conference on Space Optical Systems and Applications (ICSOS), 2022, pp. 22-31, DOI: 10.1109/ICSOS53063.2022.9749730.
12) S. Yamakawa, et al., "LUCAS: The second-generation GEO satellite-based space data-relay system using optical link," DOI: 10.1109/ICSOS53063.2022.9749726.
13) D. R. Kolev et al., "Overview of international experiment campaign with small optical transponder (SOTA)," DOI: 10.1109/ICSOS.2015.7425060.
14) T. S. Rose et al., "Optical communications downlink from a 1.5U Cubesat: OCSD program," https://doi.org/10.1117/12.2535938
15) K. Iwamoto et al., "Experimental results on in-orbit technology demonstration of SOLISS," https://doi.org/10.1117/12.2578089
16) C. Schmidt et al., "DLR's Optical Communication Terminals for CubeSats," DOI: 10.1109/ICSOS53063.2022.9749735.
17) M. Dresscher et al., "Key Challenges and Results in the Design of Cubesat Laser Terminals, Optical Heads and Coarse Pointing Assemblies," DOI: 10.1109/ICSOS45490.2019.8978976.
18) C. M. Schieler et al., "TBIRD 200-Gbps CubeSat Downlink: System Architecture and Mission Plan," DOI: 10.1109/ICSOS53063.2022.9749714.
19) https://astrogatelabs.com/
20) A. Carrasco-Casado et al., "Intersatellite-Link Demonstration Mission between CubeSOTA (LEO CubeSat) and ETS9-HICALI (GEO Satellite)," DOI: 10.1109/ICSOS45490.2019.8978975.
21) https://www.nasa.gov/smallspacecraft/what-is-click/

■Space Laser Communication Technology in Non-Terrestrial Networks
■①Dimitar Kolev ②Hideaki Kotake ③Yoshihiko Saito ④Hiroyuki Tsuji ⑤Morio Toyoshima
■National Institute of Information and Communications Technology (NICT), Network Research Institute, Wireless Networks Research Center

①コレフ　ディミタル　②コタケ　ヒデアキ　③サイトウ　ヨシヒコ　④ツジ　ヒロユキ　⑤トヨシマ　モリオ
所属：（国研）情報通信研究機構　ネットワーク研究所　ワイヤレスネットワーク研究センター

Beyond 5G/6G時代の非地上系ネットワークを実現する宇宙光通信技術

（国研）情報通信研究機構
小竹秀明, Alberto Carrasco-Casado, 斉藤嘉彦, Dimitar Kolev

1 はじめに

近年，地球観測衛星に搭載される光学センサや合成開口レーダー等で撮像した衛星画像の高解像度化に伴い，衛星通信の大容量化に対する期待が高まっている状況である。現在では，地球観測衛星に求められるデータ伝送速度として数Gb/sクラスが求められているが，従来の電波だけでは実現困難な状況である。

衛星通信の高速大容量化を実現可能な技術として，衛星間または地上衛星間でレーザー光を伝搬させて光通信を行う宇宙光通信技術が注目されている。従来の電波と比べて，数Gb/s以上の高速データ通信を達成できる点で魅力的であり，国内外において宇宙光通信技術の研究開発が活発に行われている。通信速度の高速化以外にも，通信機器の小型化や軽量化，指向性が高く範囲を限定可能な通信サービスを提供可能という点で，宇宙光通信技術には様々な利点がある[1]。

現在に至るまで，静止（GEO：Geostationary Earth Orbit）衛星や低軌道（LEO：Low Earth Orbit）衛星，光地上局（OGS：Optical Ground Station）を介した様々な形態の光通信回線に関わる研究開発や技術実証が，国内外の研究機関及び企業によって実施されてきた。これらの光通信回線は独立して運用されてきたが，将来的には大規模な非地上系ネットワーク（NTN：Non-Terrestrial Network）として統合されることが期待されている。NTNは，複数の静止衛星や，衛星コンステレーションを構成する多数の低軌道衛星，高高度プラットフォーム（HAPS：High-Altitude Platform Station）及びドローン等の無人航空機の間において3次元で接続された大規模なネットワークを指している[2]。なお，将来のNTNとして，対象とする通信エリアは月面や深宇宙にまで拡大することが期待されている。

このNTNにより，あらゆる場所での常時通信を可能にするだけでなく，通信速度の高速化も見込まれる。さらに，地上系ネットワーク（TN：Terrestrial Network）との相互接続も期待されており，スマートフォンや動画配信等の大容量通信サービスだけでなく，5Gの普及により定着し始めている低遅延通信サービスもNTNにおいて伝送されるようになる。このNTNが次世代通信規格であるBeyond 5G/6Gの実現に向けて注目を集めており，情報通信研究機構（NICT：National Institute of Information and Communications Technology）が発行済のBeyond 5G/6Gのホワイトペーパーにも，NTNのユースケースが

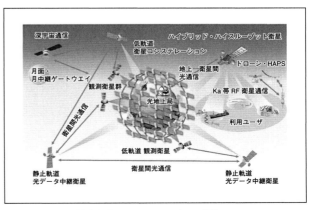

図1　宇宙光通信技術を適用したNTNのイメージ[3]

示されている[3]。図1に宇宙光通信技術を適用したNTNのイメージを示す。

本稿では，Beyond 5G/6G時代におけるNTNを実現する宇宙光通信技術の確立に向けて，NICTが推進している様々な研究開発の取組みを報告する。

2 技術試験衛星9号機搭載HICALIの研究開発

NICTは，地上−衛星間光フィーダリンクの実証に向けて，宇宙航空研究開発機構（JAXA：Japan Aerospace Exploration Agency）が開発するGEO衛星である技術試験衛星9号機（ETS-9：Engineering Test Satellite-9）に搭載される光通信サブシステムHICALIの研究開発を進めている[4]。図2は，HICALIを用いた光フィーダリンクのシステム構成である。HICALIとNICT保有の光地上局との間において，1.5 μm波長帯の10 Gb/s双方向光通信（アップリンク／ダウンリンク）が行われる[4]。各光リンクでは，差動位相変復調方式（DPSK：Differential Phase Shift Keying）が用いられる[4]。NICT保有の光地上局は，NICT本部（所在地：小金井），NICT鹿島宇宙技術センター等の複数拠点で設置された1 m望遠鏡を想定している。

図2に示される通り，HICALIは光学部（OHA：Optical Head Assembly），光増幅装置（OAMP：Optical Amplifier），光送受信装置（OTRX：Optical Transmitter and Receiver），HICALIデータユニット（HDU：HICALI Data Unit）で構成される[4]。OHAは光信号の捕捉追尾や光行差補正等を，OAMPは送信光及び受信光の光増幅を，OTRXは双方向で伝送される光信号の送受信を行う。HDUは，これらのコンポーネントからビット誤り率（BER：Bit Error Rate）を含む通信特性データや，大気伝搬特性の解析に必要な受光パワーを取得する。その後，HDUはこれらのデータをHICALI詳細テレメトリに変換し，衛星バスを介したKa帯RFフィーダリンクだけでなく，OTRXを介した光回線により地上へと伝送できる[4]。受信したHICALI詳細テレメトリを用いて，通信特性や大気伝搬特性の解析につなげる。

HICALIを用いた光通信実験として，主に以下6つの実験項目を計画している。これらの取組みにより，地上−GEO衛星間光フィーダリンクを実証し実用化を目指している[4]。

(1) OTRXの軌道上評価（地上用光通信デバイスの健全性確認）
(2) 10 Gb/s DPSK光信号の双方向伝送評価及び大気伝搬特性評価
(3) サイトダイバーシティ（天候を契機とした光地上局の切替）の実証
(4) 昼間での光通信実験（通常は夜間で実施）
(5) 可搬型光地上局を用いた光通信実験
(6) 補償光学系を用いた光通信実験

3 LUCASを活用した大気伝搬特性評価

JAXAとNICTは，地上−衛星間光通信の実用化に向けて，2020年11月に打ち上げられた光データ中継衛星搭載LUCAS（Laser Utilizing Communication System）を活用した地上−GEO衛星間光通信実験を共同で進めている。この実験で取得したデータから，地上−GEO衛星間における大気伝搬特性や通信特性の評価を実施している[5]。

図3に実験セットアップを示す。まず，LUCASとNICT沖縄電磁波技術センター（以降，NICT沖縄）に設置された1 m望遠鏡を備えた光地上局との間において，捕捉追尾シーケンスを確立する[5]。ダウンリンクでは約60 Mb/s（誤り訂正符号を含むデータレート）の強度変調／直接検波（IM/DD：Intensity Modulation/Direct Detection）光信号がLUCASから光地上局に伝送され，アップリンクでは2.5 Gb/s（誤り訂正符号を含むデータレート）のDPSK光信号が光地上局からLUCASへと伝送される[5]。

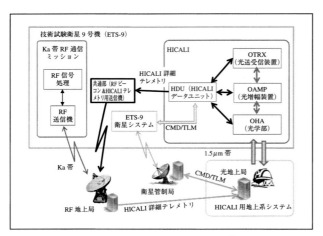

図2　HICALIを用いた光フィーダリンクの全体構成[4]

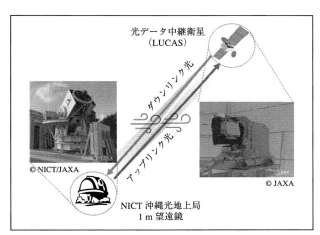

図3 LUCASを用いた光通信実験セットアップ[5~7]

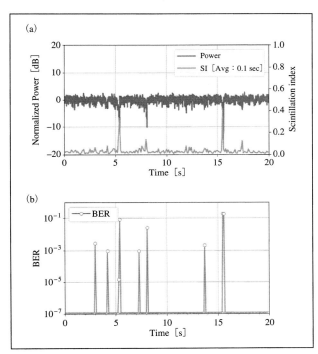

図4 ダウンリンクの受光パワーとBERの一例[5]

現在までに，NICTは受光パワーや指向誤差，BER等の大気伝搬特性や通信特性に関わるデータを取得し，様々な大気揺らぎの条件下において，評価及び解析を実施してきた[5]。図4に，ダウンリンクの受光パワーとBERの一例を示す。これらの結果を参照すると，受光パワーの瞬断のタイミングに合わせて，大気伝搬特性の評価指標であるシンチレーションインデックス（SI：Scintillation Index）の急激な増加や，それに伴うBERへの影響が見られるのがわかる[5]。

また，NICTはDIMM（Differential Image Motion Monitor）装置を用いて，ダウンリンクにおける伝搬光の揺らぎを観測することで，大気揺らぎに関係するFriedパラメータの解析も行っている[6]。このFriedパラメータを用いて，大気屈折率の構造関数であるC_n^2の導出や，大気揺らぎを補償可能な補償光学系の設計に反映していく予定である[6]。さらに，地上－静止衛星間光通信の大気伝搬モデルの統計的解析を実施し詳細化を進めた[7]。引き続き，地上－衛星間光通信実験において，JAXA/NICTは通信特性や大気伝搬特性に関わるデータを取得し，評価及び解析を進めていく。

4 小型衛星への搭載に向けた光通信ターミナルの開発

NICTは，東京大学と共同で小型LEO衛星に搭載可能な光通信ターミナル（CubeSOTA）の研究開発を行っている[8,9]。特に，NICTはサイズや質量，電力（Size, Weight and Power：SWaP）を考慮した光通信ターミナル（LCT：Laser Communication Terminal）の設計を担当しており，東京大学が開発している6Uサイズ（1Uは10×10×10 cmの立方体サイズ）の小型キューブサットへの搭載を目指している[8,9]。図5に，CubeSOTAの軌道上イメージを示す。

CubeSOTAは2025年度に打ち上がる予定であり，以下実験項目が計画されている[9]。

(1) GEO衛星（ETS-9）－LEO衛星間光通信における捕捉追尾シーケンスの実証
(2) 光地上局－LEO衛星間光通信における10 Gb/s双方

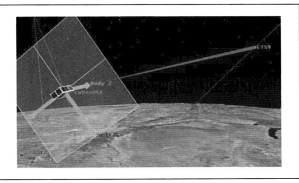

図5 CubeSOTAの軌道上イメージ[9]

第1章　つながる宇宙・航空光通信

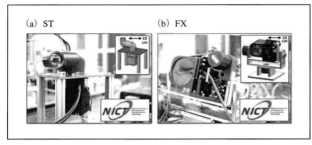

図6　光通信ターミナルの外観[9, 10]

向通信の実証
(3) HAPS－LEO衛星間光通信における10 Gb/s双方向通信の実証

また、NICTは、CubeSOTAのプロジェクトで開発されているLCTを、HAPSやドローン等の無人航空機に適用する研究開発を実施している。これらの無人航空機への搭載を可能にする小型LCTとして、Simple Transmitter (ST) とFull Transceiver (FX) の2種類のプロトタイプを開発した[9, 10]。図6に、ST及びFXの外観を示す。STはHAPSやドローン向けに開発されており、開口径3 cmの光アンテナと光送信機能のみを備えている[10]。FXは小型LEO衛星やHAPS向けに開発されており、開口径9 cmの光アンテナと光送受信機能を備えている[10]。また、小型光通信ターミナルの要素技術として、送信ビーム角度の最適調整が可能なビーム角度制御機構 (BDC：Beam Divergence Control)[11]や小型LEO衛星への搭載が可能な2W対応高出力光増幅器[12]の開発も行っている。

これらの取組みにより、STやFXを搭載した小型LEO衛星で構成される衛星コンステレーションの構築や、無人航空機も含めたNTNの実現を目指している。なお、アクセルスペース・東京大学・東京工業大学・清原光学の4社が、NICTのBeyond 5G研究開発促進事業である「小型衛星コンステレーション向け電波・光ハイブリッド通信技術の研究開発」を共同で受託している[13]。このプログラムの下で、受託業者である4社は日本の衛星コンステレーションの構築を目指している[13]。

5　適応型衛星光ネットワークの研究

NICTは、NTNの構築に向けたネットワーク制御の研究も進めている。NTNは多数の衛星で構築された大規模なネットワークとなるため、システム運用の複雑化が懸念事項になるとNICTは考える。そのため、NICTは、今後のNTNの構築に向けて、運用の高効率化が求められると推測する。さらに、NICTは、将来のNTNとして従来の地球観測衛星で取得した観測データだけでなく、大容量通信サービスや低遅延通信サービス等の多様な通信サービスへの対応も必須になると考える。

そこで、NICTは、これらの課題を解決するNTNのネットワーク制御の概念として、適応型衛星光ネットワーク (AOSN：Adaptive Optical Satellite Network) を提案している[14〜17]。適応型衛星光ネットワークは、衛星光通信回線の回線状態をモニタし、回線パラメータや回線ルーティングをフレキシブルに変更する光ネットワークの概念であり、衛星光通信回線の運用高効率化を可能にする[14〜17]。さらに、様々な回線を一元的に管理する統合管理機能によって、NTNの多様な通信サービスへの対応も可能になる[15〜17]。

図7に、適応型衛星光ネットワークを適用したNTNのシステム構成を示す。衛星や光地上局には、様々な衛星光通信回線に対応したLCTが搭載されている。それぞれの衛星に搭載された光通信ターミナル同士で光通信回線を確立し、NTNが構築される[15〜17]。さらに、光地上局を介してNTNと地上系ネットワークが相互接続されることで、地上系通信サービスはNTNを介して伝送されるようになる[15〜17]。様々な衛星光通信回線を一元的に管理する統合管理システムは、SDN (Software Defined Network) コントローラを備えており、回線状態や通信

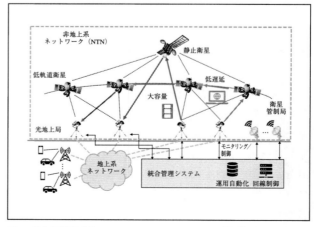

図7　適応型衛星光ネットワークによるNTNの構成[15〜17]

サービス要件の収集，回線パラメータ及び回線ルーティングを一括して制御する[15〜17]。なお，これらの制御処理は，衛星管制局との通信により，AI・機械学習・運用ルール等を用いて効率的に行われるようになる[15〜17]。図7に，多様な通信サービスにおける回線ルーティングの例も示す[15〜17]。

今後も，NICTはNTNの制御に関わる研究を推進し，将来のNTNで必要となる運用高効率化を目指していきたい。なお，Space Compass・NICT・アクセルスペース・日本電気の4社が，経済安全保障重要技術育成プログラムである「光通信等の衛星コンステレーション基盤技術の開発・実証に関する研究開発」を共同で受託している[18]。このプログラムの下で，受託業者である4社は，衛星コンステレーションを基盤とした衛星光通信ネットワークシステムの開発及び実証を目指している[18]。

6 月面探査向け光通信技術の研究開発

アメリカ航空宇宙局（NASA：National Aeronautics and Space Administration）が主導のアルテミス計画を皮切りに，月面探査における大容量データ伝送のニーズが高まっている[19]。JAXAの国際宇宙探査センターが8K高精細度テレビジョン（HDTV：High Definition TeleVision）を活用した月面探査ミッションを計画しており，1 Gb/sの通信速度を目標としている[19]。これに伴い，地球－月面間通信の高速化に向けて，宇宙光通信技術の適用に注目が集まっている[19]。

このような背景から，JAXA/NICTは，月面探査向けの深宇宙光通信技術に関する共同研究を，文部科学省の「月面活動に向けた測位・通信技術開発」（2021〜2025年度）のプログラムにおいて，2021年度から開始している[19,20]。図8に，JAXA/NICTが提案する深宇宙光通信システムの概念図を示す。図8に示す通り，JAXA/NICTは，地球－月間の約40万kmの超長距離光通信において，GEO衛星をデータ中継としたシステム構成を想定し検討を進めている[19,20]。

図9に，JAXA/NICTが想定する月面探査向け深宇宙光通信システムの詳細構成を示す[20]。図9(a)に月周回ゲートウェイや月面探査拠点，月周回衛星に搭載するLCTの構成を，図9(b)にGEO衛星に搭載するLCTの構成

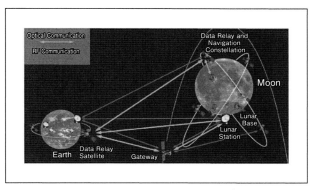

図8 月面探査向け深宇宙光通信システムの概念図[19,20]

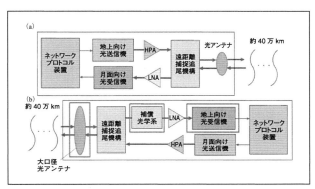

図9 月面探査向け深宇宙光通信システムの詳細構成[20]

を示す。

月面側のLCTからは，8K HDTV動画用の2.5 Gb/s（暫定）光信号がGEO衛星に向けて伝送される[20]。GEO衛星側のLCTからは，月面側の制御データを含む40 Mb/s光信号が月面に向けて伝送される[20]。深宇宙光通信システムの研究開発項目は以下に示す通りであり，JAXAは研究開発項目(1)〜(3)を担当しており，NICTは研究開発項目(4)〜(5)を担当している[19,20]。

(1)システムアーキテクチャの詳細検討
(2)インターオペラビリティ技術
(3)遠距離捕捉追尾技術
(4)大口径軽量光アンテナ技術
(5)搭載補償光学系を備えた高感度光受信技術

NICTは，担当する要素技術の初期検討を行なっており，GEO衛星への搭載化の見込みを得ている[20]。今後，JAXA/NICTは各々の要素技術に関わる詳細設計や試作を推進し，技術成熟度レベル（TRL：Technology Readiness Level）を4以上にすることを目指している[19,20]。

第1章　つながる宇宙・航空光通信

7 さいごに

　本稿では，NICTが取り組む，Beyond 5G/6G時代におけるNTNを実現する宇宙光通信技術の研究開発を報告した。宇宙光通信技術をNTNに適用するにあたり，GEO衛星から小型LEO衛星，月面等の様々な衛星光通信回線へ適用可能な光通信ターミナルや，地上－衛星間光通信における大気伝搬特性評価，ネットワーク制御に至るまで，幅広い要素技術の研究開発を紹介した。

　NICTは，Beyond 5G/6G時代のNTNの実現に向けて宇宙光通信技術が必要不可欠であると考えており，今後も研究開発を継続し推進していきたい。

謝辞

　本稿で紹介した3章と6章は，JAXAと共同で進めた研究である。LUCASの実験運用に関しご協力頂いている山川史郎氏，板橋孝昌氏，佐藤洋平氏に，月面探査関係の研究を共同で進めている荒木智宏氏，牧野克省氏に，この場を借りて感謝申し上げる。

参考文献

1) M. Toyoshima, "Recent Trends in Space Laser Communications for Small Satellites and Constellations," IEEE Journal of Lightwave Technology, Vol. 39, No. 3, pp. 693-699 (2021).
2) 三浦他, "衛星通信/NTNと5G/Beyond 5Gの連携の動向と研究開発の取組み," 電子情報通信学会 和文論文誌 (C), Vol. J106-C, No. 9, pages 344-353 (2023).
3) National Institute of Information and Communications Technology (NICT), "Beyond 5G/6G White Paper," (2021).
4) H. Kotake et. al., "Status Update on Research and Development of High-Speed Laser Communication System "HICALI" Onboard Engineering Test Satellite 9," in Proceeding of 73rd International Astronautical Congress (IAC) (2022).
5) H. Kotake et. al., "First experimental demonstration of optical feeder link by using the optical data relay satellite LUCAS," in Proceeding of International Conference on Space Optics (ICSO) 2022, 127770U (2022).
6) Y. Abe et. al., "Preliminary DIMM-based analysis of atmospheric turbulence by using optical data relay satellite "LUCAS"," in Proceeding of International Conference on Space Optics (ICSO) 2022, 127775L (2022).
7) H. Kotake et. al., "Experimental Analysis of atmospheric channel model with misalignment fading for GEO satellite-to-ground optical link using "LUCAS" onboard optical data relay satellite," Optica Optics Express, Vol. 31, No. 13, pp. 21351-21366 (2023).
8) A. Carrasco-Casado et. al., "Intersatellite-link demonstration mission between CubeSOTA (LEO CubeSat) and ETS9-HICALI (GEO satellite)," in Proceeding of IEEE International Conference on Space Optical Systems and applications (ICSOS) (2019).
9) D. Kolev et. al., "Latest Developments in the Field of Optical Communications for Small Satellites and Beyond," IEEE Journal of Lightwave Technology, Vol. 41, No. 12, pp. 3750-3757 (2023).
10) A. Carrasco-Casado et. al., "NICT's versatile miniaturized lasercom terminals for moving platforms," in Proceeding of IEEE International Conference on Space Optical Systems and applications (ICSOS) (2022).
11) A. Carrasco-Casado et. al., "Prototype Development and Validation of a Beam-Divergence Control System for Free-Space Laser Communications," Frontiers in Physics, Vol. 10, Article 878488 (2022).
12) A. Carrasco-Casado et. al., "Development and Space-Qualification of a Miniaturized CubeSat's 2-W EDFA for Space Laser Communications," MDPI electronics, Vol. 11, 2468 (2022).
13) T. Eishima et. al., "RF and Optical Hybrid LEO Communication System for Non-Terrestrial Network," in Proceeding of IEEE International Conference on Space Optical Systems and applications (ICSOS) (2022).
14) H. Kotake et. al., "Adaptive Optical Satellite Network Architecture," in Proceeding of International Conference on Space Optics (ICSO) 2020, 118521M (2021).
15) H. Kotake et. al., "System Architecture of Adaptive Optical Satellite Network for Various Communication Services," International Communications Satellite Systems Conference (ICSSC) (2021).
16) H. Kotake et. al., "Link Budget Design of Adaptive Optical Satellite Network for Integrated Non-Terrestrial Network," in Proceeding of IEEE International Conference on Space Optical Systems and applications (ICSOS) (2022).
17) 小竹他, "NTNの高効率化をサポートする適応型衛星光ネットワーク," 第66回宇宙科学技術連合講演会, 3F09 (2022).
18) Y. Kakiuchi et. al., "The introduction of Japanese Development and demonstration of Inter-satellite Optical Communication Network System through K-Program," in Proceeding of IEEE International Conference on Space Optical Systems and applications (ICSOS) (2023).
19) T. Araki et. al., "Recent R&D activities of the Lunar-the Earth Optical Communication Systems in Japan," in Proceeding of IEEE International Conference on Space Optical Systems and applications (ICSOS) (2022).
20) H. Kotake et. al., "Research and Development of Key Technologies for Cislunar Optical Communication Systems in Japan," in Proceeding of SPIE, 12413N (2023).

■ **Space Optical Communications to Realize the Non-Terrestrial Network for Beyond 5G/6G**

■①Hideaki Kotake　②Alberto Carrasco-Casado ③Yoshihiko Saito　④Dimitar Kolev

■National Institute of Information and Communications Technology (NICT)

①コタケ　ヒデアキ　②カラスコ-カサド　アルベルト　③サイトウ　ヨシヒコ　④コレフ　ディミタル
所属：（国研）情報通信研究機構

衛星搭載用および地上局用光通信機器の光学設計

㈱ニコン
作田博伸

1 はじめに

近年，光を用いた宇宙通信の実用に向けた計画が実施されている。大容量のデータを迅速に通信することが光を用いた衛星間通信の強い要望のひとつである。宇宙航空研究開発機構（JAXA）が計画し，日本電気㈱（NEC）が開発・製造した，光衛星間通信システムLUCASでは，2020年11月に静止軌道（GEO）に打ち上げられた光データ中継衛星に搭載された光通信機器のチェックアウトが終了して運用を開始している[1]。LUCASは，地球低軌道（LEO）の地球観測衛星とGEOの光データ中継衛星間のデータ中継を，1.5 μm帯のレーザー光を用いた宇宙空間の光通信により実現するシステムである。LEOに打ち上げ予定の先進レーダ衛星（だいち4号（ALOS-4））にも光通信機器が搭載され，光データ中継衛星を経由した大容量観測データ伝送が実証される。また，新エネルギー・産業技術総合開発機構（NEDO）は，小型衛星によるコンステレーションネットワークを構築する研究を推進している。地球観測衛星からの観測データを，小型衛星コンステレーションを経由して，雲や霧を回避したサイトダイバシティーによる地上局への高速・大容量の通信路の確保が期待されている[2]。加えて，宇宙光通信を利用した量子暗号を用いた鍵配送も，総務省主導で情報通信研究機構（NICT）を中心に研究が進められている。ここでは可搬型地上局を利用して，通信路の確保を狙っている[3]。このように宇宙光通信の実用に向けて，さまざまな取り組みがなされており，このようなシステムの実現のため光通信機器に対する需要も増加傾向にある状況であろう。

㈱ニコン カスタムプロダクツ事業部では，お客様からいただく特注の仕様に基づいた設計，製造を行っている。宇宙，天文関係の製品に長年携わってきており，人工衛星に搭載する光学系や天体観測用の光学機器を開発してきた。宇宙環境のような特殊な環境で使用される精密な精度を要する光学系の提供は，弊社のひとつの強みである。また，最近では光通信に関わる光学製品を官公庁や企業様向けに協力させていただいている。

本稿では，弊社の取り組んできた光通信機器の光学設計と実際について述べる。

2 光通信機器の構成要素と主な光学仕様

図1に光通信機器の光学部構成要素概念図の例を示す。受信系は，送受信光の開口面である光アンテナ（Optical Antenna Assembly；OAA）を支持し，目標とする相手側光通信局（以下，相手局）を指向する粗捕捉追尾機構（Coarse Pointing Mechanics；CPM）及び粗捕捉追尾センサー（Coarse Pointing Sensor；CPS）による粗捕捉追尾制御と，精捕捉追尾センサー（Fine Pointing Sensor；FPS）及び精捕捉追尾ミラー（Fine Pointing Mirror；FPM）による精捕捉追尾制御により，FPSの視野中心と軸の一致する受信器RXへ受信レーザー光を伝送する。一方，送信系は，送信器TXより発するレーザー光が自局から相手局に到達するまでに相対的に動くため，それを補正する光行差補正ミラー（Point Ahead Mirror；PAM）を介して送信する。

通信回線の成立のため，送信から受信までの光量ロス

第1章 つながる宇宙・航空光通信

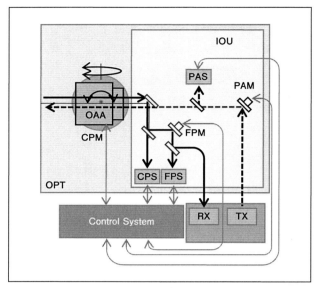

図1　光通信機器の光学部構成要素概念図（例）

の許容値をリンクバジェットによってシステム配分し管理する。リンクバジェットの項目は、送信光パワー・送信アンテナ開口によるゲイン・送信光学系の透過損失・受信開口のゲイン・受信光学系の透過損失などである[4]。この配分に基づいてOAAや内部光学系（Internal Optical Unit；IOU）の光学系に対して、透過損失や波面収差などの仕様配分がなされる。

3 光衛星間通信システムLUCASの光学系

3.1 OAA

ここでは、LUCASの光衛星間通信機器を構成するOAAの光学系について述べる。

光データ中継衛星と地球観測衛星に搭載の光衛星間通信機器のOAAは、共通のアーキテクチャで、開口径をそれぞれのシステム配分に従ったサイジングとしている[5]。光衛星間通信システム開発を担当したNECに対し、ニコンではOAAの光学設計・光学部品製造・光学系組立について協力させていただいた。本項では、ニコンの担当内容について紹介する。

3.2 光学系の設計

OAA光学系の主な諸元を表1に示す。これらの項目は、システム配分値を受け、ニコンでの光学系検討に基づいて確定させた。OAAは、20xの角倍率を有するアフォーカル系である。受信時はOAAの大きな開口に光が入射し、光束を縮小して後段のIOUに光を導く。送信時は、IOUからの送信光の光束をOAAで拡大して射出する。受信光と送信光は波長が異なり、OAAの共通光路をとおる。

図2に、GEO用OAAの光路図を示す。OAA光学系は、3枚の軸外し鏡と後段のIOUへ導く平面の折り返し鏡で構成される。3枚鏡は凹凸凹の構成で、像面湾曲を抑えて広角化に対応している。レーザー光の伝搬に伴う回折拡がりと様々な損失要因で、受信光は微弱に減衰する。一方、送信時はパワーの強いレーザー光を送るため、光学系の表面反射や散乱光を受信系の経路に混入させない注意が必要になる。そのために、OAAは軸外し構成を採用している。3枚鏡各々は非球面で、鏡面形状は放物面・双曲面・楕円面である。これらの非球面を用いることで、視野全般に渡って波面精度を抑えられている。また、視野絞りや迷光カバーを設置して、送信光の鏡面での散乱や視野外からの迷光が受信系のIOUに混入することを防ぐ対策が行われている。鏡の基板は合成石英を採用した。低膨張材を用いることが多いが、軌道上の放射線のトータルドーズによる基板の寸法変化を懸念し合成石英とした。

表1　OAA光学系主要諸元

	GEO	LEO
有効口径	φ140 mm	φ88 mm
角倍率	20x	20x
波面精度	λ/30	λ/30
視野角	±0.1 deg	±0.2 deg
偏波保存性	2%	2%

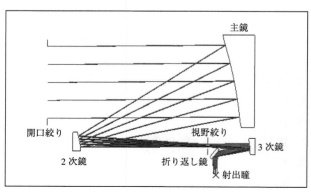

図2　OAA光路図

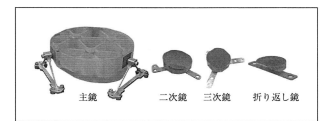

図3 製作したOAAの反射鏡

図3に製作した鏡を示す。衛星搭載用ハードウェアの構成要素は軽量化が求められ，OAAの主鏡はほかの部品に比べて口径が大きいので，裏面を抜いて軽量化を行っている。

鏡面は，研削・研磨により非球面に加工する。軌道上でのOAAの波面精度は，波長 $\lambda = 1530$ nm で $\lambda/30$ と規定される。He-Neの波長に換算しても，$\lambda_{\text{He-Ne}}/12.5$ という非常に厳しい精度になる。鏡面の精度も厳しくなるため，干渉計を用いたCGH等によるヌル計測に基づいた研磨加工により所望の精度を達成した。

3.3 コート

光学系の透過損失や偏波依存性は，光学部品の反射膜の性能に依存する。透過損失の観点で各部品は高い反射率と偏波依存の少ない膜が必要になる。これらを両立する設計を行うために採用した反射膜は，非球面鏡に金属＋誘電体膜，折り返し鏡には誘電体膜とした。製造の実現性の高い設計を選択している。

図2の光学配置からわかるように，視野絞り～3次鏡の光束と折り返し鏡のクリアランスが狭く，折り返し鏡の形状は，図3に示すように円板の側面を平面取りし，裏面をテーパー状に落とした形状としている。折り返し鏡の製作時は，反射膜は多層膜で膜応力による面変化が大きく，平面鏡でありながら面精度を達成する難しさがあった。

光衛星間通信では，地上の光ファイバ通信と比べて，比較的強いレーザーが利用されるため，反射膜にレーザー耐性が備わっていることが必要である。LUCASの光通信機器のOAAでのレーザーの最大入射レベルの条件は5 Wで，光束の小さいLEO用OAAの最大パワー密度 0.3 W/mm^2 での耐性が求められた。部品の製作前に，テストピースを用いて照射試験を実施した。照射前後の外観と反射率を測定し，いずれの評価項目とも有意な変化はなく問題ないことを確認して，製品に搭載している。

3.4 組立

主鏡は側面3か所にスーパーインバーのパッドを配しフレクシャで保持する構造である。2次鏡・3次鏡・折り返し鏡は，裏面中心部をホルダーに接着接合してミラーに歪みができるだけ入らないように保持し，これらのユニットをNECから支給された支持構造に取り付けOAA全体を組み上げた。OAAの波面収差の測定を行うため，射出瞳の方向に干渉計を配置し，OAAの開口絞り側に平面反射鏡を置いて波面収差の測定系を構成し，主に主鏡と2次鏡間の偏心や間隔誤差を数μmレベルで調整して必要な波面精度を達成した。

組立後は，振動試験などを行ってフライトや運用での性能を維持できるかを確認し，GEO用・LEO用それぞれOAAをNECへ引き渡した。

4 衛星量子暗号通信用地上局の光学設計

衛星量子暗号通信は，宇宙を利用したセキュリティの確保手段として開発が進められている。図4に示すように，衛星から地上局に向けて量子鍵を配送する長距離の伝送において，衛星からの光信号の捕捉追尾の精度向上，高感度・低雑音の光受信技術の獲得を目指している。この研究では，移動可能な可搬型地上局（Transportable Optical Ground Station；TOGS）を開発した。可搬局の構成要素である光通信機器の精追尾光学系（Precise Tracking Optical System；PTOS）の開発に，弊社も協力させていただいていた。

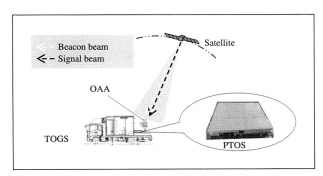

図4 衛星／可搬型地上局間光通信　概念図

4.1 精追尾光学系の設計

量子暗号通信の受信光学系は，口径35 cmのカセグレン鏡を利用したOAAで集光し，クーデ式の光路引き回しの後，PTOS（図2のIOUに相当）に導かれる。今回の量子暗号通信は，ダウンリンクのみの実験を計画されている。クーデパスの射出瞳位置を光学的I/Fとし，PTOS内ではFPMに瞳がリレーされる。図5に光学系の構成図を示す。衛星側からは，波長の異なるビーコン光と信号光が同軸で送信される。CPSの出力を頼りにCTMでOAAを粗調整後，信号同期用のビーコン光を利用して大気ゆらぎのチップチルト成分をFPS上のビーム位置のずれとして検出し，FPM制御によってRXのシングルモードファイバーSMFの中心に信号光をカップリングする。信号光が微弱な光となるため迷光ノイズに注意が必要である。特に，ダイクロイックミラーやバンドパスフィルターに難しい仕様を求められた。

4.2 可搬型地上局を用いた通信実験

2022年12月に東京スカイツリー－上野恩賜公園第一駐車場間で可搬型地上局の光通信機を用いた実証実験が行われた。受信側の調整にあたっては，弊社も協力させていただいた。伝送実験はLEO衛星との通信よりも厳しい条件で成立し，LEO衛星－地上可搬局とで行う暗号鍵共有技術の検証までがこれまでに確認されている[6]。

また，このプロジェクトでは国際宇宙ステーション（ISS）－可搬型地上局間でも実証の計画が進んでいる。宇宙側の光通信用装置は，2023年8月にISSへ打ち上げられ到着している。準備が整いしだい，宇宙との実証が行われる予定である[7]。

5 おわりに

最近弊社が携わった宇宙光通信に関わる製品として，LUCASの光衛星間通信機器用のOAA光学系，量子暗号通信の精追尾光学系の設計・製作内容などについて紹介した。

LUCASの光衛星間通信機器用OAAの開発はJAXA及びNECのご指導の下で進めた。また，可搬型地上局の精追尾光学系の開発はNICT，スカパーJSATと行わせていただいている。関係者のご協力に感謝する。

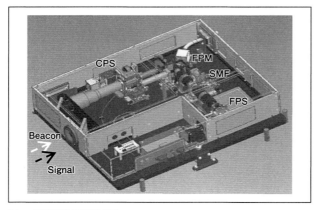

図5　精追尾光学系構成図

参考文献

1) H. Kotake, Y. Abe, Y. Takahashi, T. Okura, T. Fuse, Y. Sato, T. Itahashi, S. Yamakawa, M. Toyoshima : "First Experimental Demonstration of Optical Feeder Link by Using the Optical Data Relay Satellite LUCAS" *Proc. of SPIE*, **12777** 127770U-2.
2) 内閣府，経済産業省：「光通信等の衛星コンステレーション基盤技術の開発・実証」に関する研究開発構想（プロジェクト型）https://www8.cao.go.jp/cstp/anzen_anshin/20221021_meti_1.pdf
3) Y. Saito, H. Endo, H. Takenaka, Y. Munemasa, M. Fujiwara, A. Carrasco-Casado, P. V. Trinh, M. Kitamura, T. Kubooka, M. Takeoka, M. Sasaki, M. Toyoshima : "Research and development of highly secure free-space optical communication system for mobile platforms in NICT" *Proc. of SPIE*, 10910, 109100I-1.
4) J. Liang, A. U. Chaudhry, E. Erdogan, H. Yanikomeroglu : "Link budget analysis for free-space optical satellite networks", *arXiv*:2204.13177, 2022.
5) 山川史郎："光データ中継衛星宇宙利用拡大のための通信インフラストラクチャ"，OPTRONICS, No. 2 (2019), 72-77.
6) 次世代宇宙システム技術研究組合・国立研究開発法人情報通信研究機構・国立大学法人東京大学大学院工学系研究科・スカパーJSAT㈱，2023年3月16日リリース「スカイツリー－地上可搬局での盗聴解読の脅威のない暗号鍵共有に向けた光伝送実証に成功」https://www.nict.go.jp/press/2023/03/16-1.html
7) スカパーJSAT㈱，2023年8月7日リリース「量子暗号通信網構築を見据えた原理実証実験に使用する光通信用装置打ち上げ成功に関するお知らせ」https://www.skyperfectjsat.space/news/detail/post_231.html

---

■**Optical design of free-space optical communication equipment for satellites and ground stations**
■Hironobu Sakuta
■Nikon Corporation, Development Department, Customized Products Business Unit

サクタ　ヒロノブ
所属：㈱ニコン　カスタムプロダクツ事業部　開発部

HAPSの可能性を広げる光無線

ソフトバンク㈱　先端技術研究所
柳本教朝

1 HAPS

1.1 HAPSとは

　弊社はNTNおよび6G時代を見据え，HAPS：High Altitude Platform Station（高高度プラットフォーム）の開発を行っている。HAPSは，成層圏を長時間滞空する飛行体である。

　成層圏は我々が暮らしている対流圏の上にある高高度領域で，その高度は概ね15 km〜20 kmから始まり，50 kmほどまで続く。この界面は地域や緯度によって変わり，気象によっても常に変動する。成層圏は，一般的な旅客機が飛ぶ高度よりも数kmほど高いため空域は空いており，ジェット気流のような強風がなく比較的穏やかである。また，雲もないため，年間を通じて安定した飛行と太陽光発電が可能となる。しかし，気温は−90℃を下回ることもあるうえ，大気圧は2 kPa程度（高度24 km時，地上の約2％）しかない。放射線の影響もあるうえ，積乱雲の上を飛行すると下方から落雷を受けるなど，極めて厳しい環境である。成層圏はこれまであまり活用されてこなかったため，その環境も未知の部分が多い。天候データは十分になく，この領域で動作する機器の設計ノウハウなども体系化されていない。

　このような領域を長期間飛行するHAPSには，気球，飛行船，固定翼機などがあり，世界各国でさまざまな機関。企業が研究・開発・試験を行っている。プラットフォームとしてはそれぞれ長所と短所を持っているため，用途に応じて最適な機体を選ぶ必要がある。各HAPSの特徴は次のようになる。

● 気球HAPS
■ 利点：ヘリウムの浮力によって飛行するため消費電力が少ない。目的に応じて最適なサイズに設計変更しやすい。高度を変更する能力を持たせることで，風を利用したある程度の定点滞空が可能。
■ 欠点：定点滞空は気流次第である。狙った地点に着陸させる制御が難しい。大面積の太陽光パネルを搭載しづらく，発電量に限界がある。

● 飛行船HAPS
■ 利点：ヘリウムの浮力によって飛行するため浮遊するだけであれば消費電力が少ない。推進機関によってある程度の定点滞空が可能。空港で離着陸可能。
■ 欠点：気球より構造重量が大きいためさらに大型化する。抗力が大きいため，定点滞空には大きな電力を消費し強風では流される。船体に太陽光パネルを貼りつけづらい。

● 固定翼HAPS
■ 利点：揚力で飛行するため定点滞空が可能で，空力的な効率がよい。高価なヘリウムが不要。空港から離着陸でき，高速で移動できる。
■ 欠点：エネルギがなくなると一定高度に滞空できない。小型の機体は風に弱い。法整備が十分ではない。大気が薄い成層圏を飛行する揚力を確保するためには極めて大きな翼が必要。

1.2 NTN と HAPS

昨今，LEOを中心としたNTN：Non-Terrestrial Network（非地上系ネットワーク）が急速に構築されている。弊社は，LEOコンステレーションを活用した衛星通信サービスであるOneWebの日本での展開に向けて連携するとともに，HAPSの開発も行っている。また，先日から法人のお客様向けにStarlink Businessの提供も開始した。

弊社は，それぞれ用途が異なる各種NTNの「どれか」ではなく「どれも」実現する必要があると考え活動を行っている。たとえば，スマートフォンに搭載されつつある衛星通信SOSのような衛星モバイルダイレクト通信は，テキストメッセージ等の低速通信に限られる一方で，少数の衛星で全世界をカバーしやすい利点がある。

OneWebやStarlinkのようなFixed-Wireless衛星通信は，多数の衛星が必要なうえ地上側にもフェイズドアレイアンテナが必要になるが，地球のほぼ全域で高帯域通信が可能という利点がある。一方GEO衛星は，通信遅延が大きいが，地上アンテナは衛星の追尾が不要であり，遅延を許容できるような映像伝送等には最適である。もちろん，NTNが普及したとしても地上の光ファイバ／基地局インフラ整備も継続する必要がある。

このようなNTNにおいて，普段と変わらないスマートフォン等で高品質な4G/5G通信を行うには，衛星よりも地上に近い領域を飛行するHAPSに優位性・必要性がある。

これらの各NTNの特徴は，技術的ボトルネックというよりも物理的な制限による。例えば，質量が大きいものを軌道に投入するにはコストがかかる。アンテナの寸法は周波数に依存するといった問題である。このような課題は将来にわたって変わらない可能性が高い。よって，将来のNTNは，用途に応じて最適なものを用いて構築することになる可能性が高いと考えられる。

1.3 弊社のHAPS開発

弊社は通信事業を行うにあたり，全国に多数の鉄塔局を建設させて頂いているが，その整備は1基あたり数千万円～数億円ほどの費用がかかるうえ，カバーエリアは数kmほどに留まる。高高度という見通しのよい場所から，1機で半径100 kmをカバーできるHAPSが実現できれば，今までカバーできなかったエリアにも通信を提供できるようになるうえ，高いコスト効果が期待できることは確実である。

このような背景から必要な無線装置を検討した結果，HAPSは100 kg級のペイロードを搭載でき，1 kW級の供給電力があることが望ましいと算出された。そして，大気の薄い成層圏を飛行するためには大型固定翼HAPSが必要であると判断した。

こうして弊社は，2018年から大型固定翼HAPS：Sungliderの開発を開始した。Sungliderは翼幅78 mと，大型旅客機よりも長い翼幅をもつ巨大な無尾翼機であるが，軽自動車よりも軽く，空力的な効率が良い形状をしている。また，垂直尾翼がないため影が発生せず，翼面全体に太陽光パネルを設置できる。

Sungliderは2020年に初めて成層圏に到達して，世界初となる4G-LTE通信の実証を行った（図1）。この実証では，一切改造していない一般的なスマートフォンを用いて，高画質なビデオ通話や動画ストリーミングサービスを利用することが可能であることを証明した。現在は，ソフトウェア的な改良により5Gにも対応している。

また，Sungliderの開発と並行して，米Alphabet Inc.のスピンオフ企業であるLoon LLC.と共に研究開発を行った。当時Loon LLCは，南米で気球タイプのHAPSを多数展開し，今まで通信ができなかった地域に4G-LTEを提供し，現地の一般のお客様にもご利用頂いた。このとき開発した気球の技術は，現在も各種研究・開発・実証

図1　滑走路上をフライパスするSunglider

に用いている。

　弊社は現在，HAPSの機体／運用コストを下げるための要素技術の開発に取り組んでいる。高効率な太陽光パネルと高密度なバッテリを用いれば長時間滞空は可能だが，これらは非常に高価であり，事業的な持続性がない。これを解決するため，機体構造の見直しと軽量化，高効率モータの開発，HAPSに特化したバッテリ・ソーラパネル，通信用ペイロードなどの開発を行っている。また，1人の遠隔オペレータによって複数の機体を運航するといった航空法の整備，安全な運航をするために必要となる成層圏気象の解明と気象モデルの開発なども行っている。

1.4　HAPSのメリット

　LEOよりも困難とみられるHAPSだが，実現できれば以下に述べるような大きなメリットがある。

　HAPSはLEOに比べ約1/20ほど低い高度にある。距離が近いことは通信遅延が少ないという利点があるが，さらに小さなアンテナでもきめ細かいエリアを構築できるという利点も非常に大きい。LEOモバイルダイレクト衛星で高速通信を行おうとすれば衛星側に巨大なアンテナが必要になるが，HAPSでは不要である。周波数利用効率が良く，良好な通信を提供でき，電波という有限な資産を有効に活用することができる。

　また，LEOコンステレーションは低軌道を周回する都合上，望まずとも地球ほぼ全域でサービスせざるを得ない上，衛星の基数が通信能力に直結することになる。低軌道衛星の寿命は短く，それらを維持するために衛星を打ち上げ続けなければならない。しかしHAPSは，1機から希望のエリアに対してサービスを行うことが可能である。これはスモールスタートが可能で，無駄なくスポット展開でき，高い収益性をもたらす可能性がある。

　さらに，HAPSは容易に地上に着陸することができるという特徴も非常に大きな利点である。HAPS機体は故障個所や劣化したバッテリを交換すれば再飛行可能であるため，コストパフォーマンスが高いく，ペイロードも回収できるため，数年で使い捨てとなる衛星よりも高価な機器を搭載しても事業的な持続性がある。この利点は，試験対象をすぐに回収・調整できるために試行錯誤がしやすいことにもつながっており，弊社がHAPSの開発を

行う中で非常に大きなメリットであると実感している。

2　HAPSにおける光無線

2.1　HAPSの課題

　このように，衛星と異なる特徴をもつHAPSだが，衛星よりも低い高度を飛行する特性上，地上とHAPSを結ぶフィーダリンクの確保が困難という課題がある。高度が低ければ通信はしやすいが，見通しが悪いために飛行エリアの近くに地上局を設置する必要が出てしまうからである。もし1基のHAPSで砂漠をカバーする時，砂漠の中央まで光ファイバを敷設し，地上局を建設するようでは，HAPSの費用的メリットは減ってしまう。

　よって，HAPSの利点を活かすには，HAPS間通信を用いて成層圏に伝送路を構築することと，LEO等の他のNTNを用いてフィーダリンクを確保するといった技術が極めて重要である。

　前述した南米でのプレサービスは，HAPSにミリ波のフィーダリンクシステムを3基搭載し，成層圏でメッシュネットワークを構築した。しかし想像していたよりもお客様のトラフィックをよく送受信できたことと，天候影響による通信経路の迂回マージンを考慮すると，極めて早い段階でこのフィーダリンクの帯域限界に至るであろうということが想像された。

2.2　光無線による解決

　弊社はこの課題を解決するものとして光無線通信に注目し，研究・開発を行っている。成層圏は大気が薄いため，大気減衰やゆらぎの影響が低く，宇宙同様に光無線に最適な環境である。また，HAPSが利用できる周波数帯が不足しているという問題も，光無線であれば問題にはならない。

　光無線通信はミリ波に比べ広帯域通信ができることから，ある特定のパスにトラフィックが集中しても問題がなくなる。光無線は天候影響に弱いという欠点も，成層圏に光無線伝送路を作ることで，どこかの晴れている地点から地上と接続することが可能となるため，光無線の欠点を光無線の利点で解決することができる。

17

第1章　つながる宇宙・航空光通信

また，今後配備されていくであろうLEO，MEO光伝送衛星とHAPSを光無線によって接続することができれば，宇宙を介したフィーダリンクを確保することが可能となる。これにより，初期のサービスや災害時の緊急展開などの際，地上局を建設する必要なく，HAPSを即座に1機から展開することが可能となる。

2.3　HAPS用光無線の課題

これらの課題解決のため，HAPSにとって光無線通信は非常に重要な技術となる。昨今ではLEO用光無線が実用化されつつあるが，HAPS用光無線のうち，特に航空機・固定翼HAPS用光無線の実用化にはさらなる課題がある。

まず，固定翼HAPSが通信サービスを提供する際には，ある地点で旋回を続けて定点滞空を行う。この時，機体自身の構造が光無線を遮ることになるため，常時接続を維持するには，全方向に対応できる位置に複数の光アンテナを搭載する必要がある。例えば，3方位メッシュネットワークを構築する場合，Sungliderであれば左右あわせて最低6基の光アンテナを搭載する必要がある。胴体や尾翼がある機体では視界を遮る構造物が多いため，必要な無線機がさらに増えることが予想される。

また，衛星と異なり，HAPSは軌道・姿勢の予測が困難で，航空機は常に大きな振動がある点も課題である。モータやプロペラ後流などの周期振動のほか，外部の気流から受けるランダムな振動も複合される。このような環境で，機体の振動を打ち消し，高精度にビームを指向しつづけるには，極めて高いモーションコントロール技術が必要となる。

さらに，航空機用の光無線は，空力的に良好な形状でなければならないが，光学と空力の両立は非常に困難という課題がある。可動する光学装置は，屈折の影響を考慮すると透明なドーム形状にならざるを得ないが，球や半球は抗力が大きい形状である。わずかな抗力でも減らしたいHAPSとして，これは大きな課題となっている。

弊社は，これらの課題を克服した，航空・固定翼HAPS用光無線装置の開発を続ける次第である。

■Optical wireless that expands the possibilities of HAPS
■Noritomo Yanagimoto
■Softbank Research Institute of Advanced Technology, Advanced HAPS reseach office

ヤナギモト　ノリトモ
所属：ソフトバンク㈱　先端技術研究所　HAPS研究室

大気による衛星地上間光通信品質劣化の軽減に関する研究開発

(国研)情報通信研究機構
斉藤嘉彦, 六川慶美, Dimitar Kolev, 豊嶋守生

1 はじめに

衛星地上間における光通信技術の必要性はここ数年で飛躍的に高まってきている。電波を利用した通信に比べての利点は, 今後の衛星地上間通信の高速化を目指した場合に電波ではすでに枯渇してきている周波数帯域を大きく広げることが出来ることにある。近年では地上, 海, 空を多層的に通信ネットワークでつなげるNTN(非地上系ネットワーク)を構築するという計画も推進されており, 衛星地上間を結ぶ光通信の経路もNTNには必須である。

また空間通信の社会的需要が高まるにつれて安全性の確保も必須になる一方で, 通信に用いられる暗号を解読するコンピューター側の演算速度も向上し, 安全性を脅かす技術につながっている。この問題を解決しうるのが量子暗号技術であり, 特に量子鍵配送による安全性を高めた暗号通信を行う上で, 空間光通信が持つ指向性の高さはこの量子鍵配送との親和性が良い。このような社会的な需要を受け, 現在低軌道衛星のコンステレーションによる衛星を用いた光通信網の構築を各国が競うように計画している。

しかし, 活発な衛星の開発に比べて地上局に関する技術の社会的な展開はそこまで活発ではないように思われる。小型衛星のような限られたリソースを使用しての光通信においては地上局側での工夫も避けては通れないだろう。本稿では地上局側の一課題である大気揺らぎの影響とその解決に関する技術に関しての解説をしていく。

2 衛星−地上間における光通信の課題

衛星と地上を結ぶ空間通信経路には大気が存在する。我々は大気によって宇宙からの人間にとって有害な放射線から守られている一方で, 通信に用いられるような電磁波も減衰などの影響を受ける。特に光通信においては雲のような遮蔽物があると通信が遮断してしまう。その問題の解決の方法としては地上側に天気の相関が低い地域に地上局を複数配置し, 衛星が通信可能な場所を選んで通信を行うという方法が考えられる(サイトダイバーシティ[1])。また, 可搬型光地上局を利用して, より条件の良い場所に基地局を移動して展開するという方法も考えられる[2]。

ただ, このように雲の影響を克服したところで, 光通信にとって大気の影響は遮蔽や減衰だけではない。大気

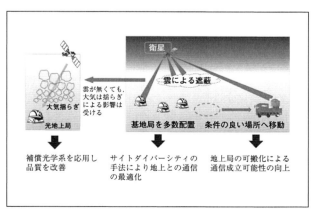

図1 衛星地上間光通信の課題

の密度揺らぎによって場所ごとの屈折率が変化し，光アンテナに到来する際には，そのアンテナ径内での波面が乱されてしまうという厄介な影響も存在する（図1）。

この影響は光学的に補正することが可能であり本稿ではその方法の一つである補償光学系の技術について解説していくが，まず光地上局とはどういうものかについて説明する。

3 衛星－地上間における光地上局

衛星からの通信光を受け取るアンテナの構造は光を集めるという意味では天体望遠鏡と同じである。また，天球上のあらゆる位置からの衛星と通信を行うため，望遠鏡の架台も天体望遠鏡と同じ構造を持つ。

通信で特別に行わなければならないことは通信光の捕捉・追尾制御と集めた光をどう処理するかということである。捕捉・追尾制御において，まず捕捉は天体と比べるとその位置情報の精度が低いため，広視野で捉えてからさらに精度よく光軸を合わせるためのフィードバック制御が必要になる。また集めた光の処理に関しては光通信の長所を活かした高速通信を行うためにシングルモードファイバー（SMF）に通信光を結合させる必要がある。

そのため，焦点位置でファイバー入射口に光を集めて効率よく結合させる必要があるため，大気擾乱の影響を除去して光アンテナが持つ性能を引き出す必要がある。それを行うのが次に述べる補償光学系である。

4 補償光学系における通信品質の向上

4.1 補償光学系とは

望遠鏡を用いた集光光学系における補償光学系[3]とは，宇宙から到来する光が大気を通過することによって乱された波面を補正し，望遠鏡が達成しうる分解能を得るための装置である。特に地上大口径望遠鏡では現在必須の機能である。

補償光学系は到来したビームにおける波面の揺らぎを波面センサーで計測し，その揺らぎの情報をもとに可変形鏡と呼ばれる変形する鏡を用いて乱れた波面を補正し

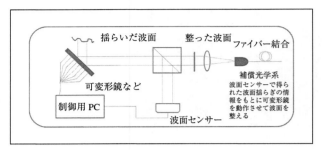

図2　補償光学系の概念

て受光する装置に光を送るという装置である。大気揺らぎの影響は時々刻々変化するため，計測と可変形鏡の制御を高速な閉ループで制御し続ける必要がある（図2）。

天文学において，補償光学系を導入する目的は天体の画質向上と点源における光量の中心集中度を高めることである。画質向上により天体の構造や天体の位置関係などの詳細を知ることが可能になり，さらに光量の中心集中度が増すとより暗い天体まで観測が可能になる[4]。

例えば日本国内でいうとすばる望遠鏡においてはその効果が実証されており，多くの科学的成果が得られている。

4.2 通信における補償光学系

前述したように通信においては高速通信を達成するため，大気を伝搬した通信光を効率よくSMFに入射させることが必要となる（図3）。大気揺らぎの影響を受けた状況ではSMFへの入射位置で光が1点に集中せず，損失が大きくなる。これを改善するのが補償光学系の役割になる。

また衛星地上間通信において，衛星は天球上で天体とは異なる動きをする。天体は天球上を1時間に15°という非常にゆっくりとした速度で移動していくが，低軌道衛星であれば1分で30°という高速で移動していく。これを追尾するには天体を追尾するのとは異なる捕捉・追尾機能が必要であり，光アンテナでまず広視野で補足したのちに，対象となる衛星を精度よく追尾し続ける必要がある。この機能は一般に大気揺らぎによる通信光の位置ずれの補正も含むことになるため，補償光学系と協調して動作することになる。

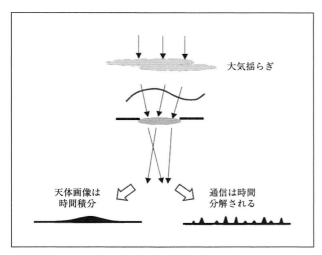

図3 大気揺らぎによる影響

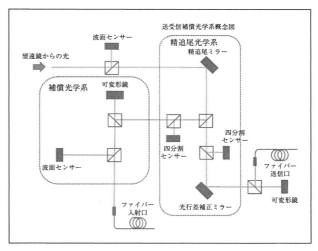

図4 NICT補償光学系の概念図

5 NICTにおける補償光学系開発の現状

現在，NICTにおいて小金井に設置された光地上局の1 m光アンテナに搭載された補償光学系の研究開発が進められている。この補償光学系の研究開発は2017年より概念設計が開始され，具体的な詳細設計に着手したのは2019年，そこから3年かけて補償光学系の装置を完成させた。前述にあるように衛星通信において光アンテナでの追尾機能は天体望遠鏡とは異なる制御が求められる。そのため，補償光学系に光を入れる前に精追尾光学系が存在し，その精追尾光学系によってまず大きな追尾誤差の補正をしたのちに補償光学系で大気揺らぎにおける収差成分を補正することになる（図4）。

性能評価としてはまず2019年に製造が完了していた人工光源を用いた較正ユニットを使用し，その性能を評価した。この較正ユニットは疑似的に大気揺らぎを模擬するための回転位相板を備えており，回転速度を調整することで風速に影響を受ける大気揺らぎの条件を変えることが可能になる。この較正ユニットを用いてフリードパラメータと呼ばれる，大気揺らぎを受けた後の波面において平面波と見なせるビーム径を3 cmとし，加えて風速20 m/sの条件を模擬した実験を行った。この実験により補償光学系が動作していない場合と動作している場合で一番結合効率が良い瞬間だけを比べても，補償光学系を動作させた場合には5 dB以上結合効率が改善していることが確かめられた[5]。

また2023年10月には実際に宇宙から到来するビームの補正を行うため，天体の光を使った補償光学系の性能評価試験を行っており，波面誤差が5 dB改善することを確認した。これはSMFの結合効率もこの程度改善することを意味しているが，実測値は今後確認してくことになる。

6 今後の課題

受信の補償光学系は技術試験衛星9号機（ETS-9）に搭載されたHICALI（超高速先進光通信機器：HIgh speed Communication with Advanced Laser Instrument）[6]との間で10 Gb/sの光送受信を実証するという目的のために様々な試験が進められているが，今後は天体だけではなく他の衛星からの光の受信などを通しての実証を模索していくことになる。

また，受信光学系における性能評価が進められている一方で，通信用の補償光学系で独自に検討しなければならないのは送信用の補償光学系である。天文学では天体の光を観測することはあっても望遠鏡から意味のある情報を持つ光を送ることはない（レーザーガイド星のように光源としての光を発することはある）。送信補償光学系に求められるのは地上から衛星に向かって通信光を打

ち上げ，その光を衛星側で効率よく，安定的に受信できるビームを地上側で形成することである。このための手法についても現在，具体的な方法の検討が行われており，実装に向けての詳細設計が控えている。

さらに通信における補償光学系は通信という社会的インフラに用いられることを目指しているため，その視点での基礎的な要素の研究開発も必要である。例えば社会的な普及を考えると制御系を現在よりも小型化する必要があり，そのための研究開発にも着手している。これは例えば衛星における大口径アンテナの熱ひずみを除去するための補償光学系にも応用可能である。

また，天体望遠鏡に搭載される補償光学系よりも高い耐環境性の追求も行う必要があり，NICTでは耐温度性の高い素材を使った光学系の構築なども検討している。

7 まとめ

本稿では衛星地上間における光通信における地上局側での課題を提示し，その解決方法としての補償光学系に関して解説を行った。中でもNICTが現在取り組んでいる開発状況を紹介し，これからの社会展開を見据えた基礎的な研究開発に関する取り組みについても紹介した。通信における大気揺らぎの影響を緩和する技術として，補償光学系が唯一の解決策というわけではないが，

それでも送信側での大気揺らぎの影響を緩和しようとしたときには波面の計測をして補正するという技術が最も有効であると考えられる。そのため補償光学系の技術をいかに民間利用が可能な装置として発展させていくかの検討も必要になるであろう。

参考文献

1) H. Ninomiya, Y. Takayama, H. Fukuchi: Diversity Effects in Satellite-Ground Laser Communications using Satellite Images, AIAA International Communications Satellite Systems Conference (ICSSC-2011), 2011-8033, pp. 1-5 (2011/11/28-12/1).

2) Y. Saito et al.: Development of the Transportable Optical Ground Station for the Quantum Cryptography Communications, 第64回宇宙科学技術連合, JSASS-2020-4651-4G11, 2020.

3) J. W. Hardy, J. E. Lefebvre, and C. L. Koliopoulos: Real-time atmospheric compensation, *Journal of the Optical Society of America*, **67**-3, 360/369 (1977).

4) R. Davies and M. Kasper: Adaptive Optics for Astronomy, Annual Review of Astronomy and Astrophysics, 50, 305/351 (2012).

5) 斉藤嘉彦，他: NICTにおける通信用補償光学系の研究開発，電子情報通信学会ソサイエティ大会，BCS-1-6, Sep., 2022.

6) T. Kubo-oka, et al.: Development of "HICALI": high speed optical feeder link system between GEO and ground, Proc. SPIE 11180, International Conference on Space Optics, ICSO 2018, July, 2019.

■ **Research and development on mitigation of degradation of optical communication quality due to the atmosphere between satellite and ground**
■ ① Yoshihiko Saito ② Yoshimi Rokugawa ③ Dimitar Kolev ④ Morio Toyoshima
■ ①～③ Space Communication Systems Laboratory, Wireless Networks Research Center, Network Research Institute, NICT ④ Wireless Networks Research Center, Network Research Institute, NICT

① サイトウ ヨシヒコ ② ロクガワ ヨシミ ③ コレフ ディミタル
所属：(国研)情報通信研究機構 ネットワーク研究所 ワイヤレスネットワーク研究センター 宇宙通信システム研究所
④ トヨシマ モリオ
所属：(国研)情報通信研究機構 ネットワーク研究所 ワイヤレスネットワーク研究センター

地球観測衛星からの光通信への期待

㈱パスコ
池辺憲一

1 はじめに

本稿では地球観測衛星を利用して大容量のデータを取り扱う地理空間情報の生成，提供について，その現状と今後の見込み，それから発生する解決すべき課題をサマリし，その解決策としての光通信への期待を示す。

2 地球観測衛星におけるデータ伝送の現状

災害の多発，紛争の多発，気候変動の激化など地球の環境は日々変化しており，地理空間情報への期待は増加の一途をたどっている。それに呼応し，地理空間情報の元となる地球画像を撮像する地球観測衛星は，地上分解能を上げるための高解像度化，時間分解能を上げるための基数の増加，いわゆる，コンステレーション化が進展している。これに伴い，地球観測衛星で撮像した画像を地球へ伝送する容量も増加の一途をたどっており，いわゆる，電波によるトラディショナルな伝送では，その伝送需要が賄えないような状況になりつつある。本章ではその現状を概観し，解決すべき課題についてサマリする。

2.1 撮像により生成されるデータ容量

今般，衛星自体は小型化の傾向があるが，その観測されるデータについては増加の一途である。これは，高解像度化，高頻度化によるところが大きく，さらには衛星コンステレーション化によっても増大する。地球観測衛星一基で生成される観測データは，光学衛星，SAR衛星で異なってくるが，おおむね次のようなオーダとなる。

一例として，光学衛星，地表解像度50 cm，観測領域10 km×100 km，観測バンド数6バンド，デジタル化ビット数16ビットとすると，48 GBのデータ量となる。これを1周回で20シーンと想定すれば，960 GB/周回となる。

オンボードでの圧縮処理も検討されているが，生データの伝送も必須であり，こういったオーダのデータを基本1周回毎に伝送していく必要がある。コンステレーションの場合は，これを複数衛星から順次ダウンリンクする必要があり，大容量のデータ伝送線路が要望される。

2.2 撮像データの伝送と処理

現在の地球観測衛星の軌道は500 kmから1000 kmといった高度，太陽同期の極軌道が多い。地上へダウンリンクできる地上局との可視はおおむね10分から15分であるがデータダウンリンクに利用できるのは5分程度が一般的である。今後，解像度アップを目指してより低高度のものが検討されているが，地上局との可視時間の面からは減少する方向である。2.1項で示したような大容量データを例えば5分でダウンリンクしようとすると，26 Gb/sの伝送速度が要求される。静止軌道衛星の中継衛星のケースでは，30分程度のデータダウンリンク時間が確保できると想定されるが，その場合でも，約9 Gb/sの伝送速度が必要である。

ダウンリンク後，これらを画像化する処理，解析する処理が必要であり，こちらも大容量データの処理が求められるが，多くのシステムでは画像処理センターで処理

しておりそのためダウンリンク後に地上間でこのクラスの大容量データの伝送を遅滞なく行う必要がある。基本地上の光ファイバーでの伝送となるが，地上局は，都会の雑音を避けて郊外に設置されることが多く，ギガビットといった高速の光ファイバー網が整備されていない場所も多くその地上伝送に苦慮することになる。

2.3　ユーザからの伝送要求

これらの大容量データを地上へ伝送し，処理を行い，場合によっては解析も行って，ユーザへその情報を届けることになる（図1）。情報量としては，撮像された画像プラスαである。その情報のユーザの必要時期，いわゆる，レイテンシー要求は，ユーザ毎，使用目的により異なるがおおむね以下のようになる。災害時，その対応を行う自治体などは，災害の規模を把握するために，できるだけ早くという要望であり，災害後数時間～1週間での提供が一般的である。地理情報の変化を見るユーザではその対象により日ごと，イベント前後，季節ごと，年ごとといった間隔で最新情報あるいは変化解析結果が要望される。提供側では撮像後，1日以内，1週間以内に提供といった対応となる。当然のことながら，ユーザへは処理センターから光ファイバー（インターネット回線）での提供となるため，ここでも大容量の回線が必要となる。

これらの状況を鑑み，衛星上での記録容量も考慮して，撮像後数周回でのダウンリンク，1日以内のダウンリンクが衛星運用に求められるところとなり，大容量のデータをダウンリンクするための光通信への期待は大きい。

2.4　解決すべき課題のまとめ

以上の検討結果から，現状のデータ伝送の課題としてまとめると以下のようになる。
(1) 1地球観測衛星当たり，数百GBから数TBといった観測データを各周回でダウンリンクする必要がある。
(2) 地上局にダウンリンクされたデータを処理センターへ即時伝送する必要があるが，地上局から処理センターへの伝送線路の容量が小さいことがある。
(3) ユーザは少しでも早くデータを入手し利用したい。撮像後，数時間後から数日が希望される。

3　期待される光通信の利用

本章では2章でサマリした解決すべき課題についての解決策として期待される，光通信の利用について，そのシナリオを示す。

3.1　直接伝送

第一の解決策は地球観測衛星（LEO）から地上局への直接伝送である（図2）。現状数Gb/s～数十Gb/sの伝送が視野に入っている。LEO衛星の可視10分程度のうち，5分程度のダウンリンク時間が確保できると考えると，100 GBのデータをダウンリンクするには，3 Gb/s程度の

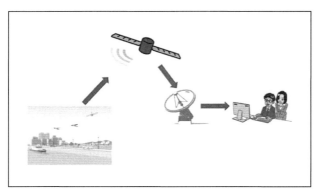

図1　データ伝送の概要

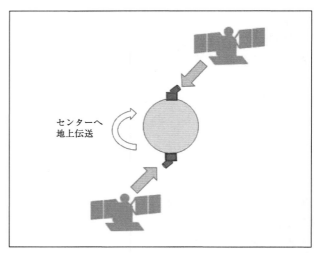

図2　直接伝送

伝送速度が必要であり手に届くところにある。しかし1 TBのデータのダウンリンクには，30 Gb/s程度が必要となり，かなり厳しい領域となる。さらに，この直接伝送の場合，雲等による遮蔽が問題となる。この問題の解決のため複数の地上局を使ってのサイトダイバシティが検討されており，日本国内でのサイトダイバシティでも8割程度の確率でダウンリンクできるといわれているが，より確実なサイトダイバシティのためには，海外局も取り込みたいところである。さらに日本上空で観測した画像ダウンリンクするケースを考えると，海外局の利用，特に観測直後の可視パスがある南半球の利用が切望される。ここで注意すべきは，地上局からデータ処理を行う処理センターまでの地上回線の速度であり，ダウンリンク時に同時に伝送するには衛星間光通信と同等の回線速度が必要となる。地上局は雑音などの干渉がすくない郊外に設置されることが多く，そのため安価で高速の地上回線の設置が困難なことが多い。さらに国際回線となるとさらにそのコスト増大およびリーディングタイムが懸念される。

これらの課題を現実的に解決して初めて本方式の利用が可能となる。

3.2　静止軌道衛星による中継伝送

日本においても光衛星間通信機能を持つ静止軌道中継衛星が打ち上げられた[1]。地上局への直接伝送に比べ可視時間が長い利点，衛星同士で雲等による遮蔽がない利点があるが，LEO地球観測衛星との通信距離が延びるため，可能な通信速度が低下することが懸念される。3.1節で述べた地上局の可視時間10分程度に対し，静止軌道衛星（GEO）では全体の可視時間が45分に伸びる。ダウンリンクに利用可能な時間で見ると，地上局直接伝送5分に対し，静止軌道衛星では30分程度が利用可能と想定されて，6倍の利用時間の増加となる。従って，地上局直接伝送のケースに比べ6分の1の通信速度で同じ伝送容量が見込める。それより早い伝送速度が得られれば，地上局直接伝送より有利となる。特に，同じ伝送速度が可能であれば，6倍の観測データが伝送可能となる。日本上空での観測のケースで日本の静止軌道中継衛星を利用することを考えると，観測後の伝送時間が20分程

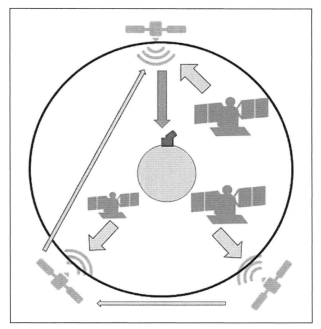

図3　静止軌道衛星の中継

度と想定される。その場合，100 GBのデータのダウンリンクには0.7 Gb/s程度，1 TBのデータのダウンリンクには7 Gb/s程度の伝送速度が要望される。現状の日本の静止軌道中継衛星では1.8 Gb/sの伝送速度を実現しており，100 GBのケースのダウンリンクは十分に可能なレベルにあるが，1 TBのダウンリンクへ向けさらなる高速化が望まれる。

また静止軌道中継衛星の利用としては，静止軌道中継衛星同士の光伝送が期待される（図3）。

日本上空，東南アジア上空での撮像後，南米から北米にかけて，大西洋上空，あるいは東太平洋上空の静止軌道中継衛星向けに地球観測衛星からアップロードし，静止軌道中継衛星同士の光通信機能を使って日本上空の静止軌道中継衛星へ伝送，日本の処理センターへ向けダウンリンクすることが考えられる。上記で述べたような伝送時間，20分程度が確保できれば，撮像後60分程度で地球の裏側からの伝送がなしうると考えられる。

3.3　低軌道衛星同士での中継伝送

コンステレーションのLEO地球観測衛星が増加しており，今後も，時間分解能の向上をねらっての増加が想定

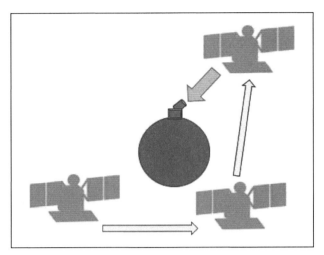

図4　低軌道衛星同士での中継

される。こういったコンステレーションの形態では，ダウンリンクする地上局上空に次々と衛星が出現していくことになる。このようなシステムではLEO衛星同士の光通信を利用することでダウンリンクするタイミングを早めることが可能である（図4）。

たとえば，撮像する領域が日本域で，ダウンリンク局も日本域といった例では，日本域をフルに撮像すると撮像した衛星は日本の可視域からはずれてしまいすぐにはダウンリンクできない。この時，後続の衛星へ衛星間光通信でデータを送り，この後続衛星が日本可視の間にダウンリンクすることが可能となる。また，南米の撮像で日本でダウンリンクすることを考えると，同じように南米での撮像後，日本に可視がある衛星まで衛星間光通信でリレーし，日本でダウンリンクすることが可能となる。

さらに，地球観測衛星同士のこのような光通信機能を撮像地域の雲や遮蔽物情報を先行衛星で取得，解析し，その情報を後続衛星へ伝達することで効率のよい撮像が可能となる。

また，このLEO衛星同士のリレーとGEO中継衛星の双方を利用することでダウンリンク局の非可視域での撮像データを迅速にダウンリンクすることも可能となる。

3.4　期待される光通信のインフラ

以上，考察したようにLEO−地上局，LEO−GEO中継，GEO−GEO中継，あるいは，LEO−LEOリレーといった光通信の形態は今後の地球撮像衛星の大量の撮像データをダウンリンクする必須な方法として期待される。これに対応するため，サイトダイバシティ機能を持つ光地上局網の整備[2]，光中継機能を持ったGEO中継衛星[3]，LEO−LEO光通信機能[3]がインフラとして整備され，様々なユーザが利用できることを期待したい。

これらのインフラは，地球のような遮蔽がなく，光通信が活用できる領域である将来の月探査，月移住さらには，火星などの惑星の探査，移住のフェーズにおいても十分に拡張できるインフラ[4]であることが想定され，その整備を期待したい。

参考文献

1) 佐藤他，「光衛星間通信システム（LUCAS）の初期運用状況について」，第67回宇宙科学技術連合講演会，1E15，JSASS-2023-40084
2) 斎藤他，「NICTにおける光地上局テストベッド整備」，第67回宇宙科学技術連合講演会，1E14，JSASS-2023-40083
3) 吉田他，「経済安全保障重要技術育成プログラム（Kプログラム）を通じての日本における光通信衛星ネットワーク実現に向けて」，第67回宇宙科学技術連合講演会，1E13，JSASS-2023-40082
4) 辻他，「スペースICT推進フォーラムでの光通信技術の検討状況」，第67回宇宙科学技術連合講演会，1E02，JSASS-2023-40072

■Expectations for optical communications from the earth observation satellites
■Kenichi Ikebe
■Satellite Business Division, PASCO Corporation

イケベ　ケンイチ
所属：㈱パスコ　衛星事業部

第2章

シリコンフォトニクスのアプリケーション
展望とそれを支える基盤技術

第 2 章 シリコンフォトニクスのアプリケーション展望とそれを支える基盤技術

シリコンフォトニクスハイブリッドレーザを用いた1チップLiDAR

早稲田大学
北　智洋

1 シリコンフォトニクスを用いた非機械式LiDAR

近年開発が急がれている自動運転自動車に必須のセンサーとして、小型かつ機械的な動作部品の無いSolid state Light Detection and Ranging（SS-LiDAR）の実現が待望されている。SS-LiDARの実現に必要な機能は以下のものがある。

① ポリゴンミラーのような機械的な動作部品を用いない二次元レーザビームステアリング
② コヒーレント検波を用いることで100 m以上の長距離の対象物の測距性能に優れ、ドップラー効果によって対象物の相対速度も検出できるFrequency modulated continuous wave（FMCW）法を用いた距離計測

我々のグループでは、シリコンフォトニクス（SiPh）を用いて作製した外部共振器フィルターと化合物半導体光増幅器（SOA）とを結合したハイブリッド波長可変レーザ技術を応用することで、これらの機能を小型の1チップ上に集積化したSS-LiDARを開発している。図1に1チップ集積SS-LiDARの概要図を示す。化合物SOAと結合したSiPh光集積回路内には、周囲長の異なる二つのリング共振器が装荷されており、共振周波数間隔（FSR）の異なる二つのリング共振器のバーニア効果を利用する事で広い波長帯で単一の波長を透過する波長選択フィルターが形成されている[1]。また、SOAのSiPhと接続していない側の端面ミラーとSiPh内のループミラーの間にレーザ共振器が形成されており、レーザ共振器に装荷した高

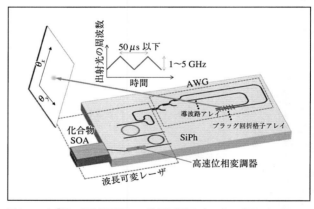

図1　ハイブリッド波長可変レーザを集積化した1チップSS-LiDAR

速位相変調器によってハイブリッドレーザの縦モードの位相を変化させることで、高繰り返しの周波数チャープレーザ光を出力することが可能である。このようにハイブリッド接合構造は外部共振器型の波長可変レーザとして動作し、ループミラーを透過したレーザ出力光は二次元レーザビームスキャナに入力される。ビームスキャナ部にはArrayed waveguide grating（AWG）とブラッグ回折格子の二種類の回折格子構造が集積化されており、入射光の波長に応じて二次元的に出力光の出射角度（θ_x, θ_y）が変化するパッシブなビームスキャナとして機能する[2]。ビームスキャナから出射された周波数チャープ光は、遠方の対象物によって反射され、反射光と参照光とを合波することで現れる周波数ビート信号をSiPh内のGeフォトディテクターによって検出することで非常に小型の1チップSS-LiDARが実現される。現段階では、

二次元的ビームスキャナの機能とハイブリッド波長可変レーザの直接変調を用いたFMCW計測は別個のチップを用いて動作実証を行っている。本稿では，これら1チップSS-LiDARの要素技術開発の進捗と今後の展望について報告する。

2 波長掃引二次元レーザビームスキャナ

SiPhを用いたビームステアリングには，Optical phased array（OPA）方式[3]，光スイッチ方式[4]，スローライト方式[5]がそれぞれ提案，実証されている。本研究では解像点数に優れたOPA方式を採用している。従来のOPAは，レーザ光を複数のアレイ導波路に分波し，各々の導波路に設置した熱光学式又は電気光学式の位相シフタによって等しい位相差を与えた伝搬光を光アンテナから出射するアクティブOPAが主流である。OPAの解像点数は，出射するアンテナと同程度になるため高解像度のOPAでは多数の光アンテナが必要であり，それと同数の位相シフタが用いられる。多数の位相シフタを用いることによる消費電力の増加と制御の複雑さ，熱光学位相シフタ間の熱クロストークといった課題がある。本研究では，ビームステアリングに要する消費電力低減のために，入射光の波長に依存して出射光の角度が二次元的に変化するパッシブOPAを開発した。図2にパッシブOPAの構造模式図を示す。Tree couplerによって多数の導波路に分波された光は，アレイ導波路間で等しい距離差を持つ遅延線を伝搬しブラッグ回折格子によってチップ上面に回折される。ここでアレイ導波路における伝搬光の位相差は入射光の波長に依存して変化するためθ_x方向の出射角が変化する。θ_y方向にはブラッグ回折格子における回折角の波長依存性によって同様に波長によって変化する。このようにAWGとブラッグ回折格子を複合化することで波長のみで二次元的なビームステアリングが可能なパッシブOPAを開発した。本OPAの作製上の課題は，シリコン導波路の製造誤差に起因してアレイ導波路間の位相差に誤差が生じることである。これを解決するためにアレイ導波路に幅3.2 μmのマルチモード導波路を用いることで，シングルモード導波路と比較して導波路幅の製造誤差に起因した位相誤差を1/1000程度まで低減することに成功した[2]。64本のアレイ導波路を用いて作製したOPAからの出射光の遠視野像（FFP）を図3に示す。波長に依存して連続的にθ_xが変化していることが確認できる。

パッシブOPAにハイブリッド波長可変レーザを集積化した1チップ二次元レーザビームスキャナを作製した[6]。紫外線硬化樹脂を用いてSiPhとSOAを端面結合したビームスキャナの写真を図4に示す。作製したハイブリッド波長可変レーザは，1496〜1592 nmの範囲で良好

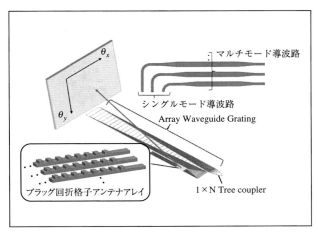

図2　パッシブOPAの構造模式図

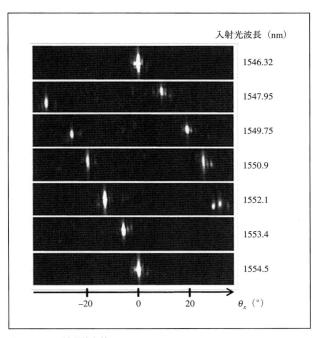

図3　FFPの波長依存性

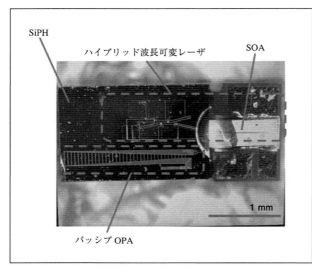

図4　ハイブリッド波長可変レーザ集積OPA

表1　OPAの性能比較

参考文献番号	3)	7)	8)	本研究 6)
アンテナ数	16	32	50	64
FOV $\theta_x \times \theta_y$ (°)	20×14	23×3.6	46×36	44.2×13.7
分解点数 $\theta_x \times \theta_y$	33×9	23×6	54×200	86×5
消費電力（mW）	3440	5120	650	49.3
アンテナ一つあたりの消費電力（mW）	215	160	13	0.770
フットプリント（mm×mm）	–	11.5×6	2.1×0.6	5×1.5
光源	外部	集積	外部	集積

な波長可変特性を示した。出射光の遠視野像の測定から得られた本ビームスキャナのField of view（FOV）は，44.2°（θ_x）×13.7°（θ_y），出射光の角度広がりの半値全幅は，0.52°（θ_x）×3.7°（θ_y）である。θ_x方向の解像点数はアレイ導波路の数と同程度の約80点であり，アレイ導波路を大規模化することで100点以上の高解像度を実現する見積もりを得ている。θ_y方向の解像点数が少ない原因は，ブラッグ回折格子を用いた光アンテナの開口長が短くθ_y方向のビーム広がりが大きいためである。θ_y方向の半値全幅は，浅堀構造やSiN，Al_2O_3等の低屈折率材料の採用によって0.1°程度まで狭窄化できることを確認しており，解像点数100点×10点以上の高解像度二次元ビームスキャナを開発中である。本研究とアクティブOPAを用いた二次元ビームスキャナの先行研究との比較を表1に示す。本OPAにおいては，ビームステアリングに要する消費電力は，ハイブリッド波長可変レーザの波長制御に用いるリング共振器上の二つのマイクロヒータの49.3 mWのみであり，大規模化によりアンテナ数を増加させても変化しない。対して先行研究では，大規模化するほど消費電力が増大しておりアンテナ一つあたりの消費電力は，1/10〜1/100と大幅な低消費電力化が達成されている。以上のようにパッシブOPAとハイブリッド波長可変レーザを集積化することで非常に小型でありながら低消費電力な二次元レーザビームスキャナの開発に成功し

ている。

3　ハイブリッドレーザの直接変調によるFMCW距離計測

　レーザ光によって対象物との距離を計測する技術は，Time of flight（ToF）方式を用いて多くの実用化がなされているが，ToF方式では50 m以上の遠方では受光強度の減少のために計測は困難である。対してFMCW法においてはヘテロダイン検波を用いることで200 m以上の遠方の対象物も検知することが可能である。LN等の光変調器を用いた外部変調方式によるFMCW計測[4, 5]には，装置の大型化と変調器の挿入損失が大きいために出力光強度が減少するといった課題がある。本研究ではハイブリッド波長可変レーザの共振器内に装荷した位相シフタによって周波数チャープした高強度のレーザ光を出力可能なFMCW用光源を開発している。また，前節で述べた解像点数100点×10点のビーム出射を1 flameとして自動運転に必要な20 fps以上の3次元計測を行うためには，1秒間に20000回以上のFMCW計測が必要であり周波数チャープ信号の繰り返し周波数は，20 kHz以上が求めら

れる。そのため位相シフタには数μs以下の高速な応答動作が必要である。シリコフォトニクスに一般的に用いられるマイクロヒータを用いた熱光学式位相シフタは，非常に低損失でありレーザ共振器に装荷するには最適の構造であるが，厚いクラッドを介してシリコン導波路を加熱するために動作速度は10 μs以上である。本研究では半導体であるシリコンに直接通電過熱をすることで高速・低消費電力な熱光学式位相シフタを開発した[9]。通電過熱をするのに必要な電極構造による伝搬光の散乱を防ぐためにマルチモード干渉（MMI）を利用した低損失位相シフタを用いている。図5にMMI高速位相シフタの伝搬光のシミュレーション結果を示す。MMIでは，伝搬光は周期的に収束と発散を繰り返す。伝搬光が導波路中央部分に収束する節に高濃度ドーピングシリコンの電極構造を作製することで，伝搬光は電極の影響を受けにくく0.1 dB以下の低損失な通電過熱構造を実現できる。本高速位相シフタをレーザ共振器に装荷することで，ハイブリッド波長可変レーザの縦モード間隔（約10 GHz）程度の周波数チャープが可能である。図6に高速位相シフタに直流電圧を印可した時のレーザ光の発振周波数シフトを示す。測定に使用した光スペクトラムアナライザの波長分解能の制約によってステップ上の周波数変化になっているが，入力電圧に対して線形な周波数シフトが得られた。

次に位相シフタに1 MHzの繰り返し信号を入力することで高繰り返し周波数チャープレーザ光を発生させた。狭帯域波長フィルターによって周波数シフトの時間依存性を測定した結果を図7に示す。入力信号の最適化がな

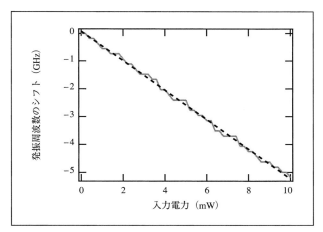

図6　MMI高速位相シフタの周波数シフト

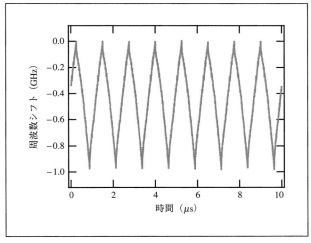

図7　繰り返し周波数1 MHzの周波数チャープ

されていないために完全に線形な周波数チャープにはなっていないが，位相シフタは十分高速に応答しており繰り返し周波数1 MHz以上，周波数チャープ量1 GHz以上の周波数チャープ光の出力に成功した[10]。繰り返し周波数25 kHz，周波数チャープレート約65 MHz/μsのレーザ出力光を用いて400 mの遅延ファイバを持つ遅延干渉計の測定結果を図8に示す。図8 (a)は，位相シフタに印可している電圧であり，図8 (b)は参照光と遅延光との干渉光をバランスドフォトダイオードで測定したビート信号，図8 (c)はビート信号を1周期ずつフィッティングすることで得られたビート周波数の時間依存性である。10 μs以上の時間範囲で±0.5 MHz以下の一定のビー

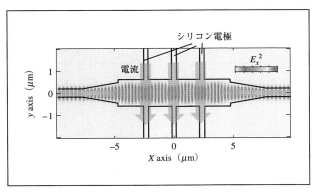

図5　MMI高速位相シフタの伝搬光のシミュレーション

第2章　シリコンフォトニクスのアプリケーション展望とそれを支える基盤技術

ト周波数が得られている[11]。最後にファイバコリメータによって自由空間に出射した周波数チャープ光を可動ミラーによって反射することでミラー位置のFMCW計測を行った。図9にミラー位置を0 cm～50 cmまで変化させたときのビート信号のFFTスペクトルを示す。ここでビート信号のサンプリング間隔は3 ns，FFT解析に用いたデータ点数は4096点，時間窓は約12.3 μsであるが，周波数分解を向上させるためにゼロパディング法によって時間窓を約100 μsに拡大している。5 cmの位置変化に対して十分な距離精度を持つことが確認できる。繰り返し測定によって得られた拡張不確かさ2σは，±4.2 cmであった。このように高繰り返し・高精度なFMCW計測が可能な周波数チャープ光をハイブリッド波長可変レーザから出力可能なことを示した。

4　まとめ

本稿では，1チップ集積LiDARの実現に向けた要素技術の開発状況について述べた。自動運転用SS-LiDARにおいて重要な二次元ビームステアリング，FMCW距離計測に関してほぼ要求性能は満たされつつある。今後は各要素技術の高度化と並行して，それらを集積化する検討も進めていく。

参考文献
1) T. Kita et al., IEEE J. Sel. Top. Quantum Electron, 22 (6), pp. 1-12 (2016).
2) Y. Misugi et al., Applied Physics Express, 15 (10), pp. 1-6 (2022).
3) J. K. Doylend et al., Opt. Express, 10 (22), pp. 21595-21604 (2011).
4) C. Rogers et al., Nature, 590 (7845), pp. 256-261 (2021).
5) T. Baba, et al., IEEE J. Sel. Top. Quantum Electron, 28 (5), p. 8300208 (2022).
6) Y. Misugi et al., to be appeared in J. Lightwave Technol. (2023).
7) J. C. Hulme et al., Opt. Express, 23 (5), pp. 1-14, (2015).
8) C. V. Poulton et al., Opt. Lett, 42 (20), pp. 4091-4094 (2017).
9) M. Mendez, et al., Opt. Express, 27 (2), pp. 899-906 (2019).
10) T. Kita et al., Proceedings of International Semiconductor Laser Conference (2022).
11) 川名理緒 他，信学技報，121 (377), OPE2021-69, pp. 103-106 (2022).

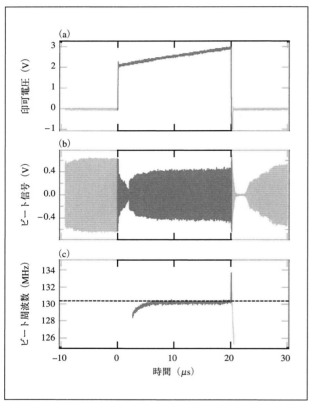

図8　400 m遅延ファイバの測定結果

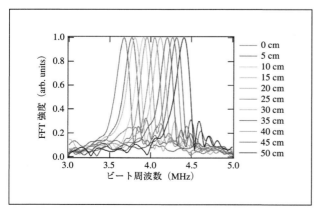

図9　ビート信号のFFTスペクトル

■One-chip LiDAR using silicon photonics hybrid laser diode
■Tomohiro Kita
■Waseda University, Faculty of Science and Engineering, Professor

キタ　トモヒロ
所属：早稲田大学　理工学術院　教授

シリコン光集積回路で動作する
ニューラルネットワーク
コンピューティング

(国研)産業技術総合研究所
コン　グアンウエイ，山本宗継，並木　周，山田浩治

1 はじめに

　光を利用した演算の歴史は1950年代まで遡られ，当時はフーリエ変換やホログラフィ等の光学情報処理を中心とした研究が展開されていた。1970年代に電子デジタルコンピュータが普及し始めたが，まだ計算能力が低かったため，光による高速・高並列化の情報処理が期待され，1990年代まで光演算に関する研究が精力的に行われていた[1]。デジタルおよびアナログ光コンピューティングシステムに向けて，様々な演算コンセプト（和算，内積，外積，行列演算等）[1]，光ニューラルネットワーク[2]，光電子融合プロセッサ[3] が提案され，手段としては主に自由空間光学系を用いられていた。しかしながら，1980年代におけるCMOS技術の急速な進歩により大規模集積回路（LSI）が登場し，デジタルプロセッサの能力が飛躍的に向上，光演算はCMOS大規模集積回路に敗退することとなった。敗退の主要因はスケーラビリティ，集積性，プログラマビリティがCMOSに比べ大きく劣っていたからである。そして光演算の研究開発は2000年頃から衰退した。

　ところが，CMOS技術は数十年の微細化を経て，物理限界に迫りつつあり，2000年代後半からはデジタルプロセッサの持続可能な性能向上が困難であることが指摘されている。特にスマート社会，DX社会の実現に必要とされている深層学習などの人工知能（AI）技術の開発において，プロセッサ性能の飽和は深刻な問題である。AI

システムは毎年約10倍程度の大規模化を続け，既に，数千億パラメーターの超大規模AIモデルも開発されている。このような大規模AIシステムは大量のデジタルプロセッサを用いて構築されているが，消費電力や演算遅延が著しく増加し，消費電力は十万ワット以上，学習時間に数ヶ月を要する状況である。

　そこで近年，低遅延かつ低消費電力の高効率AI専用アクセラレータの研究開発が精力的に進められている[4]。従来の電子回路をベースとしたアクセラレータも開発されてはいるが，CMOS技術の限界，および近年のシリコン光集積回路技術の進歩を背景に，コンピューティングへの光技術の大規模な導入も考えられている。

　コンピューティングシステムへの光集積回路技術の導入として以下の二つ方法が考えられている。(1)光インターコネクトによる分散演算リソース（GPU等プロセッサやメモリ等）間の高速大容量データ共有[5]。この方式は既にデータセンターにおけるサーバー間インターコネクトに適用され，さらにサーバー内，ボード内，チップパッケージ内，即ち演算処理の中核部分への適用にむけた技術開発が進みつつある。(2)光伝搬そのものを利用した演算方式。これは自由空間光学系を用いた光演算の再来ではなく，近年劇的に進歩した光集積回路を用い，CMOSに敗退した三要因の克服をめざしている。光伝搬による演算の最大のメリットは，光回路中に光を伝搬させるだけで演算が完了することにある。デジタル電子回路のようなトランジスタの逐次スイッチングが不要であるため，高速・低電力・低遅延の利点が得られる。そこ

第2章 シリコンフォトニクスのアプリケーション展望とそれを支える基盤技術

で，2010年代中頃から，光集積回路を用いた古典的および量子的な光演算に関心が高まり，特に将来の低消費電力・低遅延な人工知能（AI）アクセラレータへの適用にむけて，光集積回路型ニューラルネットワーク演算技術が注目されている[6〜8]。

このような背景の下，我々もシリコン光集積回路技術を用いて，新たな光ニューラルネットワーク演算技術の研究開発を進めてきた。そして最近，非線形写像サポートベクターマシン（SVM）型のフォトニックニューラルネットワーク演算を考案し，世界で初めて光集積回路のみで動作する光演算を実証した[9, 10]。従来の光集積回路ニューラルネットでは，演算の一部をデジタルプロセッサに依存していたが，この非線形写像SVM型ニューラルネットでは，真に光伝搬のみで演算が完結する。したがって，低遅延かつ低消費電力でニューラルネット演算が可能となり，デジタルプロセッサを補完する専用AIアクセラレータへの応用が期待される。本稿では，この光ニューラルネット演算技術について，その原理，学習手法，そして実験実証について述べる。

2 非線形写像SVM型光ニューラルネットの原理

従来の光ニューラルネットワーク（多層パーセプトロンを指す）は図1（a）に示すように，行列演算と活性化関数で構成される[11, 12]。行列演算の部分は光集積回路によるマッハ・ツェンダー光干渉計（MZI）のメッシュ[13]で実現できるが，光デバイスによる活性化関数機能の集積は現状では困難である。したがって，活性化関数を介して光で接続する全結合層を有する光ニューラルネットワークは未だ実現されていない。そのため，活性化関数に汎用デジタルプロセッサもしくはOEO（光－電気－光）変換回路を用いたハイブリット構成が多くみられる。しかしながら，汎用プロセッサによるデジタル処理や中間層として電気デバイスを介することによって，光伝搬による演算が中断され，光接続によるニューラルネットの多層化ができず，光回路の特徴である高速・低遅延性が活かされない。さらに，汎用プロセッサや電子回路が多くの電力を消費する。活性化関数用にSOA増幅器等の非線形デバイスを集積できれば，光伝搬だけで演算を完結できるが，SOAは大量の電力を消費するため，エネルギー的なボトルネックが懸念される。

上述の課題に対し，我々は，非線形写像を用いた独自のフォトニクスニューラルネットワーク演算方式を考案した。この演算方式の概念的な構成を図1（b）に示す。この演算方式を具体化する光回路としては様々な構成が考えられるが，我々は既存の干渉計デバイスのみで構成可能な図2のような回路を提案した。この回路で行われる演算はいわゆるSVM型の演算である[9]。SVM型の演算は，元々は線形分類器として提唱されたが，その後非線形写像を用いた非線形分類器に発展した。即ち，低次元空間では線形分離できないデータを高次元空間に非線

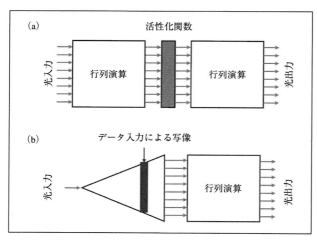

図1 （a）従来の光ニューラルネットワークの構成，（b）と本研究で提案された非線形写像SVM型光ニューラルネットワークの構成

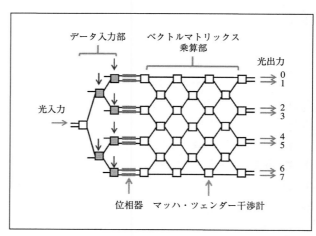

図2 考案した非線形写像型ニューラルネットワークのトポロジー

形写像した後に，改めて線形分離平面で分類演算を行う。提案した光回路では，入力にヒーター駆動の導波路型マッハ・ツェンダー干渉計（MZI）を用い，MZIの光出力のヒーター駆動電圧に対する非線形性を利用して，解析すべきデータを高次元複素光振幅空間に写像する。そして，非線形写像後のデータは入力部の後段にあるMZI光干渉計のメッシュによる行列演算部を通過し，分類の境界を与える高次元線形分離平面が算出される。最終的な分類演算結果は，複数ある光出力ポートの光強度分布で示され，例えば最大強度を与えるポートが分類結果を表す。この演算では，デジタル電子回路による活性化関数の構成が不要であり，また学習完了後に回路パラメーターを固定して，光を伝搬させるだけで演算が完了する。したがって，光集積回路に集積された光干渉計を通過するだけで演算が行われるため，超低遅延と低電力の利点が得られる。

3 学習アルゴリズム

線形分離平面を構築するため，光回路パラメーターの学習が必要である。従来のニューラルネットワークモデルでは誤差逆伝播アルゴリズム（BP）が幅広く使われているが，光ニューラルネットワークは基本的には前進伝搬しかできず，また各ノードにおける誤差の影響評価も容易ではない。理想的には，光集積回路の全ての干渉計ノードにモニター受光器を集積して，重みの勾配を自動的に測定し，電気回路により局所的なフィードバックが行うことができれば，BPアルゴリズムの適用も可能であろう[12]。しかしながら，回路構成が複雑になる事に加え，逆伝搬に必要となる多数の誤差入力用光源の準備は現実的ではない。そこで，光ニューラルネットワークでは，外部コンピューターによる事前学習を行い，得られたモデルをフォトニクスデバイスや光学システムに反映させる方法が採られることが多いが，学習が外部コンピューターに依存するため，低遅延で低電力な光集積回路の利点が活かせない。また，ノード特性にバラつきがある光学システムへの学習モデルの正確な反映も課題である。

そこで我々は，光集積回路に集積された干渉計のパラメーター学習に，逆伝搬を用いない細菌採餌最適化アル

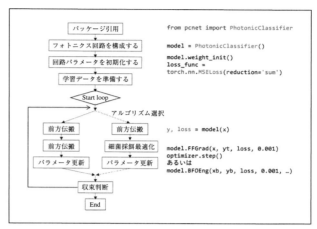

図3 実機学習プログラムの流れ図

ゴリズム（BFO）[14〜16]あるいは前方伝搬アルゴリズム（FP）を利用し，回路実機の直接学習（オンチップ学習という）を実施した。実機学習プログラムの流れを図3に示す。プログラムは，PyTorch[17]というオープンソースの機械学習ライブラリを用いてPython言語で作成した。このプログラムには上述の二つ学習アルゴリズムが実装され必要に応じて使い分けることが可能であり，さらにシミュレーションと実験の両方に対応できるよう，フォトニクスデバイスをPythonモジュールとしてカプセル化して，演算機能モジュールとして引用することができる。

4 デバイス製作と分類演算の実験実証

産総研では，光集積回路技術であるシリコンフォトニクス技術の研究開発を進めている。シリコンフォトニクス技術は，光集積回路の大規模化に必須の技術として近年研究開発が進み，光トランシーバーなどへの商品化も実現している。この技術を用いて，光ニューラルネットワーク演算に必要な大規模光干渉計集積回路を実現することが可能である。上述の演算方式を実証するため，我々は図2のトポロジーのシリコン光集積回路を産総研の標準シリコンフォトニクスプロセス技術を用いて製作した。製作した回路の写真を図4に示す。この回路は，シリコン導波路型MZIおよび単体位相シフタで構成され，これらのデバイスは，導波路近傍に配置されたヒーターによる熱光学効果により動作する。

第2章　シリコンフォトニクスのアプリケーション展望とそれを支える基盤技術

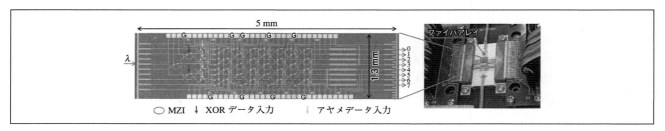

図4　製作したシリコン光集積回路デバイスと実装したモジュール

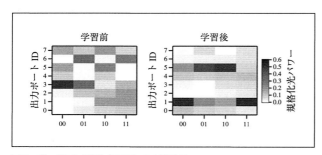

図5　ブーリアン演算（XOR）の実験結果

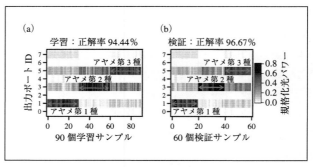

図6　アヤメ花の形状による花種分類演算の実験結果

　この回路を用いた演算の簡単な例として，XOR分離実験を行った。XORは線形分離不可能な問題として，ニューラルネットワークモデルの非線形分類機能を検証するためによく用いられる[12]。XORの2ビットを図4に示された2つMZIに入力して，ポート1と5をそれぞれロジック演算結果0と1に指定して，学習を行う。演算結果を図5に示す。学習前には入力ビットパターンと出力ポートの光パワーに関係はランダムであるが，学習後は最大光パワーを示すポートがXORの演算に一致していることがわかる。また，回路に余裕があるので，XORに加え，線形分離可能なANDやORと混在する複数ブーリアンに対しても同時に演算も可能である。

　次に，AI演算のベンチマークであるアヤメ（Iris）分類問題に対して実験実証を行った[9]。この分類演算ベンチマークはアヤメの花弁サイズからアヤメの種類を判別するものである。花弁サイズの4パラメーターを図4に示された4つMZIに入力して学習を行う。分類演算結果を図6に示す。この図の横軸はサンプル番号を表す，サンプル番号1～30，31～60，61～90にはそれぞれ異なる3種類のアヤメ（第1種Setosa，第2種Versicolor，第3種Virginica）を割り当てている。縦軸はこの回路の8個の出力ポートを示しており，ポート1，3，5をそれぞれ3種のアヤメに指定している。分類結果は，最大光パワーを与えるポートが各アヤメ種に割り当てているポートと一致していれば正解となる。学習前は出力ポートの光パワーはサンプル番号に相関がなく，ランダムであるが，学習後には90サンプルに対して最大光パワーのポートが明確に三つグループに分かれ，それぞれ3種類花に対応していることがわかる。この学習では約94％の正解率が得られた。さらに，学習により得た回路のパラメーターをそのまま固定して，学習に含めていない他の60サンプルに対して分類を行った結果，約97％の正解率が検証された。

　上述のブーリアン演算もアヤメのような複雑な分類演算も，演算遅延は光集積回路を光が通過する時間である100ピコ秒以下であり，デジタル電子回路演算の約千分の一であった。また回路パラメーターの設定に要したヒーター電力は約360ミリワットであり，従来デジタルプロセッサに比べ，消費電力は数十分の一と見積もられた。以上のように，AI演算のベンチマークであるアヤメ分類問題に対して，高い正確率が達成され，超低演算遅延かつ低消費電力での演算機能が実証された。

5 今後の予定

　以上述べたように，我々はシリコンフォトニクス光集積回路を用い，超低遅延で低消費電力な光ニューラルネット演算を実証した。しかしながら，それはまだ小規模なフィージビリティ確認の段階であり，実用的なAIアクセラレータへの適用にむけては，下記のような研究開発を進めて行く必要があるであろう。

(1)高スループット演算や学習機能の集積化にむけた，入力用高速光変調器や受光器，さらには学習制御用の電子回路の集積，実装。この施策はいわゆるシステムオンチップ化であるが，同時に演算システムの安定性や信頼性の向上の観点でも重要である。

(2)大規模化した演算回路や再帰回路の付与による，より複雑な演算への適用性の確認。大規模化は言うまでもないが，再帰回路の適用は，時系列アナログ信号の処理に有用であり，光ニューラルネット演算の応用分野を大きく広げるであろう。

(3)より少ない演算パラメーターによる効率的な演算方式の検討。光集積回路は電子回路に比べ素子集積度が低いため，この方針は光ニューラルネット演算では極めて重要である。具体的には入力データの事前処理による次元数の低減，波長多重システムの導入，光導波路または高速電子回路経由の低遅延再帰回路の導入などが考えられる。

謝辞

　本研究は，JST，CREST，JPMJCR15N4 と JPMJCR21C3 の支援を受けて行った。

参考文献

1) B. E. A. Saleh and M. C. Teich, Fundamentals of photonics, John Wiley & Sons, 1991.
2) P. D. Moerland, E. Fiesler, and I. Saxena, "Incorporation of liquid-crystal light valve nonlinearities in optical multilayer neural networks," Applied Optics, vol. **35**, no. 26, pp. 5301-5307, Sept. 1996.
3) F. Kiamilev et al., "Programmable Optoelectronic Multiprocessors And Their Comparison With Symbolic Substitution For Digital Optical Computing," Optical Engineering, vol. **28**, no. 4, pp. 284396, Apr. 1989.
4) K. Kitayama et al, "Novel frontier of photonics for data processing-Photonic accelerator," APL Photonics, vol. **4**, pp. 090901, May 2019.
5) M. Fariborz et al., "Silicon Photonic Flex-LIONS for Reconfigurable Multi-GPU Systems," vol. **39**, no. 4, pp. 1212, Feb. 2021.
6) L. D. Marinis et al., "Photonic Neural Networks: A Survey," IEEE Access, vol. **7**, pp. 175827, Dec. 2019.
7) Y. Shen et al., "Deep learning with coherent nanophotonic circuits," Nat. Photon., vol. **11**, pp. 441, June 2017.
8) H. Zhang et al., "An optical neural chip for implementing complex-valued neural network," Nat. Commun., vol. **12**, no. 457, Jan. 2021.
9) G. Cong et al, "On-chip bacterial foraging training in silicon photonic circuits for projection-enabled nonlinear classification," Nat. Commun., vol. **13**, pp. 3261 (2022).
10) G. Cong et al., "Experimental Demonstration of XOR Separation by On-chip Training a Linear Silicon Photonic Circuit," OFC2021. Th4I.3.
11) I. A. D. Williamson et al., "Reprogrammable Electro-Optic Nonlinear Activation Functions for Optical Neural Networks," IEEE J. Sel. Top. Quant. Elec., vol. **26**, no. 1, pp. 7700412, Jan.-Feb. 2020.
12) T. W. Hughes et al., "Training of photonic neural networks through in situ backpropagation and gradient measurement," Optica, vol. **5**, no. 7, pp. 864, Jul. 2018.
13) W. R. Clements et al., "Optimal design for universal multiport interferometers," Optica, vol. **3**, no. 12, pp. 1460, Dec. 2016.
14) G. Cong et al., "Arbitrary reconfiguration of universal silicon photonic circuits by bacteria foraging algorithm to achieve reconfigurable photonic digital-to-analog conversion," Opt. Express, vol. **27**, no. 18, pp. 24914, Aug. 2019.
15) G. Cong et al., "High-efficient Black-box Calibration of Laege-scale Silicon Photonics Switches by Bacterial Foraging Algorithm," OFC2019, M3B.3.
16) G. Cong et al., "Experimental Demonstration of Automatic Reconfiguration and Failure Recovery of Silicon Photonics Circuits," ECOC2021, We4D.3.
17) PyTorch open-source machine learning framework at https://pytorch.org/

■ **Neural network computing based on silicon photonic circuits**

■ ① Guangwei Cong　② Noritsugu Yamamoto　③ Shu Namiki　④ Koji Yamada

■ ①～④ Platform Photonics Research Center, National Institute of Advanced Industrial Science and Technology (AIST)

①コン　グアンウエイ
所属：(国研)産業技術総合研究所　プラットフォームフォトニクス研究センター　主任研究員
②ヤマモト　ノリツグ
所属：(国研)産業技術総合研究所　プラットフォームフォトニクス研究センター　研究主幹
③ナミキ　シュウ
所属：(国研)産業技術総合研究所　プラットフォームフォトニクス研究センター　センター長
④ヤマダ　コウジ
所属：(国研)産業技術総合研究所　プラットフォームフォトニクス研究センター　総括研究主幹

第2章　シリコンフォトニクスのアプリケーション展望とそれを支える基盤技術

シリコンフォトニクスを用いた量子情報デバイス

東北大学
松田信幸

1　はじめに

　量子情報処理は，量子力学の性質を情報理論に適用した従来とは本質的に異なる情報処理である。代表的な応用例として，原理的に安全な暗号通信である量子暗号通信や，特定のタスクについて現代計算機より高効率な計算が可能である量子コンピューティングが挙げられる。量子情報処理を実現するためには量子状態を符号化する物理的媒体が必要である。その数ある候補の中で，光の量子である光子を用いた方式は，室温での動作や長距離通信が可能であるという優位性をもつ。また最近では，現代コンピュータよりも高速な計算（量子超越性）が光子を用いて示されており，光方式は近年特に注目されている。

　大規模な光量子情報処理装置を実現するためには，光学系の小型化や，光干渉計回路の安定化などが課題であった。これを解決すべく，近年，シリコンや石英を導波路コア材料とする光導波路を用い，光量子情報デバイスを小型集積化する研究が活発に行われている。そのさきがけは，2004年にNTTの本庄らによって行われた量子暗号通信実験である[1]。彼らは石英系平面光波回路（Planar Lightwave Circuit；PLC）を用いた遅延干渉計を量子暗号通信装置の受信器側に用いることにより，高安定な量子鍵配送装置を実現した。2006年にはノースウェスタン大学などの研究グループが，シリコン光導波路の三次光学非線形性を用いた量子光源（光子対光源）を報告した[2]。この結果，同種の光源に用いられる非線形媒

質の長さが，数百m（光ファイバ）から数cmへと大幅に小型化された。2008年，ブリストル大学のグループが，光導波路回路中の光子の経路（位置）を量子状態として用い，それらを操作する光回路を提案した[3]。このことはのちの光量子回路大規模化のきっかけとなった。

　光導波路を量子情報処理に用いる利点は次の通りである。まず，自由空間光学系では実現が困難な小型・高安定な光干渉回路が実現でき，量子演算用光回路の大規模化が可能である。また，サブミクロンスケールの光導波路コアへの強い光閉じ込めにより，量子光源に必要となる光学非線形性を強く誘起できるため，量子光源を小型化できる。さらに，自由空間光学系では本質的に困難であった光演算操作が可能となる[4]。これらの利点のため，光導波路を用いた光量子情報処理の研究が活発に行われている。最近では，様々な光回路を単一デバイス上でプログラマブルに実現するユニバーサル線形光学回路や，多くの量子光源と量子回路を一体集積した量子計算用回路といった高度なデバイスが実現されている。本稿では，光導波路を用いた量子光源及び量子回路のオンチップ集積化に関する研究について，著者のこれまでの成果を交えつつ解説する。

2　シリコン光導波路を用いた量子光源

　光を用いた量子情報処理のためには，一般に，光子数確定状態などの非古典的な光波を出力する量子光源が必要である。中でも，非線形光学効果を用いて得られる相関光子対は，時間・周波数や偏光などの特性の制御が容

易であることから広く用いられている。また，光子対は，一方の光子の検出イベントに基づき，他方の光子を単一光子として扱う伝令付き単一光子として用いることができる。

　光子対の発生に用いられる非線形過程は，二次の非線形光学効果である自発パラメトリック下方変換（Spontaneous parametric down-conversion；SPDC）と，三次の非線形光学効果である自発四光波混合（Spontaneous four-wave mixing；SFWM）である。このうち前者を誘起するためには，非線形媒質として反転対称性を欠く物質が必要である。光導波路のコア材料は溶融石英やシリコンなどの反転対称性を持つ物質が多いため，光導波路を用いた量子光源には後者がよく用いられる。

　非線形媒質に入力するポンプ（p）光が1波長のみの場合，SFWMによってポンプ光中の2つの光子が消滅し，$2\omega_p = \omega_s + \omega_i$ のエネルギー保存則を満たすシグナル（s）・アイドラ（i）光子の対が確率的に発生する（ωは角周波数）（図1）。出力光の量子状態は，一般に光子が偶数個ある状態の線形重ね合わせ状態であり，真空スクイーズド状態と呼ばれる。4光子以上の項が無視できるようにポンプ光強度を低く調整することで，光子対状態を得ることができる。

　SPDC型の量子光源に対して，光導波路媒質を用いたSFWM型量子光源は次の利点を有する。SFWMでは，関与する4つの光波の周波数が互いに近接するため，それらが同一偏光状態にあれば媒質中の波数も互いに近接する。結果，光子対発生に必要となる光波間の位相整合条件（波数保存則）の達成が比較的容易である。たとえば，長さ数mm〜cmのシリコン光導波路に光通信波長帯の適当な強度のレーザー光を入力すると，SFWMによる光子対を手軽に発生させることができる。ただし，発生した極めて微弱な強度の光子対を，波長が近接した強度が100 dB以上大きなポンプ光からS/Nよく分離する必要がある。よって，良い波長フィルタの選定が良い量子光源の実現につながる。また，導波路から光ファイバなどの外部光学系への取り出しに伴い生じる光損失は一般に小さくなく，損失によって信号レートが著しく低下する多光子実験において問題となる。この問題は，量子光源と後続の回路（量子回路，単一光子検出器等）を光導波路で接続し同一チップに集積できれば解消される。

　特に近年，シリコン導波路を用いたSFWM型光源の研究が活発に行われている。シリコン導波路の特長として，

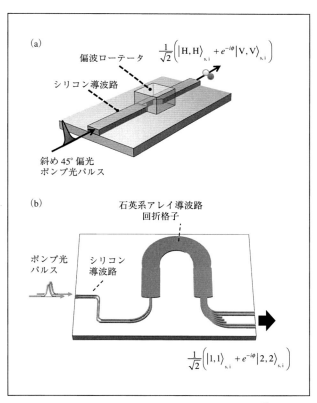

図2　シリコン光導波路を用いた（a）偏光もつれ光子対源[5]及び（b）経路量子もつれ光源[6]の模式図。

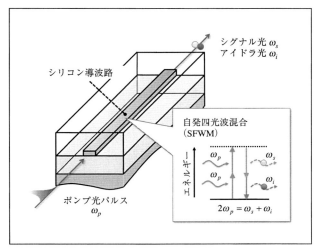

図1　シリコン光導波路における自発四光波混合を用いた量子光源。

材料自身の高い3次非線形性と小さな導波路コアへの光閉じ込めによりチップスケールで高い光子対発生効率が得られる点，ノイズ源であるラマン散乱光子が波長フィルタを用いることで容易に分離できる点が挙げられる。

光子対発生技術を拡張することで，量子もつれ光子対の発生が可能となる。量子もつれとは，2つ以上の系全体の波動関数が，個別の系の波動関数の直積で書くことができないような状態のことであり，通信，物理乱数生成，計算や量子論の基礎の検証に至るまで幅広く用いられる。著者らはこれまで，光子の「偏光」や「経路（空間位置）」についての量子もつれ状態を，シリコン光導波路を拡張することにより実現している[5,6]（図2）。いずれの手法においても，出力される光子対の偏光状態や経路状態が異なるようにあらかじめ設計した2本のシリコン光導波路を用い，それぞれの光導波路から発生した光子対の波束を重ね合わせることによって量子もつれ状態を得ている。

3 光導波路を用いた量子回路

光を用いて量子計算のための論理演算を行うためには，一般に，媒質中で1つの光子がもう一方の光子の位相を反転させる（π（rad）の非線形位相シフトを誘起できる）ほどの巨大な光学非線形性が必要となる。しかし，通常の媒質の非線形性はそれに比べ大幅に小さい。例えば長さ数mの非線形光ファイバ中で単一光子が誘起する非線形位相シフトは10^{-7}（rad）程度である[7]。

そんな中，単一光子，線形光学素子（ビームスプリッタ，波長板など），光子検出を用いて光子間の実効的な非線形相互作用を誘起し量子演算を行う画期的な手法が2000年代初頭に提案された[8]。さらに2011年には，数十個という比較的少ない光子数の領域で，線形光学回路を用いて特定のタスクに関して高速を実行できるボゾンサンプリング[9]と呼ばれる量子計算方式が提案された。それらの実現のためには，大規模な線形光学回路（多光束干渉計）が必要となる。特に，位相シフタ等を用いて回路を動的に制御するユニバーサル線形光学回路は強力なツールである。ユニバーサル線形光学回路は，主に石英やシリコンの光導波路を用いて実現されている[10]。図3

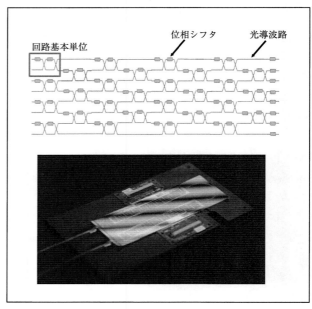

図3 ユニバーサル線形光学回路。

にモード数（ポート数）8の場合の回路の模式図を示す。回路基本単位は，干渉計の外部と内部に可変位相シフタを1つずつ配置したMZIユニットである。このレイアウトは，任意のN次元ユニタリ行列が$N(N-1)/2$個の2次元ユニタリ行列の積に分解できることに基づく。各MZIユニットは2次元ユニタリ変換回路に対応する。回路の総位相シフタ数はN^2個で，この数はN次元複素ユニタリ行列の独立なパラメータの数と一致する。すなわちこの回路構成は万能ユニタリ変換光回路を実現する最小構成となっている。なお，ユニバーサル線形光学回路は，量子計算に限らず，光を用いた深層学習，光通信における全光MIMOプロセッサ等，光エレクトロニクスの幅広い分野において活用されている。

このような回路を構成する導波路には様々な選択肢がある。シリコン導波路は，コア-クラッド間の大きな屈折率差により，10μm程度の曲げ半径でも光を伝搬させることができ，高密度な光回路を実現できる。また，導波路自体の光学非線形性が大きいため，それを量子光源に用いることで光源と回路の一体集積が可能である。しかし，伝搬損失が1 dB/cm程度と比較的大きい。損失の原因は，主にシリコン導波路コア表面の加工荒れによる光散乱である。また，導波路コア材料であるシリコンの

温度屈折率係数が周囲の石英クラッドに比べて高いことから，熱光学位相シフタの間隔によってはそれらの間の熱クロストークが顕著に生じる。そのため，熱光学効果によらない位相シフタの開発は，シリコン量子光回路の大規模化に向けて極めて重要である。

その他，窒化シリコン（SiN）導波路やニオブ酸リチウム（LN）導波路を用いた研究も行われている。SiN導波路は石英とSiの中間の特性を示すが，近年低損失化が進んでいる。また，SiN導波路は非線形性がある程度大きく，かつ波長1.55 μm帯における非線形吸収がないため，低損失な量子光源を実現できる。LN導波路は，電気光学変調による高速な位相変調器が利用できる，かつ周期分極反転化によるSPDC型量子光源が実現できるといった優位性を示す。

ここで，前述のボゾンサンプリングについて簡単に紹介する。近年，比較的近い将来に実現可能なレベルの小〜中規模な量子系を用い，特定の計算タスクについて現代計算機に比肩しうる，あるいは超える高速演算が可能な量子計算機の開発が活発である。その代表例がボゾンサンプリング[9]である。ボゾンサンプリングにより，100個程度というかなり少ない数の光子を用い，現代計算機に対する量子計算機の優位性を示すことができる。

図4にボゾンサンプリング実験系の模式図を示す。いま，N対の入出力ポート（モード）を備えるランダムな線形光学回路（光干渉回路）があり，そのうちm個の入力ポートに互いに区別のつかない単一光子を入力する（図4では$N=6$，$m=3$）。光回路の光学損失がないとき，線形光学回路の電場の入出力関係はN行N列のユニタリ行列Uで表される。線形光学回路における多光子干渉の結果で決まる確率分布のもとに，光子群は様々な出力パターン（出力ポート番号の組み合わせ）で出力される。この出力パターンは，出力側に接続された単一光子検出器の検出信号の時間相関から得ることができる。光子出力パターンの確率分布の一例を図4（b）に示す。

特定の出力パターンSに光子群が出力される確率P_Sは，ユニタリ行列Uと光子の入出力ポート番号で決まるある数式で求めることができる。この数式は現在の計算機にとって計算が困難なサブルーチンを含んでいる。ボゾンサンプリングにおいて，光子は，古典計算機で求め

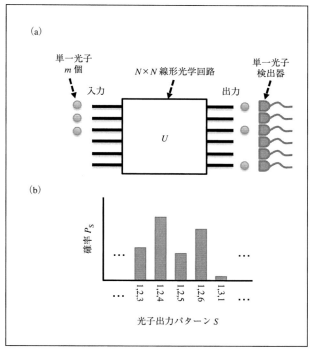

図4 （a）ボゾンサンプリング回路の模式図。（b）ボゾンサンプリングにより得られる光子出力分布。

ることが困難な確率分布P_Sからのサンプリングを行っている。ボゾンサンプリングの提案ののち，さらに高速なガウシアンボゾンサンプリング（GBS）が提案された。GBSは，ボゾンサンプリングにおける入力光である単一光子を，前述の真空スクイーズド光に置き換えたものである。近年，中国科学技術大学のグループやXanadu社が，GBSにより現在の古典計算機の演算速度を大幅に凌駕する量子計算，すなわち量子超越性の実証に成功している。

GBSは，単なる古典計算機とのベンチマーク実験に留まらず，実問題の計算への応用も数多く提案されている。Huhらは分子の振電状態間の遷移確率を表すFranck-Condon因子の計算がGBSを用いて可能であることを示した[11]。Franck-Condon因子は分子の構造などに関する重要な情報を含み，量子化学の分野において重要な因子であるが，古典計算機による効率的な計算が困難である。また，分子の励起振動状態の時間変化を計算する手法が，筆者を含むグループにより提案・実証されている[12]。他，種々のグラフ問題の計算や，創薬のための分子ドッキング計算への応用が提案されている。今後はそれら実問題

への応用に向けGBSが進展していくものと期待される。

4 おわりに

　本稿では，シリコンフォトニクスに代表される光導波路回路を用いた光量子情報処理の研究について現状とともに紹介した。大規模化に向けた大きな課題は，導波路内で生じる光の光学損失である。シリコン光導波路において，損失の主要因は導波路側壁の荒れによる光散乱である。低損失な光導波路として，ArF液浸リソグラフィで製造された低損失シリコン光導波路が注目されている。また，システムのスケーラビリティのためには，誤り訂正の導入は必須である。今後，様々な課題を解決しつつ，システム大規模化と，実問題への応用研究が進められていくことが期待される。

謝辞

　共同研究者諸氏に感謝いたします。紹介した研究の一部は，JST CREST JPMJCR2004，JST創発的研究推進事業JPMJFR203T，MEXT光・量子フラッグシッププログラム（Q-LEAP）JPMXS0118067581，JSPS科研費JP20H02648，JSPS二国間交流事業（共同研究）JPJSBP120218401の支援を受けて実施されたものである。

参考文献

1) T. Honjo, K. Inoue and H. Takahashi, Opt. Lett. **29**, 2797 (2004).
2) J. E. Sharping, K. F. Lee, M. A. Foster, A. C. Turner, B. S. Schmidt, M. Lipson, A. L. Gaeta and P. Kumar, Opt. Express **14**, 12388 (2006).
3) A. Politi, M. J. Cryan, J. G. Rarity, S. Yu and J. L. O'Brien, Science **320**, 646 (2008).
4) A. Peruzzo, M. Lobino, J. C. F. Matthews, N. Matsuda, A. Politi, K. Poulios, X.-Q. Zhou, Y. Lahini, N. Ismail, K. Wörhoff, Y. Bromberg, Y. Silberberg, M. G. Thompson and J. L. O'Brien, Science **329**, 1500 (2010).
5) N. Matsuda, H. Le Jeannic, H. Fukuda, T. Tsuchizawa, W. J. Munro, K. Shimizu, K. Yamada, Y. Tokura and H. Takesue, Sci. Rep. **2**, 817 (2012).
6) N. Matsuda, H. Nishi, P. Karkus, T. Tsuchizawa, K. Yamada, W. J. Munro, K. Shimizu and H. Takesue, J. Opt. **19**, 124005 (2017).
7) N. Matsuda, R. Shimizu, Y. Mitsumori, H. Kosaka, K. Edamatsu, Nat. Photon. **3**, 95 (2009).
8) E. Knill, R. Laflamme and G. J. Milburn, Nature **409**, 46 (2001).
9) S. Aaronson, A. Arkhipov, Proceedings of ACM STOC2011, pp. 333-342 (2011).
10) J. Carolan, C. Harrold, C. Sparrow, E. Martin-Lopez, N. J. Russell, J. W. Silverstone, P. J. Shadbolt, N. Matsuda, M. Oguma, M. Itoh, G. D. Marshall, M. G. Thompson, J. C. F. Matthews, T. Hashimoto, J. L. O'Brien and A. Laing, Science **349**, 711 (2015).
11) J. Huh, G. G. Guerreschi, B. Peropadre, J. R. McClean, A. Aspuru-Guzik, Nat. Photon. **9**, 615 (2015).
12) C. Sparrow, E. Martín-López, N. Maraviglia, A. Neville, C. Harrold, J. Carolan, Y. N. Joglekar, T. Hashimoto, N. Matsuda, J. L. O'Brien, D. P. Tew, A. Laing, Nature **557**, 660 (2018).

■**Quantum information devices using silicon photonics**
■Nobuyuki Matsuda
■Department of Communications Engineering, Graduate School of Engineering, Tohoku University

マツダ　ノブユキ
所属：東北大学　大学院工学研究科　通信工学専攻

シリコンフォトニクスのデジタルコヒーレント光トランシーバーへの適用

日本電信電話㈱
亀井 新

1 はじめに

近年，シリコンフォトニクスの実用化が著しく進展しており，デジタルコヒーレント光トランシーバーへの適用はその成功実例の1つと言える。本稿ではデジタルコヒーレント光トランシーバーの小型化・高速化のトレンドとともに，シリコンフォトニクス技術がいかに適用されてきたのか，我々が開発を推進している光電融合デバイスという観点を交えて紹介する。

2 シリコンフォトニクスのデジタルコヒーレント通信デバイスへの適用性

2.1 コヒーレントトランシーバの小型化トレンド

デジタルコヒーレント伝送は，デジタル信号処理による強力な補償技術によって光伝送における信号劣化を補償することができ，これまで数百〜数千kmの長距離の伝送用途として発展してきた。現在では，特にトラフィック増大が顕著となっているデータセンター間通信（DCI：Data Center Interconnect）等，百km程度の比較的短距離用途としても，デジタルコヒーレント伝送技術の適用が進んでいる。

光伝送用のデバイスの標準を策定する業界団体OIF（The Optical Internetworking Forum）[1]は，デジタルコヒーレント用光トランシーバーの消費電力やサイズについての規格を定めている。同団体は2012年以降数年ごとに

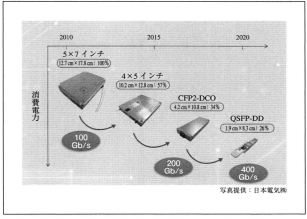

図1 コヒーレント光トランシーバーのトレンド

デジタルコヒーレント光トランシーバーの新しい規格を策定し，その度にサイズの小型化を要求しきた。

図1は，デジタルコヒーレント光トランシーバーの小型化・低消費電力化・高速化のトレンドを示したものである。2012年頃には，5×7インチ（12.7 cm×17.8 cm）の大きさだったものが，最近では，QSFP-DD[2]と呼ばれる約2 cm×8 cmまでに小型化が要求され，伝送速度は100 Gb/sから400 Gb/sへと高速化し，消費電力は1/4に低減されている。

小型・低消費電力化と高速化が求められる背景には，データセンターなどにおける光トランシーバーの高密度配置に対するニーズがある。その一方，光トランシーバーの需要数は年々増大を続けており，その経済化や生産性向上に向けた変革の必要性も高まっていた。

2.2 シリコンフォトニクスの適用性

図2はコヒーレント光トランシーバーの構成を示している。デジタル信号処理回路（DSP）があり，送信側は電気信号を増幅するアナログ電子回路（ドライバー），電気信号を光信号に変換して送出する光変調器，受信側は光信号を受信し，電気信号に変換する光受信器，電気信号を増幅するアナログ電子回路（TIA：Trans-Impedance Amplifier），更に送信用および受信の局発光となるレーザー光源から構成されている。

図3は，このコヒーレント光トランシーバーに適用されてきた光デバイス（光変調器と光受信器）の変遷である。従来の光トランシーバーには，その機能に最も適した光学材料系を用いた，個別のパッケージデバイスが適用されてきた。例えば，光変調器ではニオブ酸リチウム（LiNbO_3）や，インジウムリン（InP）材料である。しかしデバイスサイズの制約から，求められる光トランシーバーの小型化には対応できなくなり，シリコンフォトニクス技術を活用した光デバイスの小型・集積化が注目さ れるようになった。

我々も早くからシリコンフォトニクス技術の可能性に着目し，研究開発を続けてきた。シリコンフォトニクスの長所は，その圧倒的な小型性に加え，成熟したシリコンプロセスに基づく高い生産性にあると考えられた。一方で光源機能の実現は困難で，精密な光の位相の制御を要する光波長フィルタ等の機能は不得手であり，また，光の偏波によって特性が大きく異なる（偏波依存性が大きい）という難しさもあった。

このようなシリコンフォトニクスではあるが，デジタルコヒーレント技術とはとても相性が良かったと言える。図4は，コヒーレント光トランシーバーの光デバイス部分の回路構成を示したものである。光変調器は4つの変調回路と，偏波回転合流器，光受信回路は偏波分離回転器と，2つの光ミキサー回路，8つのPD（Photo Detector）から構成され，更に送信受信の光信号パワーを監視するモニター用PDや可変光減衰器も複数必要である。ここで，これらの回路では光位相をアダプティブに調整可能であり，また偏波を分離して処理するため，回路の偏波依存性も問題にはならない。加えて偏波依存性の大きなシリコンフォトニクスは偏波回転合流（分離回転）器のような偏波を制御する回路を得意とするという特徴もあった。これは，従来の材料系では，別の光学部品をパッケージ内に組み込んで偏波制御回路を実現していたのに対し，シリコンフォトニクスは，同じチップ内に集積できるという大きな利点をもたらした。また，

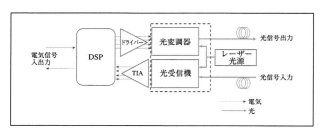

図2　コヒーレント光トランシーバーの構成

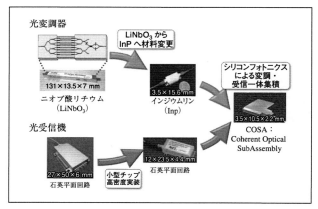

図3　コヒーレント光トランシーバー向け光デバイスの変遷

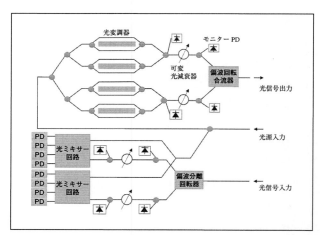

図4　コヒーレント光トランシーバー向け光デバイスの回路構成

多数のPDを集積することも，シリコンフォトニクスでは比較的容易に可能であった。

我々は，このようなシリコンフォトニクスの特徴を活用し，光源以外の全ての光回路を集積するという方針で，コヒーレント光トランシーバー向けのシリコンフォトニクスチップを開発した。機能としては図2の点線で囲われた部分，回路構成としては図4に示す全ての要素を1つのシリコンフォトニクスチップで実現している。

3 コヒーレントトランシーバに向けたデバイス開発

3.1 100/200 Gb/s向けコヒーレント光サブアセンブリ（COSA）[3]

シリコンフォトニクスをコヒーレント光トランシーバーに適用するためのデバイスとして我々が開発し，実用化をおこなったのが，COSA（Coherent Optical SubAssembly，コヒーレント光サブアセンブリ）である。図5に，COSAの構成図を示す。光回路を集積したシリコンフォトニクスチップに加え，光変調器を駆動するドライバー，受信PDの出力電流を電圧信号に変換するTIAまでを一つのパッケージ内に実装している。光回路であるシリコンフォトニクスと，電子回路であるドライバー，TIAを1パッケージに集積したということで，光電融合デバイスの第一歩であったと言える。COSAという光電融合デバイスの実現により，シンプルにDSP，COSA，レーザー光源という3つのキーデバイスのみでコヒーレント光トラ ンシーバーを構成することができるようになった。

我々が最初に開発を行ったのが，100/200 Gb/s向けCOSAであった。当時は100 Gb/sのコヒーレント光トランシーバーの市場普及が進みつつあり，フォームファクターとしては個別の光デバイスを適用した4×5インチ（10.2 cm×12.7 cm）サイズが主流であった。我々の開発は，その次世代のフォームファクターであるCFP2-DCO（約4 cm×11 cm）[4]を実現可能なデバイスの小型性と，100 Gb/sに加え，200 Gb/s（シンボルレート32 GBaud, 偏波多重16QAM信号）の伝送速度への対応を目指して行った。

図6は，開発したCOSAの外観写真である。搭載したシリコンフォトニクスチップのサイズは約7 mm×7.5 mm，パッケージ部分のサイズは19.1 mm×17 mm×2.2 mmであり，CFP2-DCOフォームファクターの光トランシーバーに十分収まる小型性を実現した。トランシーバー基板との電気的なインターフェースにはFPC（フレキシブルプリント基板）を適用し，光のインターフェースは光ファイバである。また図7はこのCOSAの光送信・

図6　100/200 Gb/s向けCOSAの外観

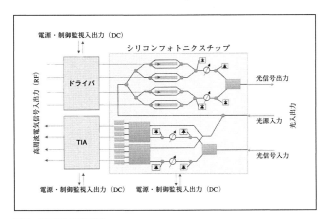

図5　COSAの構成図

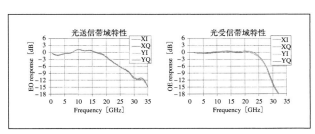

図7　100/200 Gb/s向けCOSAの光送信・受信の帯域特性

受信の帯域特性を示している。32 Gbaudのシンボルレートに対応できる帯域性能を実現した。

このようにCOSAにおいて，従来の個別光デバイスから飛躍的な小型化を可能にした要素としては，温度コントロール部を省略できたこと，パッケージに気密性が必要ではないことも挙げられる。これらは，シリコンの材料安定性などを最大限に活用しつつ，独自の光回路設計を適用することで特性の温度無依存化や耐湿性を実現した結果によるものである。また，また非気密パッケージゆえに，光ファイバの端面を直接シリコンフォトニクスチップに接続するという，シンプルな構成が可能となり，この点も小型化に貢献するとともに，高い生産性にも寄与している。100/200 Gb/s向けCOSAは中長距離向けのコヒーレント光トランシーバーに使用されている。

3.2　400 Gb/s向けコヒーレント光サブアセンブリ（COSA）[5]

100/200 Gb/s向けCOSAに続き，我々は，400 Gb/s向けCOSAの開発に取り組んだ。当時，デジタルコヒーレント通信のアプリケーションとして，分散化されたデータセンター間を結ぶDCIが着目され，その適用に向けて，伝送距離80〜120 km程度，伝送容量は400 Gb/s，フォームファクターは更に小型なQSFP-DD（約2 cm×8 cm）であるコヒーレント光トランシーバーの標準化が進められた。我々はこの小型トランシーバーを実現する光電融合デバイスとして400 Gb/s向けCOSAの開発を行った。

400 Gb/s向けCOSAにおいて新たに開発した技術ポイントは2点ある。1つは信号の高速化対応である。400 Gb/sの伝送容量は，シンボルレートとして60〜64 GBaudの偏波多重16QAM信号により実現される。COSAの送信・受信回路は100/200 Gb/s向けに比較して2倍の高速動作が求められ，これに対応するシリコンフォトニクスの光変調器・受信PD，ならびに電子回路であるドライバー・TIAの高速化を行った。

もう1つは，光トランシーバー基板に実装する際の，簡便性と生産性である。400 Gb/s向けCOSAでは，電気信号のインターフェースとしてBGA（Ball Grid Array）を採用した。また，光のインターフェースは従来同様に光ファイバで，シリコンフォトニクスチップへの直接接合の形態でありながら，半田リフロー実装温度（約250℃）に耐える構造と材料を実現した。

図8は400 Gb/s向けCOSA，および搭載シリコンフォトニクスチップの外観写真である。チップサイズは約4 mm×6 mmで，100/200 Gb/s向けから更に小型化し，ウエハあたりの収量も約1.5倍以上に増大している。COSAのパッケージ部分のサイズは13.5 mm×10.5 mm×2.2 mmと，QSPF-DDフォームファクターの光トランシーバー内に十分搭載可能な小型性を実現した。図9はこのCOSAの光送信・受信の帯域特性を示している。送信側で32 GHz，受信側で35 GHz以上の3 dB周波数帯域であり，60〜64 Gbaudのシンボルレート対応できる性能を実現した。

図10は，400 Gb/s向けCOSAを，トランシーバーの基板に実装する工程を示している。従来の光デバイスの多くは，基板に他の電子部品を半田リフロー実装した後，個別に実装する必要があり，工程の生産効率が課題となっていたが，COSAはBGAインターフェースの採用と，耐熱性の向上により，他の電子部品と同時かつ自動化工程によって半田リフロー実装が可能になった。

この400 Gb/s向けCOSAの実装形態は，光デバイスあるいは光電融合デバイスにおいて，画期的な変化であっ

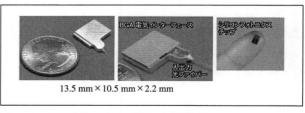

図8　400 Gb/s向けCOSAの外観，および搭載のシリコンフォトニクスチップ

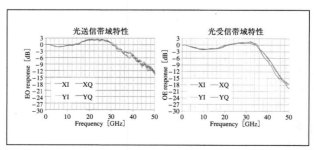

図9　400 Gb/s向けCOSAの光送信・受信の帯域特性

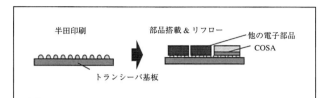

図10 400 Gb/s向けCOSAを，トランシーバーの基板に実装する工程

たと言える。COSAは他の電子デバイスと同様に自動化された実装ラインで扱えるため，光トランシーバー実装工程の大幅な簡略化と効率化が実現された。今後の光電融合デバイスは，このような実装形態が主流になっていくものと考えられる。400 Gb/s向けCOSAは2020年から商用化し，現在多くの小型コヒーレント光トランシーバーで使用されつつある。

3.3 次の展開

400 Gb/s向けCOSAの次の開発もすでに進んでいるが，2つの方向性がある。1つは，更なる高速化である。現在，次の世代のコヒーレント光トランシーバーとして，伝送速度800 Gb/sのものが議論され，信号のシンボルレートは120～130 GBaudと想定されている。我々も，この高速化に対応したシリコンフォトニスの開発に着手し，図11に示すように，100 GBaud級まで帯域を拡大したCOSAを試作して既に報告した[6]。現在は更なる高速化検討を進めているところである。

もう1つは，更なるデバイスの集積化である。COSAは，光回路であるシリコンフォトニクスと，電子回路であるドライバー・TIAを1パッケージに集積した光電融合デバイスの第一歩であったが，我々は更にこの光電融合の方向性を推し進め，図12にあるように，デジタル信号処理回路（DSP）と，COSA機能の1パッケージ化（コ

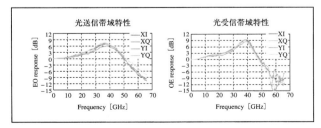

図11 帯域を拡大したCOSAの光送信・受信の帯域特性

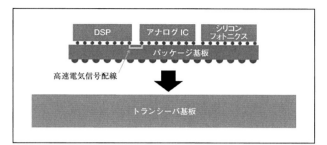

図12 コヒーレントコパッケージの構造

ヒーレントコパッケージ）の開発を進めている。この狙いは，更なる信号の高速化が進むにあたり，DSPとCOSAを接続する，高速の電気信号配線の性能が特に重要になることから，両者をなるべく近接することで，その性能を最大化することにある。

4 まとめ

シリコンフォトニクスの実用化の好例として，デジタルコヒーレント光トランシーバーへの適用を紹介した。一連の開発で積み上げられた技術は，更なるシリコンフォトニクスの実用化進展と，光電融合デバイスの進化をもたらし，光通信の高度化を通じて，より豊かな社会の実現に貢献するものと期待している。

参考文献

1) https://www.oiforum.com/
2) http://www.qsfp-dd.com/
3) S. Kamei et al., "Silicon Photonics-based Coherent Optical Subassembly (COSA) for Compact Coherent Transceiver," in 21st Microoptics Conference, 14D-1, (2016).
4) https://cfp-msa.org/
5) S. Yamanaka and Y. Nasu, "Silicon Photonics Coherent Optical Subassembly for High-Data-Rate Signal Transmissions," OFC2021, Th5F.2, (2021).
6) S. Yamanaka et al., "Silicon Photonics Coherent Optical Subassembly with EO and OE Bandwidths of Over 50 GHz," OFC2020, PDP, Th4A.4, (2020).

■Application of Silicon Photonics to digital coherent optical transceivers
■Shin Kamei
■NTT Device Innovation Center, NTT Corporation

カメイ　シン
所属：日本電信電話㈱　デバイスイノベーションセンタ

第2章　シリコンフォトニクスのアプリケーション展望とそれを支える基盤技術

シリコンフォトニクス内蔵型光電コパッケージ基板技術

（国研）産業技術総合研究所
天野　建

1　背景

　データセンタや高性能コンピューティングシステムの進化に伴い，システム内の通信伝送速度は増加の一途をたどっている。大容量信号伝送に適した光インターコネクトは，このような通信速度の増大を支える重要な役割を担ってきた。現在，情報処理の心臓部である各種LSI（Large scale integration）パッケージからの電気信号は，それが実装されたボードエッジ付近において光信号へと変換されている。しかしながら近年，LSIパッケージからボードエッジまでの長く，接続箇所の多い電気配線が大容量信号伝送のボトルネックとなりつつある。この問題を解決するため，ボードエッジに実装された光モジュールをよりLSIパッケージに近いボード上，さらにはパッケージ内部に実装しようとする試みが活発に行われている[1]。パッケージ内部への光チップを集積にはLSIチップと同一材料であるシリコンフォトニクスチップが適している。半導体では従来のすべての機能を1チップに詰め込んだモノリシックチップから機能ごとにチップを分割するチップレットへアーキテクチャが移行している。シリコンフォトニクスはチップレットとの相性も非常に良い。著者らはこれまで，シリコンフォトニクスを用いた光電コパッケージ基板の研究開発をNEDO超低消費電力型光エレクトロニクス実装システム技術開発プロジェクトで行ってきた[2,3]。本稿ではシリコンフォトニクスチップとシングルモードポリマー光回路を使用した光電コパッケージ技術について紹介する。

2　シリコンフォトニクス用光入出力構造と光電コパッケージ基板

　シリコンフォトニクスチップはシリコン（Si）とシリカ（SiO_2）との大きな屈折率差により高密度光回路を形成できることが特徴であるが，通常の光ファイバとの光結合効率が悪いという課題がある。また，シリコンフォトニクスチップと光ファイバアレイとを直接接続すると光ファイバアレイのサイズに合わせる必要があり，シリコンフォトニクスチップの高密度特性を損なってしまうという課題もある。シリコンチップは面積＝価格となるので，コスト的にも大きな課題となる。そこで，シリコンフォトニクスの高密度特性を生かし，かつ高い光結合特性を実現するためにマイクロミラーとポリマー光導波路を用いたファンアウト構造を提案している。提案構造と従来構造の比較を図1に示す。シリコンチップと光ファイバアレイとをMTコネクタを用いてダイレクトに接続するとその接続面積は6.4 mm×2.5 mmと大きいものになる。一方，提案方式ではマイクロミラーとポリマー光導波路からなるポリマー光回路により，光接続間隔を50 µmほどにすることができ，接続面積を0.45 mm×0.1 mmと1/100以下の小型化が可能となる。

　我々は上記の光入出力構造を持つ光電コパッケージ基板として，図2に示す光電子集積インターポーザを提案している[3]。光電子集積インターポーザは，信号の光電変換を担うシリコンフォトニクスチップを一般的なパッケージ基板に埋め込んだ構造を基盤としている。つまり，パッケージ基板自体が信号の光電変換機能を持つことに

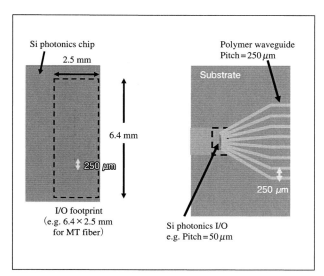

図1 従来構造と提案する光ファンアウト構造の比較

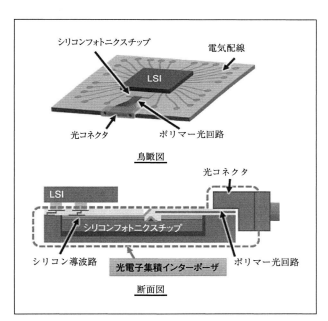

図2 光電子集積インターポーザの概念図

なる。これにより、パッケージ基板のユーザが従来どおりの実装工程を行うだけで光電子パッケージを実現できるようにすることを目指している。シリコンフォトニクスチップの電気入出力は、直上に形成される電気配線により電気ICと接続される。一方、光入出力は先に述べた通り、ポリマー光回路によりシングルモードファイバと接続される。このような構造とすることで、シリコン

フォトニクスチップの高精度なフリップチップ実装や、シングルモードファイバのアクティブアライメントが不要となる。その代わり、シリコンフォトニクスチップは粗い位置合わせでガラスエポキシ基板に埋め込まれ、電気・光接続は半導体フォトリソグラフィプロセスにより実現される。それ故に、非常に高精度な位置合わせを一括して実現することが可能であり、実装の高精度化と低コスト化を両立することに適している。これにより、シリコンフォトニクスチップをLSIに近接して実装することが可能となる。その結果、これら2つを接続する電気配線は非常にシンプルかつ短距離となり、低電力化・広帯域化に資する。以下に、光電子集積インターポーザを実現するための、いくつかの新しい基盤技術を紹介する。

3 各種主要技術

3.1 チップ内蔵技術

シリコンフォトニクスチップをガラスエポキシ基板へ埋め込む技術を開発した[4]。図2に示すように、シリコンフォトニクスチップとガラスエポキシ基板、2の表面をまたいでポリマー光回路を形成するためには、両表面の高さが一致するよう埋め込む必要がある。そこで、図3(a)に示すように、シリコンフォトニクスチップを吸着するコレットを利用した表面高さ制御技術を開発した。搭載と同時に接着剤を硬化させる工程を組み合わせ

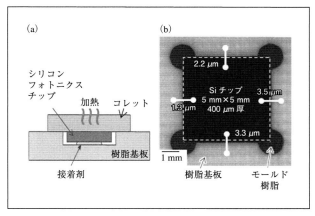

図3 シリコンフォトニクスチップ埋め込みの(a)工法模式図と(b)試作の評価結果

ることで，図3(b) に示すように5 μm以下の精度で表面高さを合わせることに成功した。

3.2 ポリマー光導波路

通信波長帯において高い透明性を有する日産化学㈱のポリマー導波路材料を用いている。図4にガラスエポキシ基板上に形成したシングルモードポリマー導波路の断面顕微鏡写真を示す。ポリマー導波路コアのサイズはおよそ 7×7 μm^2 であり，標準的なシングルモードファイバと同等のMFD（Mode field diameter：モードフィールド直径）を有している。そのため，このポリマー導波路は標準シングルモードファイバと高効率に接続することが可能である。また，図5に基板上に作製したシングルモードポリマー光導波路の伝搬特性を示した。波長1.31 μmで0.43 dB/cm，波長1.55 μmで0.75 dB/cmとなる。

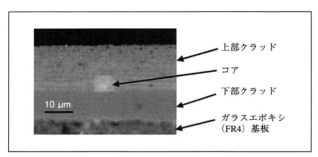

図4 ガラスエポキシ基板上に形成したシングルモードポリマー導波路の断面写真

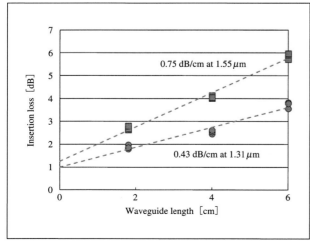

図5 シングルモードポリマー光導波路の伝搬損失

3.3 3次元曲面ミラーを用いたシリコン-ポリマー導波路光結合

基板に埋め込まれたシリコンフォトニクスチップにはシリコン導波路が形成されている。このシリコン導波路とポリマー導波路を光結合する必要がある。我々はこの光結合を2つの3次元曲面ミラーを用いて実現した（図6）。グレーティングカップラを用いる方式と比較して，ミラー結合は波長・偏波依存性が低い。また，アディアバティック結合と比較しても省面積である。

本研究では，3次元ミラーをグレースケールリソグラフィにより一括形成する技術を開発した[5]。リソグラフィ技術であるため，非常に高精度な位置合わせが可能である。MFDが大きく異なるシリコン導波路とポリマー導波路を高効率に結合するため，図7に示すとおり下部ミラーとして3次元曲面ミラーを用いている。曲面ミラーを用いることで結合レンズを用意することなくMFDの異なる導波路を結合可能となる。曲面ミラーの効果を検証した結果を図8に示す。曲面ミラーを用いることで，シリコン導波路と標準シングルモードファイバの結合効率が改善していることがわかる。また，ミラーを用いた光結合は波長・偏波依存性も小さいことも実証された。上述したとおり，光電子集積インターポーザで用いるポリマー導波路は標準シングルモードファイバと同等のMFDを有する。そのため，図8と同等の効果がシリコン導波路とポリマー導波路の光結合にも期待できる。

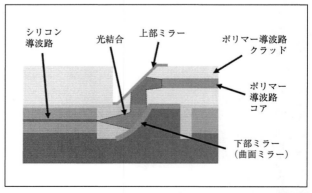

図6 3次元曲面ミラーを用いた，シリコン導波路-ポリマー導波路光結合の模式図

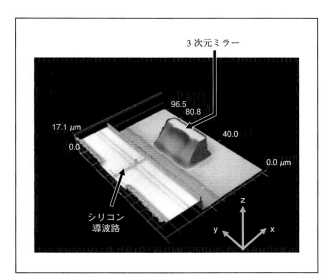

図7 試作した3次元ミラー

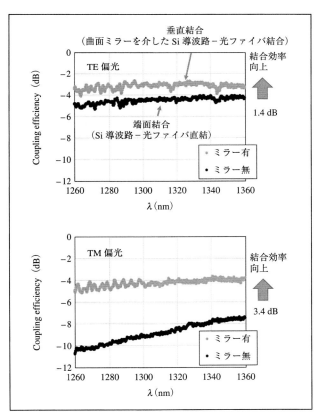

図8 シリコン導波路と標準シングルモードファイバの結合効率測定結果

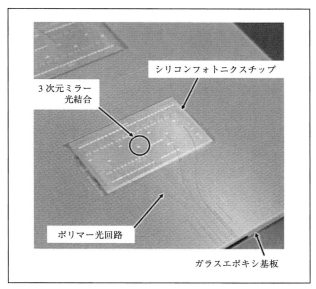

図9 試作した光電コパッケージ基板

4 光電子集積インターポーザの試作

開発した基盤技術を用いて光電コパッケージ基板を試作した（図9）。本研究では開発した基盤技術を評価することが目的であったため，従来技術で作製可能な電気配線等は省略している。埋め込まれたシリコンフォトニクスチップに集積された光デバイスは，ミラー結合を介してポリマー光回路へ接続されている。このような光電子集積インターポーザにおいて，実際にポリマー光回路へ光信号を入出力し，その光信号がシリコンフォトニクスデバイスまで導通することを確認した[6,7]。よって，新規基盤技術の確立に成功するとともに，光電コパッケージ基板の実現性を示したと言える。今後の課題は，シリコンフォトニクス光変調器，受光器を駆動するドライバやTIAを実装し，実際に光電コパッケージをデモンストレーションすることである。

5 まとめ

我々はシリコンフォトニクスチップとシングルモードポリマー光回路を使用した光電コパッケージ技術の研究開発を行ってきた。特に光電コパッケージ技術に必要と

第2章　シリコンフォトニクスのアプリケーション展望とそれを支える基盤技術

なるユニークな基盤技術として，シリコンフォトニクス埋め込み技術，シングルモードポリマー光回路形成技術，シリコン-ポリマー導波路光結合技術，光コネクタ技術を確立することに成功した。これにより，光電コパッケージ基板の実現性を示したと言える。今後，その他必要となる電気的な実装技術を開発し光電コパッケージをデモンストレーションすることで，光電子集積インターポーザの有用性を示すことを目指していく。光電コパッケージはシリコンフォトニクスに続く新たな研究領域であるが，半導体チップの世界的なビッグプレイヤーも様々な特長を有する光電コパッケージに取り組んでおり，今後の発展が注目される。

参考文献

1) C. Minkenberg, R. Krishnaswamy, A. Zilkie and D. Nelson, "Co-packaged datacenter optics: Opportunities and challenges," IET Optoelectron., vol. 15, no. 2, pp. 77-91, Apr. 2021.

2) T. Amano, S. Ukita, Y. Egashira, M. Sasaki, A. Noriki, M. Mori, K. Kurata, Y. Sakakibara, "25-Gb/s Operation of a Polymer Optical Waveguide on an Electrical Hybrid LSI Package Substrate With Optical Card Edge Connector," in Journal of Lightwave Technology, vol. 34, no. 12, pp. 3006-3011, June 2016.

3) A. Noriki, I. Tamai, Y. Ibusuki, A. Ukita, S. Suda, K. Takemura, D. Shimura, Y. Onawa, H. Yaegashi, T. Amano, "Demonstration of Optical Re-Distribution on Silicon Photonics Die Using Polymer Waveguide and Micro Mirrors," 2020 European Conference on Optical Communications (ECOC), pp. 1-4, 2020.

4) K. Takemura, D. Ohshima, A. Noriki, D. Okamoto, A. Ukita, J. Ushida, M. Tokushima, T. Shimizu, I. Ogura, D. Shimura, T. Aoki, T. Amano, T. Nakamura, "Silicon-Photonics-Embedded Interposers as Co-Packaged Optics Platform," Transactions of The Japan Institute of Electronics Packaging, 15巻, pp. E21-012-1-E21-012-13, April 2020.

5) A. Noriki, I. Tamai, Y. Ibusuki, A. Ukita, S. Suda, D. Shimura, Y. Onawa, H. Yaegashi, T. Amano, "Mirror-Based Broadband Silicon-Photonics Vertical I/O With Coupling Efficiency Enhancement for Standard Single-Mode Fiber," in Journal of Lightwave Technology, vol. 38, no. 12, pp. 3147-3155, June, 2020.

6) S. Suda, T. Kurosu, A. Noriki, I. Tamai, Y. Ibusuki, A. Ukita, K. Takemura, D. Shimura, Y. Onawa, H. Yaegashi, T. Aoki, and T. Amano, "Heat-tolerant 112-Gb/s PAM4 transmission using active optical package substrate for silicon photonics co-packaging," in 26th Optoelectronics and Communications Conference, W3C.4, 2021.

7) F. Nakamura, S. Suda, T. Kurosu, Y. Ibusuki, A. Noriki, I. Tamai, A. Ukita, K. Takemura, T. Aoki, T. Amano, "Analyzing Thermal Tolerance of Mirror-Based Optical Redistribution for Co-Packaged Optics," CLEO2022, SF3O.8, 2022.

■Silicon Photonics Integrated Co-Packaged Optics Substrate Technology

■Takeru Amano

■ National institute of advanced industrial science and technology, Platform Photonics Research Center, Optical integration research team, Team reader

アマノ　タケル
所属：(国研)産業技術総合研究所　プラットフォームフォトニクス研究センター　光実装技術研究チーム　研究チーム長

シリコン光集積技術を応用した高効率ポリマー光変調器

九州大学
横山士吉

1 はじめに

近年，高速化と多様化が進む短・中距離光ファイバー通信技術において，光イーサネットの速度は100ギガイーサ（GbE）から400 GbEを超える状況にあり，ますます幅広い産業分野でのネットワーク活用技術の広がりが期待されている。すでにCisco社がグローバルIPトラフィックの予想（Cisco Annual Internet Report 2018～2023[1]）で示したとおり，IPネットワークに接続されるデバイス数は2023年までに世界人口の3倍を超え，M2M（Machine-to-Machine）接続シェアは，2018年の33%から2023年には50%に拡大している状況にある。アプリケーションによるIoTでも，コネクテッドホームやコネクテッドカーなど急速の成長率が予測されている。また，効率の高いITインフラ設備を持つデーターセンターのハイパースケール化も進み，イーサネット用光トランシーバーの開発ロードマップでは，2020年代後半には1テラビット級のリンクスピードの達成が記されている（Ethernet Alliance[2]）。

2 高効率光変調

光通信機器の速度は，電気-光変換を担う光トランシーバーの性能に依存し，これまで短・中・長距離通信技術の中で適切なデバイス選択がなされてきた。特に近年注力される小型・低消費電力化技術ではシリコン光技術と融合した光トランシーバーも実現し，データーセンタ

ー内の光インターフェースの高性能化につながっている。光トランシーバーは高速光データー伝送のキーデバイスであり，光受信器と送信器で構成されている。特に光送信器（トランスミッタ）には高性能な光変調器が必要であり，その高速化は光トランシーバーの性能を決定する。産業界を中心としたイーサネット標準化の策定では，400 GbEの通信サービスの実現の後，次世代0.8～1.6 TbEへの対応，さらに10 TbE級の展開が求められるなどその開発構想は明確である。

一方，これらを実現する光インターフェースの開発は，既存の最先端技術を結集しても対応できるものばかりでなく，例えば10テラビット級光インターフェースを構成する超高速機器の開発では革新的な材料・デバイスに関する研究シーズが実用化の鍵となり，将来に向けた技術投資も重要となる。

高性能化が望まれるデーターセンター用の光トランシーバー開発を例に挙げると，センター設備内において通信能動部のサーバやネットワークスイッチ類はICと光送信速度（データーレート）の高速化とともに，数年ごとに更新される。一方，各種のモジュールは規格化されたチップサイズや電力供給が維持される。従って継続的な光トランシーバー開発では，規定サイズモジュール内への集積性と高速化，すなわち小フットプリント化を一層進めるとともに，高性能化に伴うデバイスの発熱や使用電力の抑制も重要な開発要素となる。

現在，高速光ファイバー通信の光送信器は，信頼性の高い無機（ニオブ酸リチウム）結晶を使った変調器が中心的な役割を果たしている。典型的な変調帯域は35 GHz

第2章　シリコンフォトニクスのアプリケーション展望とそれを支える基盤技術

であり，データレートが毎秒50ギガビット（Gbit/s）を超えるような信号生成は並列化した信号伝送技術を使うことで高速データー伝送を実現している。近年，薄膜化したニオブ酸リチウム基板を用いた変調器が開発され，シンボルレートが96ギガボーまで上がっていることは注目すべきである。ニオブ酸リチウム光導波路を使った光変調は，イオン分極によるポッケルス（電気光学）効果を応用している。光変調器は，光導波路の電気光学）特性に応じて適切な位相長（L）を有しており，半波長電圧（V_π），電極間距離（d），レーザ光波長（λ），導波路実行屈折率（n^3）の間には式(1)の表す通りの関係がある。

$$V_\pi = \frac{\lambda \times d}{2 \times n^3 \times r_{33} \times L \times \Gamma} \tag{1}$$

ここで，V_πは位相を$\pi/2$シフトできる電圧，Γは電場と光モードの重なり度である。V_πはキャリア光の位相を$\pi/2$シフトできる電圧，Γは電場と光モードの重なり度である。ニオブ酸リチウムは光透明性や物質安定性に優れているが，電気光学定数（$r_{33}=32$ pm/V）が比較的小さいため，光変調器のサイズは位相長（光変調を担う長さ）に支配的となり，ミリメートルレベルの小型化には制限があるのが現状である。

光変調器の小型化は，シリコンフォトニクス技術を活用した光集積によって一気に加速した。高い屈折率のシリコン光導波路内に光を閉じ込めることで，マイクロメートル以下の導波路幅や数マイクロメートルの曲げ半径を実現し，高密度な光回路の作製と小型化につながっている。光変調は，キャリアプラズマ効果を使った光変調器が開発された。また，CMOS技術の適応で生産性の効率が高く，またシリコン上の高精度な電気－光融合によって，モジュール内のデバイス高密度化が進むデーターセンター用の光トランシーバーへの応用が進んでいる。しかしながら，シリコン変調器の周波数応答性は，電気的なRCR回路構造によって寄生容量の影響を受ける。従って，多重に並列化した変調制御によって光信号のデーター伝送量を上げることが必須となる。

3　ポリマー変調器

優れた電気光学特性と多様な光導波路構造への対応を特徴とする光変調器として，ポリマーを応用した光変調器がある。ポリマーの電気光学効果は電界で屈折率が変化するポッケルス効果で誘起され，大きな分子分極を持つ分子によって高いr_{33}値を持つ光導波路を作製することができ，変調の低電圧駆動を実現している。また，ポリマーは広い周波数領域でマイクロ波の実行屈折率が光波の実行屈折率と近いことから，周波数応答性が高いことも特徴の一つとなる。光変調器の周波数応答性は変調帯域によって決まり，その利得は式(2)で表される。

$$f_{3dB}L = \frac{1.9c}{\pi}\left|N_g^m - N_g^o\right|^{-1} \tag{2}$$

ここで，cは光速，N_g^mとN_g^oはそれぞれマイクロ波と光波の実行屈折率である。これよりN_g^mとN_g^oの差が小さいときに変調帯域利得が大きくなることが明らかである。高速光変調器の制御は，光導波路を伝搬するキャリア光（光波）を電気信号（マイクロ波）を使って変調することで光信号を生成する。この時，高周波数領域で効率的に光変調動作させるためには，光導波路内で光波実効屈折率とマイクロ波実行屈折率の速度整合性が高いことが条件となる。速度整合性は，光波とマイクロ波実行屈折率の差が小さい時に高くなり，変調の広帯域化につながる。典型的なEOポリマー光導波路の光波実効屈折率（1.60〜1.65）とマイクロ波実行屈折率（1.50〜1.65）を考えると，最適化した速度整合性を持つポリマー変調器は帯域指数を300 GHz・cmまで高めることができる（導波路長が2.0 cmであれは帯域150 GHz）[4, 5]。誘電率が高いニオブ酸リチウム変調器の変調帯域（35〜45 GHz）と比較すると，光変調器の超高速化に向けたEOポリマーの高い潜在性が分かる。また，シリコンフォトニクスとのポリマーの複合化技術では，シリコン光デバイスに電気光学効果を補足した優れた光変調器の開発にもつながっている。

表1に近年報告がある高速EOポリマー変調器について代表的なデバイス特性を比較する。デバイス特性は式(1)の通り，電気光学性能指数（n^3r_{33}）として導波路の実

54

表1 EOポリマーを用いた光変調器の代表的例

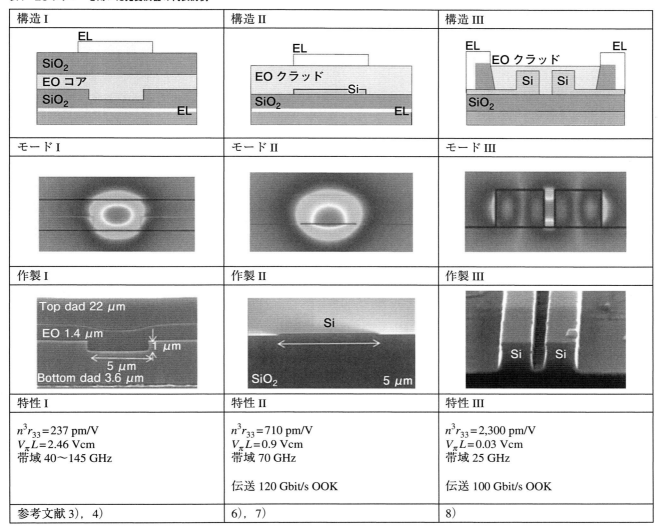

行屈折率（三乗）と電気光学定数の積，変調効率として動作電圧と位相長の積（$V_\pi L$，Lは位相長），変調帯域，および信号伝送速度をまとめている。EOポリマー変調器（構造I）は，その先駆的な研究例においてもすべての性能指数で無機変調器を超えている。この光変調器の光導波路は汎用的な逆リッジ型構造を有しており，コア層（EOポリマー）とクラッド層の屈折率にもとづく設計でシングルモードの光伝搬を得ている。変調は，コア／クラッド層を挟み電極が形成されており，電気信号を入力し変調制御する。同報告では，EOポリマー変調器を使った高周波数変調の評価で145 GHzの高い応答性を示している。その後，EOポリマー変調器の高性能化に関する研究が進むが，実用化への期待が高まると同時にデバイス信頼性に関する重要性も増している。EOポリマー光導波路内では，電極方向に平行な分子分極によりポッケルス効果が発生し屈折率変化を誘起する。電場配向によって分子配向性を引き起こすため，ポリマー内の配向緩和が生ずると電気光学効果も失活する。EOポリマー変調器（構造II）は，高いガラス転移温度を持つEOポリマーを使って作製されている[6, 7]。光導波路はシリコン導波路と組み合わせたハイブリッド構造を有しており，変調効率や帯域特性でも優れている。報告のEOポ

リマー変調器の熱安定性は高く，105℃の劣化加速度試験の結果からもデバイス性能の低下がないことが示されている。EOポリマー光変調器の優れた安定性を実証した初めての研究例である。EOポリマー変調器（構造III）は，SOH（Silicon-Organic-Hybrid）とよばれ，EOポリマーとシリコンスロット導波路を複合化した構造を通している[8]。位相変調部は，幅が100～150 nmのスロット構造を持ち，スロット内にEOポリマーが充填されている。スロットは光電場が集中する特徴を持つことからEO効果を増強させる。得られたn^3r_{33}値から分かるように，非常に高い変調効率が報告されている。図1にSOHの構造を模式的に表している。シリコンフォトニクス技術で作製可能な光導波路と分岐構造（MMI：Multimode Interferometer），およびスロットで構成されている。スロット部のシリコンは電気抵抗率を下げるため部分的がドープされており，EOポリマーはスロット内で効率的に電界が印可される。その結果，位相変調部の長さは1～2 mm程度と短く，シリコン光集積回路の特徴を活かした小フットプリント化にも成功している。

EOポリマー変調器は光信号生成でも高い変調効率の特性を示す。光変調の速度応答性を示す基本的なシンボルレートはOOK（On-OFF-Keying）様式の信号を用いて評価することができる。図2は，120 Gbit/sのレートで光信号生成したときのアイパターンである。信号のSN比を

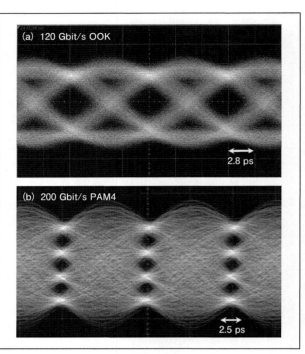

図2　EOポリマー変調器を用いた高速光伝送

示すQ値は20 dB以上を持つことから精度の高い光信号が生成していると確認できる。また，生成データーの信号誤り率の解析としてビットエラーレート（BER）の評価を行った。その結果，100 Gbit/s OOKではBER＝3.9×10^{-6}であった。標準化された光ファイバー通信では，伝送信号の精度は規格化されており，誤り率の閾値としてBER＝3.8×10^{-3}未満を規定している。EOポリマー変調器から得られた光信号のBERは，この閾値より3桁低く，高精度な高速信号が生成しているということが分かる。また，高速変調時の動作電圧は1.9 Vであるが，MZI変調器の二つの電極を使った差動電圧動作を行えば，半分値に相当する1 V以下の低電圧変調も可能である。

4 高速光伝送

800 GbEや1.6 TGbEへの移行に向けて，データセンターなどの短・中距離信号伝送技術では，ビット当たりの消費電力やコストが低い高次の変調（多値化）による効率的なデータレートの拡大が求められている。1ビット伝送方式のOOKに対して，パルス振幅変調方式では，

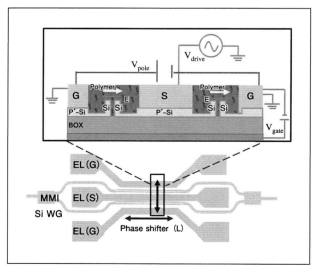

図1　EOポリマーとシリコンスロット光導波路を用いた高効率光変調器

複数値のビット信号を同時に生成することができる。例えば4値パルス振幅変調（PAM4）では，シンボル当たり2ビットのデーター伝送が可能であり，OOKに対して2倍の伝送量を送ることができる。4値方式以外にも8値（PAM8）などもある。最先端の実用的な光トランシーバー技術では，PAM4と波長分割多重方式を併用した高速データー伝送が主流となっている。一方，PAM4はOOKと比較してビット当たりの変調振幅が1/3となるために，ビットエラーが大きくなる傾向がある。従って，変調度と変調効率が高い光変調器を用いることが重要となる。EOポリマー光変調器はこの特性を備えたデバイスであることから，パルス振幅変調方式によるデーター伝送に有利であると考えられる。図2は，良好なOOK特性を持つデバイスを使ってPAM4変調を行ったときのアイパターンの結果である。データレートは200 Gbit/sとなる。アイパターンの開口は明確であり，高効率にPAM4信号が生成していることが分かる。ビットエラー解析から200 Gbit/s PAM4はBER＝1×10^{-3}以下であり，信号エラーもないことが確認できる。実現した200 Gbit/s PAM4のビット当たりの消費電力を算出すると，動作電圧が1.3 V_{pp}（電気信号の振幅電圧）であることから，1ビットあたり42フェムト・ジュールとなる。低消費電量のシリコン変調器がピコ・ジュールレベルのビット当たりの消費電力であることから，EOポリマー変調器が優れた低消費電力特性を持つことが分かる。

5 まとめ

EOポリマーを応用した光変調器の研究と実用化に向けた開発への期待について，無機系・半導体系変調器と

の比較，シリコン光導波と組み合わせた高性能化，およびデバイス安定性について述べた。高性能なEOポリマー光変調器の研究開発は，継続的に開発が進んだポリマーの材料技術，またシリコン光導波路の応用などが研究基盤となっている。EOポリマー変調器は，超高速光変調と低消費電力特性に加えて，多様化する通信用デバイス（データーセンター，自動運転，センシング技術，テラヘルツ通信技術）への応用でも研究展開が期待されている。

参考文献

1) https://cisco.com/
2) https://ethernetalliance.org
3) Y. Shi, C. Zhang, H. Zhang, J. H. Bechtel, L. R. Dalton, B. H. Robinson, W. H. Steier, *Science* **288**, 119, (2000).
4) M. Lee, H. E. Katz, C. Erben, D. M. Gill, P. Gopalan, J. D. Heber, and D. J. McGee, *Science* **298**, 1401, (2002).
5) X. Zhang, B. Lee, C. Lin, A. X. Wang, A. Hosseini, and R. T. Chen, *IEEE Photonics J.* 4, 2214, (2012).
6) H. Sato, H. Miura, F. Qiu, A. M. Spring, T. Kashino, T. Kikuchi, M. Ozawa, H. Nawata, K. Odoi, and S. Yokoyama, *Optics Express* **25**, 768, (2017).
7) G.-W. Lu, J. Hong, F. Qiu, A. M. Spring, T. Kashino, J. Oshima, M. Ozawa, H. Nawata, and S. Yokoyama, *Nat. Commun.* 11, 4224 (2020).
8) S. Wolf, H. Zwickel, W. Hartmann, M. Lauermann, Y. Kutuvantavida, C. Kieninger, L. Altenhain, R. Schmid, J. Luo, A. K.-Y. Jen, S. Randel, W. Freude, and C. Koos, *Sci. Rep.* 8, 2598, (2018).

■**Efficient polymer optical modulator using silicon photonic integration technology**
■Shiyoshi Yokoyama
■Kyushu University

ヨコヤマ　シヨシ
所属：九州大学

第3章

サスティナブル社会を実現！
Beyond 5G 時代の光通信

第 3 章　サスティナブル社会を実現！ Beyond 5G時代の光通信

総論
～サスティナブル社会に 向けた光通信技術～

早稲田大学
鈴木正敏

1 はじめに

　現在，ICTは1次産業からサービス業まで，更に，経済や法律等の人文社会系にも幅広く浸透し，社会のディジタル変革の原動力となっている。特に私たちの日常を一変させたコロナ禍では，テレワーク，オンライン授業や各種イベントのオンライン化が浸透し，ICTは社会活動を継続する上で不可欠な技術であることが再認識された。また，地球温暖化の影響を受け自然災害が多発しており，世界情勢も不安定な状況が続くなかで，情報通信インフラの重要性は増している。

　光通信技術はFTTH（Fiber To The Home）やモバイル通信向けの光リンク，国内基幹通信網及び国際間海底ケーブル通信網など，通信インフラを根本から支えており，技術的にもサスティナビリティの観点からも社会的な役割は増大している。本稿では，サスティナブルでレジレントな社会の実現に向けたBeyond 5G時代の光通信技術について述べる。

2 光通信技術とSDGs

　国連は，2015年に，地球上のあらゆる格差是正や気候変動の抑制，快適な都市づくりなど，地球規模の諸課題を解決し，サスティナブル社会を実現すべく，持続可能な開発目標SDGs（Sustainable Development Goals）を採択した。ICTは17項目の目標の多くに密接に関係し重要な役割を担っている。目標設定から5年が経過した2020年にはパンデミックの影響下での中間報告SDGsレポート2020が報告された[1]。COVID-19は水，電気，ICTなどの基本インフラが未整備の国々に甚大な影響を与え，格差是正や教育・医療の充実など，これまでの取り組み成果を数年分も後退させた。その中で，ICTを広く普及させることは，インターネットを活用した教育や生活の質の向上や医療・衛生環境の改善など，パンデミックにも対応できるレジリエントな社会の実現に重要であることが述べられている。もう一つの重要な指摘は，世界大恐慌以来の経済活動の停滞時でさえも温室効果ガスの削減は6％に留まり世界目標の年率7.6％の削減は達成されなかった点である。このままでは地球温暖化による気候変動の破壊的な影響は現在のパンデミックを遥かに超えると警鐘を鳴らしている。

　光通信技術は，情報通信に対する社会的なニーズである高速・大容量化に対して，技術革新を繰り返し，常に社会的な要請に応えてきた。今後は，技術と社会を切り離すことはできず，世界的な喫緊の課題である脱炭素社会の実現に向けて，材料・デバイスからシステム・ネットワークに至るまで，消費電力を最小化しつつ，高速・大容量化など情報通信基盤の整備を進めSDGsの実現に貢献することが重要である。

3 光通信システムの持続的大容量化にむけて

　図1に，光通信システムの大容量化の変遷を示す。陸上システムと海底ケーブルシステム共に，80年代から2010年代にかけて，5桁以上の大容量化が図られている。

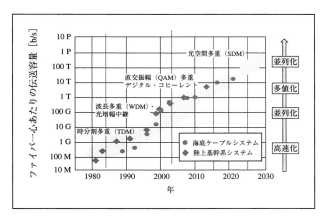

図1 基幹光通信システムの大容量化の変遷

当初は電気領域での時分割多重（TDM：Time Division Multiplexing）により高速化が図られ，10倍以上の大容量システムが実現された。光増幅器の出現により，波長多重（WDM：Wavelength Division Multiplexing）との併用が可能となった90年代後半から2000年代には，従来の100倍相当の1 Tb/sシステムが実現された。それまで採用されていた光電気変換を行う再生中継器を不要とした光増幅中継システムへの転換は，全光化による省電力化と大容量化を両立したサスティナブル光通信技術の先駆けとなる画期的なものである。その後，コヒーレント受信で必要となる同期や波形整形などの信号処理を全てディジタル信号処理により行うディジタル・コヒーレント技術が出現した。これにより，位相情報を活用して多値化を図る直交振幅変調（QAM：Quadrature Amplitude Modulation）が実現可能となり，更に10倍の10 Tb/sクラスの大容量システムが商用化され現在に至っている。この間，信号の高速化で約10倍，WDMによる並列化で約100倍，多値化によるシンボル当たりの大容量化で約10倍の大容量化が実現された。

現在，通信トラヒックは年率約40％で継続的に増加しており，今後5Gが浸透しBeyond 5G時代を迎えると，モバイルトラヒックは更に急増することが予想される。上記を考慮すると，2030年代には，現在の約30倍の通信トラヒックとなるため，基幹光通信システムでは，伝送容量を1 Pb/s近くまで大容量化する必要がある。

一方，シャノン・ハートレーの定理から導かれる通信容量の最大理論値（シャノンリミット）は以下のように表される。

$$C = 2\,B\log_2(1+SNR)$$

ここで，C〔b/s〕は容量，B〔Hz〕は帯域幅，SNRは信号対雑音比である。

上式より，容量を拡大するには，周波数利用効率（C／B）をあげて，帯域幅（B）を拡大する必要があることがわかる。図2（a）に，現行の光ファイバを用いた場合の光通信システムの大容量化を可能とする指標を示す。

広帯域化に関しては，基幹系では主に1550 nm帯のCバンドが使用されており，一部，1600 nm帯のLバンドと併用されている。更に1480 nm付近のSバンドや1300 nm帯のOバンドはアクセス系で用いられているが，アクセス系以外でもこれらを併用すると，Cバンドの4倍程度の大容量化の可能性がある。バンド幅拡大は，光ファイバ損失の波長依存性の影響を受けにくいメトロネットワークやデータセンター間ネットワーク等の比較的短距離のシステムで有効と思われる。

高速化と周波数利用拡大には，図に示すように共に高いSNRが必要となる。高速化については，60 Gbaud以上のシンボルレートが商用化されており，エレクトロニクスの進展に合わせて超100 Gbaudのシンボルレートの高速化，並びに，高速信号を束ねてインターフェースを10 Tb/s級に高速・大容量化するための研究開発が進められている。この際，高速化に伴い増大するDSP（Digital Signal Processing）の電力消費を，計算アリズムの簡素化等により抑制することが重要課題である。

多値化に関しては，QAMと偏波多重により4 b/s/Hzの周波数利用効率が商用化されており，研究レベルではQAM数は1万以上に達しているが所要SNRも増大する。所要SNRはシステム毎に異なるため，SNRの観点から

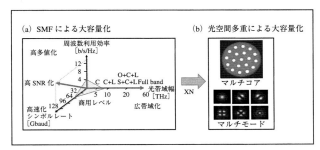

図2 大容量化へ向けた技術課題

トレードオフの関係にあるシンボルレートの高速化と多値化は，それぞれのシステムで最適な組み合わせを選択する必要がある。

シャノンリミットで最も重要な大容量化のポイントはSNRの拡大，すなわち光信号パワーの増加と光増幅雑音の抑制であるが，光ファイバへの光信号パワーを増大すると光ファイバの非線形光学効果により伝送容量が制限されるため，通信容量に物理的な限界（非線形シャノンリミット）が存在する[2]。ラマン増幅を仮定して導出されている理論的容量限界は，C＋Lバンド帯と偏波多重を前提とするとシステム長500 kmでは約100 Tb/s，10,000 kmのシステムでは約50 Tb/sである[2]。ラマン増幅等による増幅器の雑音指数の抑制と光ファイバの低非線形化によるSNR拡大と帯域幅の拡大で達成できるシステム容量は現在の最新システムの数倍であるため，現状の技術のみでは容量拡大は限界があり，Beyond 5G時代の数十倍の容量拡大には新たなアプローチが不可欠である。

この問題を解決するために2008年に創設された産学官の研究会EXAT Initiative（委員長：東北大中沢教授，副委員長：NICT盛岡氏，KDDI鈴木）を中心として，新たな並列化による大容量化手段としてマルチコアファイバやマルチモードファイバを用いた空間多重技術（SDM：Space Division Multiplexing）の本格的検討が開始した[3]。図2（b）に示すように，SDMではWDMと同様に，N多重により容量はN倍となり，現時点では1本の光ファイバで飛躍的な大容量化を図る唯一のアプローチと考えられる。図3にSDM伝送試験の結果を示す。10 km程度ではマルチモード・マルチコアファイバを用いた10 Pb/s，長距離ではマルチコアファイバを用いて200 km超で1 Pb/s，更に，10,000 km以上で約0.5 Pb/sが実証されており，SDMによる飛躍的な大容量化の可能性が示されている[4]。現在は，実用化を目指して，既存の光通信システムとの互換性がある標準外形の光ファイバを用いたマルチコアファイバの開発や標準化が進められている。

4 サスティナブル光通信技術の課題

サスティナビリティの観点からは，2000年代初頭から現在まで積極的に研究が進められ，既に商用化されているROADM（Reconfigurable Optical Add/Drop Multiplexer）や光クロスコネクトを用いて光ネットワークを可能な限り全光化する試みは重要性を増している。また，情報通信の基盤インフラ構築に必要な光通信技術は，コア・メトロ・アクセスのそれぞれの適用領域で技術課題は大きく異なっており，適用領域に応じた最適化が必要である。

基幹系，特に光海底ケーブル[5]では，持続的大容量化への要求は非常に大きいが，併せて，電力制限とスペース制限がより厳しくなるため，最小電力かつ最小コストの制約下で最大容量を達成するシステム設計技術が盛んに検討されている。なかでも，光増幅器の励起レーザ駆動電流を抑えて，光増幅器を最もエネルギー変換効率の高い状態で動作させ，1ファイバ当たりの容量を抑える代わりにファイバ数を増加させてシステム全体で大容量化を図る空間多重のアプローチが主流となっている。空間多重には，細径化した光ファイバの多芯化とマルチコアファイバを用いるアプローチが検討されている。電力・スペース制限下では，マルチコアファイバが最も容量拡大の可能性があり，今後の光ファイバ及び光ケーブルの低コスト製造技術の進展に期待が集まっている。陸上基幹系では，海底ケーブルと同様の電力制限はないものの，SMFシステム及びSDMシステム共に，省電力化と大容量化を同時に満足するシステム技術の研究開発が重要である。

光ネットワークに関しては，大容量光信号を効率的に制御するため，波長単位からコア単位あるいはモード単

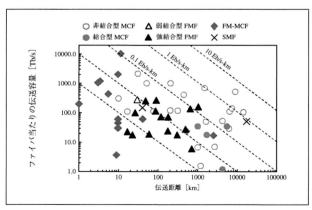

図3　SDM伝送試験による伝送容量の距離依存性

位のネットワーク制御技術及びそれを実現する光スイッチの高度化並びにSDMへの対応等が重要である。

一方，FTTHでは，機器数が膨大でかつユーザ宅内に機器が設置されるため，低コスト・省電力・省スペースに関する要求は極めて大きく，これまでのところコアネットワークで使用されているDSP等の先端技術はもとよりEDFA（Er-doped Fiber Amplifier）や分散補償ファイバさえも使用されていない。モバイル通信においても，Beyond 5G時代に向けた大容量化のためにミリ波からテラヘルツ帯の検討が進んでおり，高周波化に伴い無線信号のカバー範囲が狭くなるため，容量確保のために無線領域での空間多重が更に進展すると予想されている。それに伴い基地局数は急増するため，FTTHと同様の省電力・省スペースの要求も高い。この要求に対して，無線信号のディジタル化に伴い無線信号の5～10倍が必要となる光信号速度の増加を抑え，かつ，低電力化に貢献するためRoF（Radio Over Fiber）の研究開発が進められている。既に1本の光ファイバで400 MHz幅の5G用無線信号を数千チャネル束ねた10.5 Tb/sのアナログ光伝送が実証されており，Beyond 5Gに向けた今後の研究開発が期待される。併せて，ディジタル・コヒーレント技術の省電力版による光アクセスシステムの大容量化の研究開発や，テラヘルツ信号の光伝送方式の研究開発の進展が期待される。

光通信技術は，上記以外にも，データセンター内の機器間接続，機器内接続，更に最近はチップ間，チップ内光接続など，多種多様な適用範囲があり，それぞれの分野で研究開発が進められている。更に，地球上のネットワークのグローバル化を超えた地上や宇宙の空間を前提としたユニバース化を目指した光空間伝送技術も進展している。

5 おわりに

本稿では，光通信の大容量化技術を概観し，将来のサスティナビリティ社会の実現に向けた光通信技術として，主に大容量化と省電力化を両立可能な技術の研究開発が重要であることを述べ，現在進められている主要な研究開発動向を紹介した。光通信技術には，今後も基幹通信インフラとして社会的な役割を果たし，SDGsへ貢献することが期待されている。

参考文献

1) The Sustainable Development Goals Report 2020 | Department of Economic and Social Affairs (un.org), 2020
2) R-J, Essiambre et al., "Capacity Limits of Optical Fiber Networks", IEEE/OSA, Journal of Lightwave Technologies, JLT 28, pp. 662-7001, 2010
3) 中沢，鈴木，盛岡（編）；光通信技術の飛躍的高度化，オプトニクス社，2012
4) M. Nakazawa, M. Suzuki, Y. Awaji, T. Morioka (ed.), "Space-Division Multiplexing in Optical Communication Systems, ～ *Extremely Advanced Optical Transmission with 3M Technologies*～", Spriger NATURE, 2022
5) 鈴木，森田，秋葉：長距離光ファイバ通信システム，オプトロニクス社，2019

■General remarks Optical Communication Technologies for Sustainable Society
■Masatoshi Suzuki
■Waseda University, Faculty of Science and Engineering, Visiting Professor

スズキ　マサトシ
所属：早稲田大学　理工学術院　客員教授

第3章　サスティナブル社会を実現！ Beyond 5G時代の光通信

高速・大容量デジタルコヒーレント光伝送技術

日本電信電話㈱
木坂 由明

1　はじめに

　インターネットの普及により，様々な通信サービスが登場し，近年ではスマートフォン，5Gモバイル通信サービス，超高精細映像配信サービス，ビッグデータ・AI活用等の普及によって，情報通信トラフィックは急速に増加し続けている。今後のBeyond 5Gモバイル通信の発展・普及により，更なる情報通信トラフィックの急増が予想されるため，様々な通信サービスの基盤となる光通信ネットワークには継続的な高速化・大容量化および経済化が求められる。情報通信トラフィックの増加に対応するため，これまで光通信システムは，時分割多重，波長分割多重（WDM），光増幅中継などの革新技術を適用して，40年間で約400万倍の伝送容量拡大を実現してきた。図1に光通信システムの容量拡大と実現技術を示す。

　光通信システムは大きく分けると三段階の技術革新により大容量化を実現してきた。適用された最新の実現技術がデジタルコヒーレント光伝送技術であり，従来から利用していた光の振幅だけでなく，光の位相にも情報を割り当て，コヒーレント検波により光の振幅と位相の情報を受信して高度なデジタル信号処理によって，高い受信感度と周波数利用効率を実現できる。更には光ファイバ伝送路等で発生する光信号の歪みを補償することも可能となる[1,2]。図2にデジタルコヒーレント光伝送技術の適用領域を示す。デジタルコヒーレント光伝送技術は，100 Gb/s長距離基幹ネットワーク向けに実用化され，商用導入が開始された。その後，大容量化と低電力化が進められ，技術が成熟すると共に，メトロネットワークやデータセンタ間（DCI）ネットワーク等にも適用領域を拡げていき，現在は10 km程度の短距離アプリケーションへの適用も活発に検討されている。長距離基幹ネットワークの更なる高速化・大容量化に向けては，1 Tb/s超級のデジタルコヒーレント光伝送技術の研究開発が活発

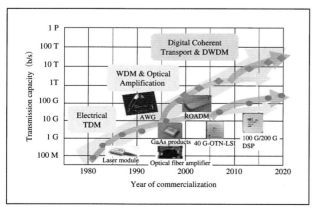

図1　光通信システムの容量拡大と実現技術

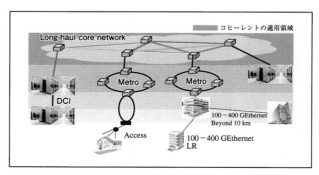

図2　デジタルコヒーレント光伝送技術の適用領域

に進められている[3~5]。

本稿では，高速・大容量デジタルコヒーレント光伝送技術の概要と最新動向について紹介する。

2 デジタルコヒーレント光伝送技術

デジタルコヒーレント光伝送技術では，コヒーレント検波により受信感度と周波数利用効率を向上させると共に，光ファイバ伝送で発生する波形歪みをデジタル信号処理により補償することが可能である[1,2]。従来の40 Gb/s光伝送システムでは，光ファイバの波長に依存して伝搬遅延が異なる特性である波長分散を個別に測定し，各光増幅中継器に波長分散補償ファイバを配置し，光受信装置では可変波長分散補償デバイスを用いて波長分散を補償していた。更に，偏波状態により伝搬遅延が異なる特性である偏波モード分散による波形歪みが一定以下となるよう光ファイバを個別に測定し，偏波モード分散が小さい光ファイバを選別して用いていた。一方，デジタルコヒーレント光伝送では，波長分散や偏波モード分散による波形歪みをデジタル信号処理により補償することが可能なため，光ファイバの特性を個別に測定する必要がなくなり，光ファイバの選別も不要となる。また，デジタルコヒーレント光伝送による受信感度と周波数利用

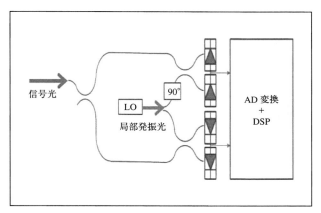

図3　コヒーレント検波構成

効率の向上により，従来の40 Gb/s光伝送システムと同等の伝送距離を維持しつつ，WDM波長数が2倍の100 Gb/s光伝送システムが可能となる。これらの特徴は通信事業者にとって非常にメリットが大きく，デジタルコヒーレント光伝送技術は100 Gb/s光伝送システムで実用化され，広く商用導入されることとなった。

コヒーレント検波構成を図3に示す。コヒーレント検波では，信号光と局部発振光を干渉させて信号光の電界複素振幅を測定し，信号を復調する。局部発振光強度を増加させることにより高感度受信を実現すると共に，信号光の振幅と位相の両方を用いた多値変調による周波数利用

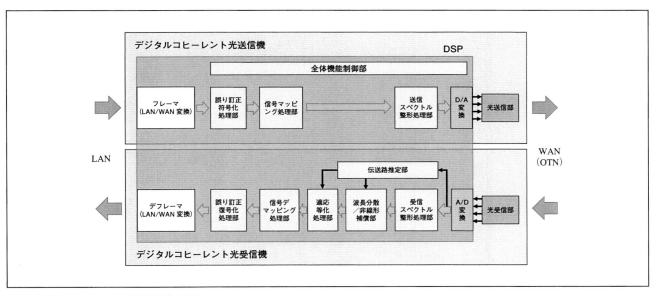

図4　デジタルコヒーレント光送受信機の構成

効率の向上が可能となる。電界複素振幅をアナログ・デジタル（A/D）変換して，デジタル信号処理回路（DSP）によりデジタル領域で信号再生処理を行う。デジタル信号処理により，信号波形の線形歪みの補正や時間と共に高速に変動する偏波変動に追随する制御などが可能となる。

デジタルコヒーレント光送受信機の構成を図4に示す。送信側では，LAN側から入力されたクライアント信号は光トランスポートネットワーク（OTN）信号に収容され，誤り訂正符号化，変調方式に合わせた信号マッピング，送信スペクトル整形の処理が行われた後に，デジタル・アナログ（D/A）変換により4レーンの高速アナログ電気信号に変換して出力される。高速アナログ電気信号は，光送信部により光信号に変換されてWAN側（ネットワーク側）に送信される。受信側では，受信光信号は光受信部で4レーンの高速アナログ電気信号に変換され，A/D変換された後に，受信スペクトル整形，波形等化，信号デマッピング，誤り訂正復号化などの処理が行われ，クライアント信号に変換されてLAN側に出力される。

3 コヒーレントDSPの実用化

デジタルコヒーレント光伝送方式の主要機能はコヒーレントDSPで実現されており，光伝送システムの実現にはDSPの実用化が不可欠である。図5にオフライン実験および実用システムでの波長当たりの光伝送容量の進展を示す。近年では，デジタル信号処理をコンピュータ上で実行するオフライン実験により，波長当たり1 Tb/sを超える高速大容量光伝送実験が報告されている[3〜5]。これらの実証実験では，変調速度の高速化と変調方式の高多値化が大幅に進んでいる。実用システムでも同様に高速化および変調多値度向上が進んでおり，波長当たり100 Gb/sの光伝送システムでは変調速度32 Gbaud, 変調多値度4値であったが，近年には，変調速度64 Gbaud, 変調多値度64値に対応した最大容量600 Gb/sの光伝送を実現するコヒーレントDSPが実用化され[6,7]，光伝送システムの商用導入が進められている。変調速度と変調多値度の上昇により，高い伝送性能を実現するために，コヒーレントDSPの波形等化，誤り訂正などの各機能には，より複雑なデジタル信号処理が求められ，回路規模や消費電力の増加につながる。このため，最先端の信号処理アルゴリズムおよび最新の半導体プロセスを適用することにより，現実的な消費電力でコヒーレントDSPを実現している。また，変調速度と変調多値度の上昇に伴い，光送受信デバイスやプリント基板配線などによる帯域制限やクロストークによって引き起こされる信号波形歪みが信号品質に与える影響が大きくなる。このため，光送受信機の帯域制限やクロストークなどの特性を高精度に推定して，デジタル等化フィルタを用いて精密に補償することで，伝送性能を最大限引き出している。最近では，更なる高速化・大容量化が進められ，最大変調速度140 Gbaud, 波長当たり1.2 Tb/sの光伝送容量を実現するコヒーレントDSPが開発されている[8]。高速化や変調多値度の上昇だけではなく，理論限界に近い伝送性能を達成できる確率的コンステレーションシェーピング（PCS）[9] 方式が適用され，性能向上が進められている。

4 高速・大容量化に向けた研究開発

光ファイバ当たりの更なる大容量化に向けて，光帯域の広帯域化と光送受信機の高速化の検討が活発に行われている。光帯域の広帯域化により，WDMシステムの波長チャネル数を増やすことができ，WDMシステム容量を増加することができる。一方，波長チャネル数の増加は，光送受信機の数が増加することを意味し，WDMシステ

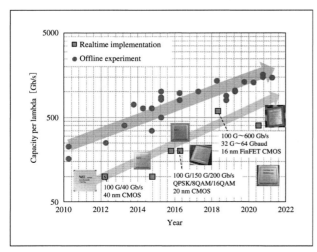

図5　波長当たりの光伝送容量の進展

ムのコストが上昇すると共に，多数の送受信機の監視・運用が難しくなるという課題も発生する。光送受信機の高速化により，波長チャネル数を削減することができ，経済的なWDMシステムを構成することが可能となる。

光帯域の広帯域化を実現するためには，波長可変レーザや光送受信デバイスの対応波長を拡げて，広い範囲の波長に対応した光送受信機が必要になると共に，広い範囲の波長の信号光を増幅する光増幅中継器の実用化が必須となる。このため，光デバイスや光増幅中継器の広帯域化の検討が進められ，様々なシステム実証が行われている。2022年には，実用コヒーレントDSPを用いて世界で初めて光ファイバ当たりの容量が100 Tb/sを超える超広帯域WDMリアルタイム伝送実験が報告されている[10]。これまでの商用WDMシステムではC帯もしくはL帯と呼ばれる光帯域を利用しているが，本実証実験ではS帯，C帯，L帯の3つの光帯域を用いて超広帯域な光伝送を実現している。図6に112.8 Tb/s超広帯域WDM伝送実証の実験結果を示す。図6上部は光ファイバを伝送した後のWDM信号光スペクトルである。短波長であるS帯では，光ファイバの損失がC帯やL帯より大きく，かつ，光ファイバの非線形光学効果によりS帯の信号光からC帯やL帯の信号光にパワー遷移が発生するため，S帯の信号光パワーが低くなる。これらの信号光パワーの減少を補償するため，前方および後方励起分布ラマン増幅を適用して，WDM信号光スペクトルの平坦性を向上している。図6下部は，226波長チャネルのWDM信号を低損失コア拡大ファイバ101 kmを伝送した後の全波長チャネルの信号品質である。コヒーレントDSPを搭載した光送受信機を用いて，66 GBaud偏波多重32QAM信号（500 Gb/s）および67 GBaud偏波多重16QAM信号（400 Gb/s）の送受信を行っている。WDM間隔は75-GHzである。S帯の両端の波長チャネルは，S帯光増幅器ゲインおよびWDM合分波フィルタ損失の制限により，400 Gb/s信号を用いている。全波長チャネルにおいて，誤り訂正後にエラーフリーとなる信号品質を達成しており，最大112.8 Tb/sの広帯域WDMリアルタイム伝送を達成している。

光送受信機の高速化については，変調速度を168 Gbaudまで高速化し，波長当たり1 Tb/s光信号の3,840 km伝送，および1.2 Tb/s光信号の1,280 km伝送の実証実験が報告されている[4]。超高速光信号はAMUXフロントエンド集積モジュール[11]を用いて生成しており，それぞれ偏波多重PCS-16QAMおよび偏波多重PCS-36QAMの変調方式を用いている。WDM間隔は，175 GHzである。図7（a）は，伝送前後のWDM信号光スペクトルを示しており，伝送後でも高い平坦性を実現している。光ファイバ伝送路は，純シリカコアファイバを用い，光増幅中

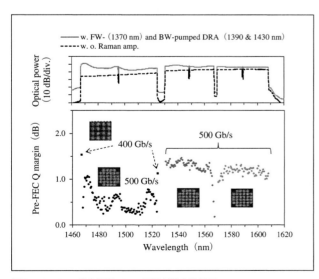

図6　100 Tb/s超広帯域WDM伝送実証実験結果

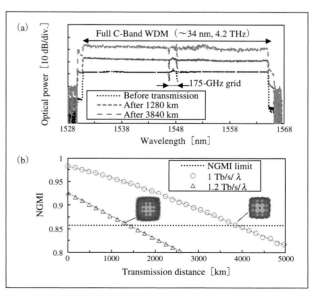

図7　超高速光伝送実証実験結果

継区間80 km，後方励起分布ラマン増幅とエルビウム添加ファイバ増幅を併用して構成している。図7 (b) は，1 Tb/s信号，および1.2 Tb/s信号の規格一般化相互情報量（NGMI）の伝送距離依存性の測定結果を示している。1 Tb/s信号は3840 km伝送後，1.2 Tb/s信号光の1280 km伝送後において，誤り訂正後にエラーフリーとなるNGMIを達成している。本実証実験は，C帯のみを用いて実施しているが，L帯やS帯も活用したマルチバンドWDM伝送により，更なる大容量化が可能となる。

更に，InP-DHBT変調器ドライバ[12] を活用して，変調速度を176 Gbaudまで高速化し，変調器ドライバの非線形補償などの高度な信号処理を駆使することにより，1波長当たり2 Tb/sを超える超高速光伝送が達成されている[5]。今後，伝送性能の向上と光送受信機数の減少を実現するため，更なる高速化に向けた研究開発が進むと予想される。

5 まとめ

本稿では，100Gb/s以上の高速・大容量光伝送システムの実現に不可欠なデジタルコヒーレント光伝送技術の概要とその主要機能を実現するコヒーレントDSPの実用化について述べた。また，更なる高速・大容量化に向けた研究開発の取り組みについて紹介した。

謝辞

本研究成果は，総務省委託研究「巨大データ流通を支える次世代光ネットワークの研究開発」「新たな社会インフラを担う革新的光ネットワーク技術の研究開発（JPMI00316）」によって実施した成果を含みます。

参考文献

1) 鈴木扇太，他，"光通信ネットワークの大容量化に向けたディジタルコヒーレント信号処理技術の研究開発"，電子情報通信学会誌，Vol. 95, No. 12, pp. 1100-1116, 2012.

2) E. Yamazaki et al., "Fast optical channel recovery in field demonstration of 100-Gbit/s Ethernet over OTN using real-time DSP," Optics Express, Vol. 19, no. 14, 2011.

3) M. Nakamura, et. al., "192-Gbaud signal generation using ultra-broadband optical frontend module integrated with bandwidth multiplexing function", OFC2019, p. Th4B.4, 2019.

4) M. Nakamura, et. al., "1.0-Tb/s/λ 3840-km and 1.2-Tb/s/λ 1280-km Transmissions with 168-GBaud PCS-QAM Signals Based on AMUX Integrated Frontend Module", OFC2022, W3C-1, 2022.

5) M. Nakamura, et. al., "Over 2-Tb/s Net Bitrate Single-Carrier Transmission Based on >130-GHz-Bandwidth InP-DHBT Baseband Amplifier Module", ECOC2022, Th3C.1, 2022.

6) https://www.ntt-electronics.com/product/photonics/exaspeed-tera.html

7) F. Hamaoka et al., "Dual-Carrier 1-Tb/s transmission over field-installed G.654.E fiber link using real-time transponder," IEICE Trans. Commun., Vol. E103-B, no. 11, pp. 1-7, 2020.

8) https://group.ntt/jp/newsrelease/2022/09/05/220905a.html

9) T. Yoshida, et al., "Short-block-length shapingby simple mark ratio controllers for granular and wide-range spectral efficiencies," ECOC2017, pp. 1-3, 2017.

10) F. Hamaoka, et al., "112.8-Tb/s Real-Time Transmission over 101 km in 16.95-THz Triple-band (S, C, and L Bands) WDM Configuration", OECC/PSC 2022 PDP-A-3, 2022.

11) Y. Ogiso, et. al., "Ultra-high bandwidth InP IQ modulator for beyond 100-GBd transmission", OFC2019, p. M2F.2, 2019.

12) T. Jyo, et al., "An Over 130-GHz-Bandwidth InP-DHBT Baseband Amplifier Module", in Proceedings IEEE BiCMOS and Compound Semiconductor Integrated Circuits and Technology Symposium (BCICTS), 1b.1, 2021.

■ High-speed and large-capacity digital coherent optical transmission technology

■ Yoshiaki Kisaka

■ NTT Corporation, NTT Network Innovation Laboratories

キサカ　ヨシアキ
所属：日本電信電話㈱　未来ねっと研究所

マルチバンド波長多重光通信技術

富士通㈱
星田剛司，加藤智行，田中 有

㈱KDDI総合研究所
若山雄太，吉兼 昇，釣谷剛宏

1 はじめに ～いまなぜマルチバンド波長多重か～

光ファイバ通信システムは，さまざまな最新技術を取り組みながら継続的な進化を遂げ，直近の40年間に光ファイバ一芯あたりの容量は実に5桁を超える増加をみた。アクセス網やデータセンタ内など比較的短距離の通信では850 nmや1310 nmなどの比較的短波長側が利用されている一方で，より長距離の伝送が必要となる伝送ネットワークにおいては，石英系光ファイバの低損失とエルビウムドープファイバ増幅器（EDFA）の増幅帯域が一致するCバンド（1530 nm～1565 nm）において，波長分割多重（WDM）技術が進化してきた。その後，より長波長に位置するLバンド（1565 nm～1625 nm）においてもEDFAが開発され，これを活用したWDMシステムが2000年前後に商品化された。Lバンドシステムの当初の開発目的は，ITU-T勧告G.653で規定される分散シフトファイバを用いた伝送ネットワークにおいて，伝送路の零分散波長付近に相当するCバンドのチャネル間で発生する四光波混合（FWM）クロストークによる大きな信号品質劣化を回避することであった。また，分散シフトファイバ以外の伝送路を用いる場合については，CバンドとLバンドを併用することによって一本のファイバ芯線でサポートされるWDMチャネルの数を倍増できることにも注目が集まった[1]。さらにSバンド（1460 nm～1530 nmの範囲），Eバンド（1360 nm～1460 nm），Oバンド（1260 nm～1360 nm）およびUバンド（1625 nm～1675 nm）を含む低損失スペクトルウィンドウ（図1）

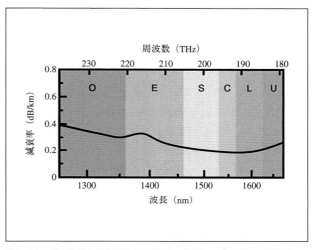

図1 波長帯の定義と平均的なG.652ファイバケーブルの損失特性例

の更なる利用に向けた研究が報告された[2~3]。

こうした数々の研究報告にも関わらず，2000年代以降も商用システムの進化の中心的な方向性は波長帯域の拡大ではなく，むしろCバンドのみを用いながらスペクトル効率（SE）を向上させることが主流であった。これは，より高密度なWDM，高次多値変調方式，さらにはスペクトラム整形によってSEを向上し，EDFAの潜在能力を最大限に引き出すことが技術・経済の両面から効率的であったためである。

しかしSEの向上による容量改善も，徐々にCバンドのShannon容量に近づくことで改善の余地が少なくなり，今後はいよいよ波長帯域の拡大が魅力的な選択肢の一つであると認識されつつある。その結果，CバンドおよびLバンド用増幅器の帯域幅拡大，多数のC+Lバンド

システムの導入，C+Lバンドを超えた超広帯域（UWB）システムの研究報告が再び活性化している[4]。以下，本稿では，UWBシステムの一形態であるマルチバンドWDMシステムを実現する上での課題について整理し，それらに対する解決策の検討状況を整理する。そののち，将来期待される適用領域について述べる。

2 マルチバンド波長多重システム実現に向けた課題

マルチバンド波長多重システムの実現に向けた複数の課題のうち，以下，代表的なものについて概観する。

2.1 伝送路特性の把握

まず，伝送路ファイバケーブルの波長依存性の把握とそれを組み込んだ設計技術の確立が重要である。ITU-T補助文書G.sup39[5]には，OバンドからUバンドにわたる範囲で実測された敷設済みケーブルの損失特性例が紹介されている。これによれば，短波長になるほど増大するレーリー散乱損失のほか，長波長になると増大する曲げ損失の影響，E帯におけるOH基吸収による損失ピークなどが見て取れる。特に後者2点については，ファイバの製造工程やケーブルの構造や敷設条件等による相違やばらつきがあると考えられ，究極的には個々の区間，芯線ごとに特性が異なる可能性も考えられる。さらに，一般的には損失以外にも波長分散，実効コア断面積，高次モードの伝搬特性なども波長依存性を持つが，単一バンド伝送の場合には実質的に無視することができたこれらの波長依存性は，マルチバンドWDMシステムの設計上無視することができなくなる。したがって，これらの特性を系統的あるいは個々の伝送路ごとに詳細把握することは，マルチバンドWDMシステムの設計を行う上で重要になる。

2.2 マルチバンド波長多重システム設計技術の確立

上述のような伝送路ファイバの線形特性に加えて，複数の波長帯域にわたって同時に信号光（と場合によっては分布ラマン増幅のための励起光）を伝搬させたときに生じる非線形相互作用が重要になる。これは，光ファイバの特性だけで決まるのではなく，伝送機器から光ファ

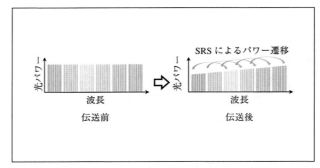

図2　誘導ラマン散乱による信号帯域間のパワー移行のイメージ

イバに対して入力される光の電力に依存する。究極的には光ファイバ溶融や安全性から要請される光パワーの上限を意識することになるが，実際のシステム設計において，石英ガラスのラマンシフト周波数に対応する100 nm程度の波長範囲内にわたってWDMチャネルを配置した場合には，それよりも低いパワーで誘導ラマン散乱（SRS）の影響が無視できなくなり，長波長側（低周波側）にある光信号がより短波長側（高周波側）にある光信号のエネルギーを吸収することで短波長側の信号光のSN比の低下が著しくなる（図2）。上述のSRSのほかにも，バンド内・バンド間の非線形相互作用を十分に考慮したうえで，最適な信号光レベルダイヤ（さらにはそれを実現するための分布ラマン増幅の励起方式・構成）を設計することが肝要となるため，超広帯域にわたる信号の非線形伝搬を現実的な時間内に解析するための高速かつ高精度な数値シミュレーション技術が必要である。従来一般的に用いられているスプリットステップフーリエ法による非線形伝搬数値解析は，精度の観点では十分な実績があるが，複数の波長帯域にまたがる広帯域信号の解析に適用した場合には計算時間が膨大なものとなる。場合によってはこれに代わる近似的な手法を開発し，活用していくことも必要になる。

2.3 マルチバンド波長多重システムの構成要素技術

実際にマルチバンド波長多重システムをハードウエアとして実現するためには，以下に代表されるさまざまな課題が挙げられる。
① 新規波長帯に対応する光増幅技術の実現
② 新規波長帯に対応する光送受信器の実現

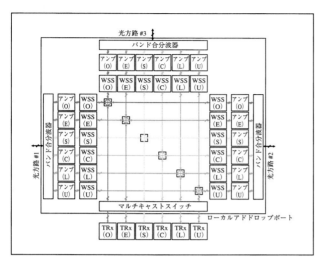

図3　マルチバンド波長多重に対応したROADMノードの機能ブロック構成例

　③　新規波長帯を含む複数波長帯に対応する合分波器
　　　などの光受動素子の実現

マルチバンド波長多重に対応する，再構築可能な光分岐挿入（ROADM）ノードの構成例を図3に示す。

上記のうち，①については，長年にわたりさまざまな研究報告があり，目的とする波長帯で利得をもつイオンを添加したファイバ増幅器や，半導体光増幅器，ラマン増幅器などが検討されている[6]。帯域幅，利得，雑音指数などの性能劣化要因，電力効率や安定性・信頼性などの観点からそれぞれ一長一短があり，C帯やL帯におけるEDFAと同等レベルの実用性を伴う解が見出されているとはいえない。

つづいて②については，CバンドよりもS波長側のS，E，O帯などに対応した送受信器を開発することは技術的には十分可能であると考えられる。しかし，Lバンドの長波長側あるいはUバンドにかけての領域では，高速受光器の感度や波長可変レーザの線幅などの観点で，現在一般的な光半導体材料の物性から考えて大幅な特性劣化が予想され，その開発は困難であると考える[7,8]。また，一般的には波長帯域毎に異なる送受信器の品種（メニュー）をもつことになるが，これは，WDMネットワーク中で最大の数量を占める機器である送受信器のコストダウンを妨げるばかりか，運用複雑性の観点からも大きなデメリットになるといえる。最後に，③については①や

②と比較すれば，デバイス設計のパラメータの調整により新規波長帯に対応させる余地が大きいと考えられる。ともあれ，ハードウエアの品種数の増大は必ずしも好ましいとはいえないことは②と同様である。

3　新規波長帯の開拓に向けた波長帯一括変換の活用

2.3節で述べた課題に対して，光信号を複数の波長帯の間で一括変換することで解決を図るアプローチが提案されている[4,9]。図4に示すように，ターゲットとなる新規バンド（Xバンド）に対応するサブシステムを，既存バンド（例えばCバンド）に対応するサブシステムと，一括波長変換器とを組み合わせることで実現できるという発想である（図4）。

ここで使用される全帯域波長変換器に要求される基本的な要求としては，信号の変調フォーマット，シンボル

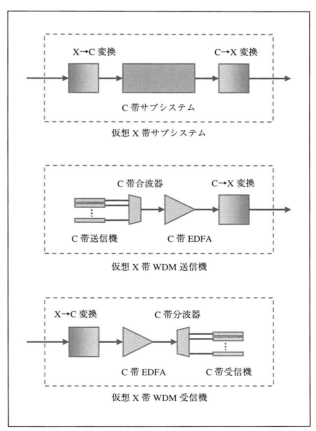

図4　波長帯一括変換を用いた新規波長帯サブシステム実現の概念図

レート，偏波状態，WDMチャネル数などに対する無依存性，すなわち透明性が挙げられる。

例えば，Xバンドで動作する光送受信器や波長合分波器を用いることなく，Cバンドで動作するより一般的なサブシステム機器をそのまま使用したマルチバンドWDMシステムを実証した実験結果が複数報告されている。

一括波長変換器の構成技術としては，3次の非線形性を活用するもの（例えば高非線形ファイバ中の四光波混合）のほかに，2次の非線形性（例えば，周期分極反転ニオブ酸リチウム（PPLN）導波路デバイス）を活用することも注目されている[10]。特に後者については，近年性能の向上が著しく，高い変換効率が実現され，また，3次の非線形媒質では課題となる波長チャネル間の四光波混合クロストークも少ないことが判明しており，今後の展開に向けて有望である。

4 おわりに

本稿では，マルチバンド波長多重が注目される背景とともに，その実現に向けた様々な課題について解説し，最後に特徴的な解決手段である波長帯一括変換技術の活用について紹介した。一方，光ネットワークの大容量化に向けては，空間多重技術の研究開発の進展も著しい。将来的にはマルチバンド波長多重技術と空間多重技術を組み合わせることにより，さらなる大容量化の道筋も描ける。ネットワークトラフィックが拡大してく過程において，空間多重用の伝送路が整備されている区間では空間多重を積極的に活用しつつ，未整備の区間ではマルチバンド波長多重を活用するといった，空間多重とマルチバンド波長多重のハイブリッドなネットワーク構成も重要になると考えている。

謝辞

この成果は，（国研）新エネルギー・産業技術総合開発機構（NEDO）の委託業務（JPNP20017）の結果得られたものである。

参考文献
1) 山口伸英，「フォトニックネットワーク」，雑誌FUJITSU, Vol. 51, No. 6, pp. 413-418, 2000.
2) T. Tanaka, K. Torii, M. Yuki, H. Nakamoto, T. Naito and I. Yokota, "200-nm Bandwidth WDM Transmission around 1.55 μm using Distributed Raman Amplifier," ECOC 2002, paper PD4.6, 2002.
3) Y. Wakayama, D. J. Elson, V. Mikhailov, R. Maneekut, J. Luo, N. Yoshikane, D. Inniss and T. Tsuritani, "Over 90-km 400GBASE-LR8 Repeatered Transmission with Bismuth-Doped Fibre Amplifiers," ECOC2022, paper We2A.2, 2022.
4) T. Hoshida, V. Curri, L. Galdino, D. T. Neilson, W. Forysiak, J. K. Fischer, T. Kato and P. Poggiolini, "Ultrawideband Systems and Networks: Beyond C+L-Band," Proceedings of the IEEE (early access, doi: 10.1109/JPROC.2022.3202103), 2022.
5) ITU-T G.sup39: Optical system design and engineering considerations, 2016.
6) L. Rapp and M. Eiselt, "Optical Amplifiers for Multi-Band Optical Transmission Systems," Journal of Lightwave Technology, Vol. 40, No. 6, pp. 1579-1589, 2022.
7) C. H. Henry, "Theory of the Linewidth of Semiconductor Lasers," IEEE J. of Quantum Electronics, Vol. QE-18, No. 2, pp. 259-264, 1982.
8) H. Yamagishi, Y. Suzuki and A. Hiraide, "Precise Measurement of Photodiode Spectral Responses Using the Calorimetric Method," IEEE Trans. Instrumentation and Measurement, Vol. 38, No. 2, pp. 578-580, 1989.
9) T. Kato, S. Watanabe, T. Yamauchi, G. Nakagawa, H. Muranaka, Y. Tanaka, Y. Akiyama and T. Hoshida, "Whole Band Wavelength Conversion for Wideband Transmission," OFC2021, paper F1B.1, 2021.
10) T. Kato, H. Muranaka, Y. Tanaka, Y. Akiyama, T. Hoshida, S. Shimizu, T. Kobayashi, T. Kazama, T. Umeki, K. Watanabe and Y. Miyamoto, "S+C+L-Band WDM Transmission Using 400-Gb/s Real-Time Transceivers Extended by PPLN-Based Wavelength Converter," ECOC2022, paper We4D.4, 2022.

■Multiband wavelength division multiplexed optical communication technology

■①Takeshi Hoshida　②Tomoyuki Kato　③Yu Tanaka ④Yuta Wakayama　⑤Noboru Yoshikane　⑥Takehiro Tsuritani

■①～③Fujitsu Limited　④～⑥KDDI Research Inc.

①ホシダ　タケシ　②カトウ　トモユキ　③タナカ　ユウ
所属：富士通㈱
④ワカヤマ　ユウタ　⑤ヨシカネ　ノボル　⑥ツリタニ　タケヒロ
所属：㈱KDDI総合研究所

Beyond 5G時代の超低遅延技術とそのアプリケーション

慶應義塾大学
山中直明

1 はじめに

Beyond 5Gは，アクセス技術の高度化から，ネットワーク，アプリケーション，さらにはビジネスモデル変革といった，エコシステム全体をデザインするジェネレーションである。その中で，大きなブレークスルーとインパクトを与えるのが光技術と，それが作り出す時空間同期型デジタルツインである。本論文では，Beyond 5Gのねらいを明らかにし，その，いくつかの技術と期待されるアプリケーションを分かりやすく，解説したい。

1.1 B5Gの取り組み

総務省が主導し，小生が主査をした「B5G有線NW検討会」で検討した，B5Gの世界的状況と，日本での取り組み方について解説する。世界では[1]，欧州，中国，米国で，それぞれ特徴的なアプローチがある。6Genesisプロジェクトは，2018年に極めて先駆的，かつ広い視野に立つプロジェクトであるコンピューテーションを6Gのターゲットとしており，GAFAが専有するクラウドビジネスに対応している。一方，中国は，基本はAIを中心としたネットワークを実現しようとしていると考えられる。オートメーションやビッグデータ制御といった将来を見据えた研究をターゲットとしている。米国は，ビジネスも十分に意識している。研究だけではなく，ビジネス上，有利になる短期的なシナリオも多い。米国がリードするためのAIクラウドを全面に出す一方，従来からクアルコム，ブロードコムといったキーデバイスの専有

も目指している。日本は，多方面から非常にアグレッシブなアプローチが行われている。国を挙げてのB5G推進戦略懇談会のみでなく，NTTのIOWNといったグローバルコンソーシアムやドコモ，KDDIさらにはトヨタ自動車といった企業群もビジョンや，ホワイトペーパー，PoCやテストベッドを次々と推進している。

その中で，先に述べた「B5G有線NW検討会」では，3G，4Gと無線の技術に意識が行きがちなジェネレーションではなく，有線の名のとおり，ネットワーク全体を考え，従来はロードマップを作って終わり，など単発のナショナルプロジェクトなどに対してサスティナブルな産学官連携の研究開発体制を目指し，図1のようなループを考えている。これは，日本全体のエコシステムを模索するものである。ビジネスを推進する企業を側面から支援するために，学会やコンソーシアムといった長期的にフォーカスしたトピックスの研究がある。そこがキーとなるシーズをさがし，国の施策として戦略的ファンド等でトリガーやアクセルの機能を実現しようというものである。ここには，論文を書いて終わりとなりがちなアカデミアや，バズワードに対応しがちで継続性に乏しく，単発となりがちなナショナルファンド，また，重要なファンドが十分に産業の呼び水とならない企業の研究開発に危機感を持つ多くの有識者が集まった。本検討は，電子情報通信学会論文誌 Vol. J104-B, No. 3, pp. 315-336に詳しくまとめられている。オープンアクセスなので，光ネットワークを中心とする読者は，図2のネットワークの3つの大きな方向性について理解するかと良いかと思う。

3つの方向は，1. 環境合理性，つまりエネルギーの削

第3章　サスティナブル社会を実現！ Beyond 5G時代の光通信

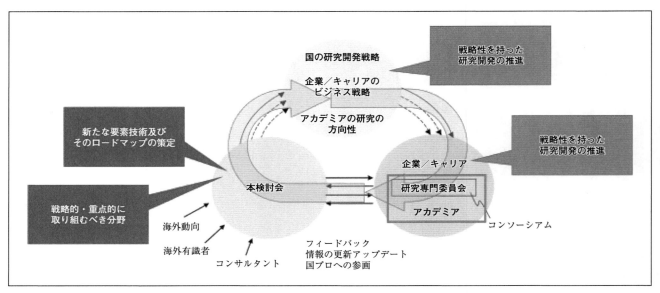

図1　B5Gに対する日本の取り組み

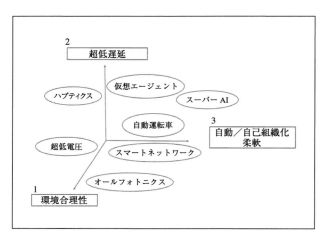

図2　ネットワーク研究の3つのディレクション

減，2. 超低遅延，3. 自動／自己組織化，柔軟ネットワークである。本論文では，1～2について代表例を挙げて説明する。

2　環境合理性に対する研究の方向

　エネルギーの削減は，あらゆる分野で必須である。Si-Photonicsの利用や，低電圧，エネルギーマネージメントLSIといったデバイスレベルの削減は，あらゆる可能性を追求している。一方で，インタネットはもともと，end-to-endの通信を自由に接続で来るものであるのに対し，近年はクラウドのその60％とも70％とも言われるトラヒックが集中している。一方で，B5Gにおいては，自動運転等のダイナミックなIoTが連携して動作する。そのためにエッジコンピュータを利用し，かつ近接エッジ間は，タイトに接続される。図3にクラウドセントリック（クラウドに多くのトラヒックを集中させる）な光ネットワークの構成を示す。ユーザーのトラヒックは，すべてクラウドの集約し，クラウドから配信される。そのため，ネットワークはアグリゲーション（スイッチで

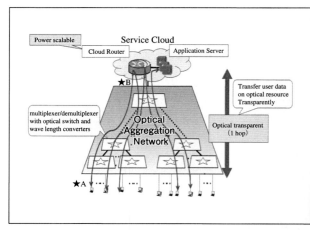

図3　省エネに適したクラウドセントリックなネットワークアーキテクチャ

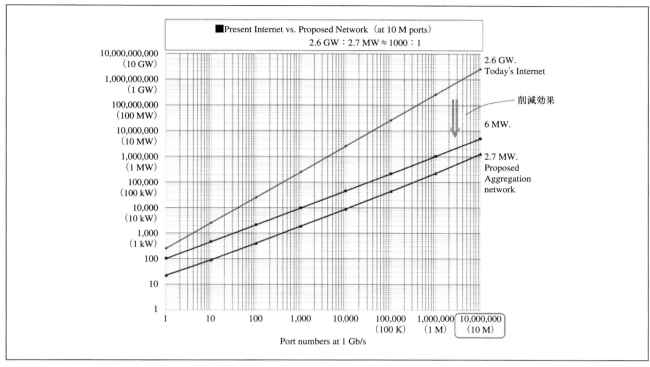

図4　クラウドセントリック光アグリゲーションネットワークの省電力効果

はなく,多重化して宛先もクラウドのみ)で実現される。一方,下りのトラヒックはソースルーティングで行う。従来のパケットヘッダを見て,方路を決めるスイッチを,多段に接続するインタネットと比べ,単に時間や波長,空間を利用して多重化する光アグリゲーションネットワークの方が,図4に示すように,3桁近く低消費電力になる。また,単純な機能であるが,低消費電力で実現できる光技術への整合性も高いと言える[2]。

3 超低遅延技術が生むB5G

次世代コンピューティングでは,複数のコンピューティングリソースをタイトに結合させて,スケールを大きくするとともに,フレキシブルにリソースを組み合わせることが大きなディスアグリゲーテッドコンピューティングが提案されている。GAFA等のラックスケールコンピューティングやフロアスケールコンピューティングを実現しつつある。その実現に必須なのは,サーバー間の自由な接続,特に,帯域と遅延,遅延ジッタの制約を減らすことである。

本ターゲットに対して,まず,時間多重における遅延を削減する。パケットもしくはバイト／ビット多重であれ,この多重化により,伝送路の効率は向上するが,遅延が発生する。そのため,長距離伝送のファイバー効率だけではなく,近距離のエリアにおいても並列化技術を可能な限り利用したい。マルチコアや超波長多重を実現していくのが図5の超多並列光伝送技術である。

例えば,光周波数コム光源を利用した光源は,エネルギーは大きくないが,波長数の制限を大きく改善させる技術で日本が世界に対しても先行しているマルチコア等のSDM技術を利用する。すでに総務省プロジェクト(JPMI 00316)で,シーズ開発を始めた図6に示すホロコアファイバーがある。これは,光を伝送する部分を空孔としている[3]。従来のファイバーと,ファイバーの構造と伝送の原理が異なる。もともと,デバイスの基礎的研究として研究されてきたが,今回3つの効果を期待して,システムレベルの研究を開始した。(1)超多波長を伝送できる(2)エネルギーを多く送れる (PoF：Power over Fiber)(3)遅延の最小化に理想的である。その他,非線形の効果

第3章　サスティナブル社会を実現！ Beyond 5G時代の光通信

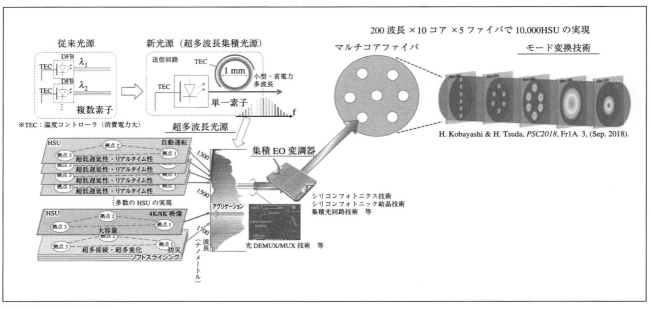

図5　超多重列光伝送技術

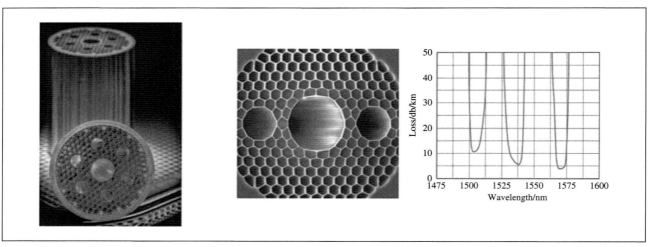

図6　ホロコアファイバーの構成図

がほとんどないが，今回は(1)(2)について，検討している。

(1)(2)に関しては，図7に示す次世代PONのターゲットを見てほしい。PONはすでに家庭（レジデンシャルコース）ではなく，データセンタアクセス（エッジコンピュータやクラウドレッド），さらには，今後増えるIoT接続といった帯域も数も幅の広いサービス（ダイバージェンスサービス）を実現していく。そのターゲット（イ）であるIoTでは，先に述べた超多波長やエネルギー伝送

（PoF）を目指す。PoFも長年，金属加工のような応用では利用されていた。B5Gでは，特にIoTへの応用を狙う。IoTの中に，小型電池を入れ，通常はスリープしていて，必要な時にはレートを上げ通信を行うインターフェースそのものが重要となっている。これは，遠隔カメラ等の応用である。一方，(3)の超低遅延であるが，これは光の速度までのチャレンジである。先に述べたエリアスペースコンピューティングで，図8のように実現する。CPS（サ

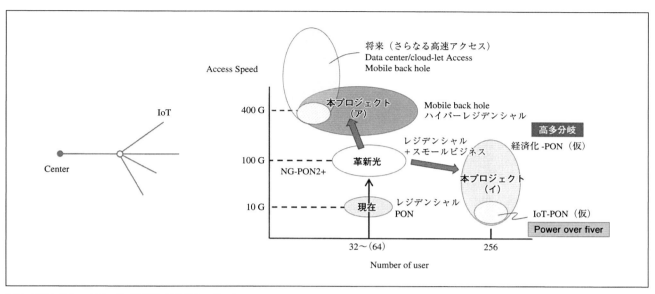

図7 アクセスネットワーク（PON）の次のターゲット

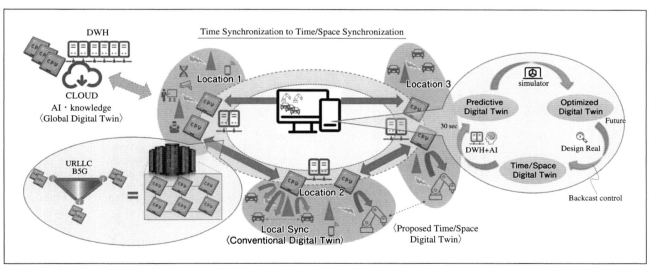

図8 時空間同期型デジタルツインネットワーク

イバーフィジカルシステム）を拡張して，時空間同期型デジタルツインと呼ぶ．

　これは，IoTとエッジ間，さらにディスアグリゲートされたエッジ／エッジ間を超低遅延化し，同期する．図の右側に示したものが未来予想型デジタルツインである．ここでは詳細は避けるが，デジタルツインにはAIがあり，仮想上で少し先の未来を予想する．例えば，自動運転車の交差点状況である．そこで複数回シミュレーションを行い，最適となる未来を決定する（未来予想型デジタルツイン）．その未来をベースにバックワードして，現状を制御するものである．また，超低遅延は，NICTのBeyond 5Gの研究開発でも行なっており（新規ファイバーは利用していない）図9のようにオペレーション，モニター，制御上も活用されている．図では，センターに測定器やエンジニアを集中的に置き，日本中のネットワークに遠隔からプローブをつけて，センターか

77

第3章 サスティナブル社会を実現! Beyond 5G時代の光通信

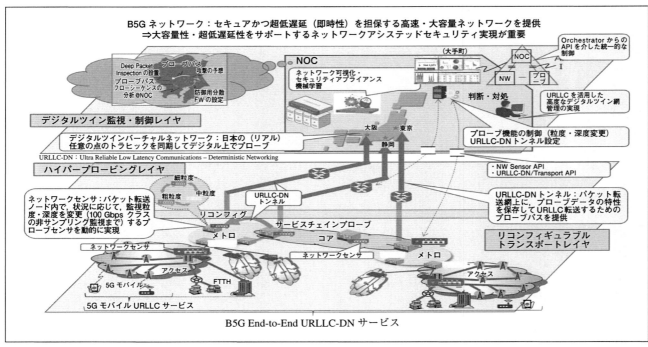

図9 超低遅延光プローブを用いた遠隔監視制御システム

らトラヒックを遅延なくモニターしたり，挿入したりするものである．ノウハウのあるエンジニアも集中的に配置でき，いわば日本中のネットワークをデジタルツイン化して，集中的に監視するものである．この低遅延技術とそれを利用したアーキテクチャ／サービスがB5Gでは最重要である．

4 むすび

B5Gの時代の光ネットワークと，その応用について述べた．特に省電力化と低遅延が今後のB5Gに大きなインパクトを与える．光ネットワークは，これら2つの技術に向かって進化し，それを利用し，コンピュータを活用して，分数クラウドともいえるディスアグリゲーテッドコンピューティングを実現する．その上で，デジタルツイン化されたCPSを高度に利用した社会が生まれる．

謝辞

本研究開発は総務省の「グリーン社会に資する先端光伝送技術の研究開発（JPMI00316）」および，（国研）情報通信研究機構の委託研究（02501）によって実施した成果を含みます．

参考文献

1) 山中 直明，西村 光弘，石黒 正揮，岡崎 義勝，川西 哲也，釣谷 剛宏，中尾 彰宏，原井 洋明，廣岡 俊彦，古川 英昭，宮澤 雅典，山本 直克，吉野 修一，"Beyond 5G時代のネットワークビジョン —2030年に向けたアーキテクチャとブレークスルー技術の鳥瞰—，"電子情報通信学会和文論文誌B, Vol. J104-B, No. 3, pp. 315-336, 2021年3月．
2) Hidetoshi TAKESHITA, Daisuke ISHII, Satoru OKAMOTO, Eiji OKI, Naoaki YAMANAKA, "Highly Energy Efficient Layer-3 Network Architecture Based on Service Cloud and Optical Aggregation Network," 電子情報通信学会英文論文誌, Vol. E94-B, No. 4, pp. 894-903, 2011年4月．
3) 武笠和則，"空孔コアファイバを用いた革新的光リンク，"電子情報通信学会技術報告, Vol. 122, no. 169, PN2022-13, pp. 25-30, 2022年8月．

■ Ultra-low-latency optical technology and its application for Beyond 5G
■ Naoaki Yamanaka
■ Professor, Department of Information and Computer Science, Faculty of Science and Technology, Keio University

ヤマナカ ナオアキ
所属：慶應義塾大学　理工学部情報工学科　教授

空間分割多重伝送用光ファイバ技術

日本電信電話㈱
中島和秀, 松井　隆, 山田裕介, 森　崇嘉, 寒河江悠途

1 はじめに

1984年に世界最初の単一モード光ファイバ（SMF: Single Mode Fiber）がITU-T勧告G.652[1]として標準化された。その後，光ファイバ1心当りの伝送容量は，多様な光伝送技術の進展とともに指数関数的に増加し続けており，今日の陸上基幹ネットワークでは毎秒数テラ・ビット超の通信容量が実現されている。しかし，既存SMFの容量限界は概ね毎秒100テラ・ビットで顕在化すると予想されており[2]，SMFの登場からおよそ40年を経て，今後も増大し続ける伝送容量需要に持続的に対応していくためには，空間的な並列処理の活用が必要になると考えられている[3]。このため，空間分割多重（SDM: Space Division Multiplexing）伝送用の新たな光ファイバ技術が盛んに検討されており，中でも既存SMFと同等の細さ（125 μmの標準クラッド径）を有するマルチコア光ファイバ（MCF: Multi-core Fiber）[4]の実用展開に関心が高まっている。

本稿では，標準クラッド径MCFの技術動向と陸上光ケーブルへの適用性，並びにITU-TにおけるSDM光ファイバケーブル技術の国際標準化に向けた展望について概説する。

2 標準クラッド径MCFの位置づけと設計

MCFはクラッド径を拡大すればより多くのコアを収容し同一光ファイバ内における空間多重度を向上することができる。しかし，クラッド径の拡大は光ファイバの製造性と密接に関係し，母材の体積が一定の場合，紡糸可能な光ファイバの長さはクラッド径の2乗に反比例して減少してしまう。また，標準クラッド径を維持することで，既存の光ケーブル技術や接続技術が比較的容易に流用できるほか，特に伝送損失やガラスの機械強度の観点から，既存のSMFと同等の取り扱い性を担保するうえでも有効と考えられる。

図1にこれまでに報告されているMCFの，波長1550 nmにおける損失係数と空間チャネル数の関係の一例を示す[4]。図中の黒（丸），赤（四角），および青（三角）のプロットは，それぞれSMF，単一モードMCF（SM-MCF: Single Mode-MCF），および数モードMCF（FM-MCF: Few Mode-MCF）を示す。コアとモード多重を併用した

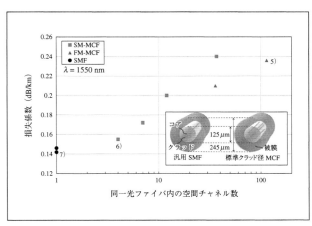

図1 MCF報告例における損失係数と空間チャネル数の関係[3]
※本図のカラー版は月刊オプトロニクスHP（http://www.optronics.co.jp/magazine/opt.php）に掲載しています。

FM-MCFは，単位断面積当たりの空間多重度を飛躍的に高めるのに有効である。例えば，10モードコアを12個多重し，SMFの100倍超の空間多重度を有するFM-MCF[5]が実現されている。しかし，その損失係数は0.23 dB/km強で汎用SMFに比べるとやや大きい。また，図1から分かるように，損失係数は空間チャネル数の増大とともに劣化する傾向にあることが分かる。一方，図1中の挿入図に示す幾何学構造を有する標準クラッド径を用いたSM-MCF[6]では，単一コアSMFの最低損失(0.146 dB/km)[7]に迫る損失係数が実現されていることが分かる。

特に陸上光伝送路にMCFを適用する場合，光学特性の既存SMFとの後方互換は必須の特性要件になるとともに，MCF同士の相互接続性を担保することが重要な課題となる。相互接続性の担保では，コア間隔標準をどのように決定するかが鍵となる。図2にSMFとの光学互換を勘案した標準クラッド径4コアMCFにおけるコア間隔と，モードフィールド径（MFD：Mode Field Diameter）の関係を示す[4]。図中の青（図中左側）および赤（図中右上部）の線は，汎用SMF（ITU-T勧告G.652）および低損失SMF（ITU-T勧告G.654）[8]との光学互換を考慮した場合の計算結果を示し，実線は波長1625 nmにおける過剰損失（クラッド厚の低下に伴う漏洩損失）が0.01 dB/km以下となる境界を示す。また，破線は波長1625 nmにおけるコア間クロストーク（XT）が所望の値以下となる境界を表し，G.652ファイバでは$10^{-4.5}$ km^{-1}，G.654ファイバでは10^{-6} km^{-1}のXT量を考慮した。ここで，XTによる伝送限界を–20 dBと仮定すると，上述のXT量はそれぞれ300 kmおよび10,000 km伝送に相当する。なお，汎用SMFおよび低損失SMFでは，一例としてトレンチ型およびW型の屈折率分布を仮定し，挿入図に示したトレンチ層およびW型の中央コアの純石英レベルに対する比屈折率差Δ_1を，それぞれ–0.7%および–0.6%で一定とした。汎用および低損失SMFの最小MFDは，それぞれ波長1310 nmで8.6 μmおよび波長1550 nmで9.5 μmと規格化されており，図中の網掛けの領域で過剰損失，XT，およびMFDの条件をすべて満たすことが可能となる。図2から，汎用SMFおよび低損失SMFのコア間隔は，それぞれ概ね40 μmおよび44 μm付近に収束することが分かる。従って，標準クラッド径MCFでは，既存SMFとの後方互換と伝送システムで要求されるXT条件を考慮することにより，相互接続に不可欠なコア間隔が概ね決定できることが分かる。

3 標準クラッド径MCFのケーブル化と敷設特性

表1に第2章で述べた設計指針に基づき作製した3種類の標準クラッド径4コアMCFの諸元を示す。図1で示したトレンチ型およびW型の屈折率分布に加え，最も汎用的なステップ型の屈折率分布を考慮している。ステップ型およびトレンチ型の標準クラッド径MCFは，ITU-T勧告G.652並びにG.657[9]との光学互換性を有し，波長1260

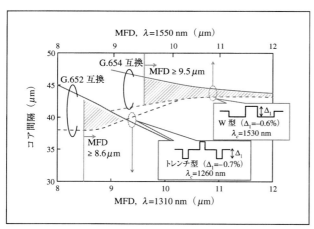

図2 汎用SMF（ITU-T勧告G.652：青）および低損失SMF（ITU-T勧告G.654：赤）との光学互換を有する標準クラッド径4コアMCFにおけるコア間隔とMFDの関係[3]（実線：波長1625 nmにおける過剰損失が0.01 dB/km以下，破線：波長1625 nmにおけるXTがG.652ファイバ互換で$10^{-4.5}$ km^{-1}，G.654ファイバ互換で10^{-6} km^{-1}以下）
※本図のカラー版は月刊オプトロニクスHP (http://www.optronics.co.jp/magazine/opt.php) に掲載しています。

表1 ITU-T勧告G.652／G.657およびG.654との光学互換を有する標準クラッド径MCFの諸元

伝送帯域	フルバンド (O-L)		低損失帯 (C-L)
製造例			
屈折率分布	Step-index	Trench-assisted	W-shaped
光学互換性	ITU-T勧告 G.652 および G.657		ITU-T勧告 G.654
クロストーク λ=1550 nm	$<10^{-3}$ km^{-1}	$<10^{-5}$ km^{-1}	$<10^{-7}$ km^{-1}
コア間隔 (μm)	40	40	44
適用領域	アクセスNW, DCI	陸上長距離	海底長距離

～1625 nmのフルバンドで単一モード伝送に利用できる。ただし，ステップ型の波長1550 nmにおけるXTはトレンチ型に比べ単位長さ当たりで約2桁大きいため，伝送距離は10 km程度に制限される。従って，ステップ型およびトレンチ型のMCFは，それぞれアクセスネットワークやデータセンタ間（DCI：Data Center Interconnect），および陸上長距離ネットワークでの利用に適していると考えられる。W型の標準クラッド径MCFは，トレンチ型より更に2桁優れたXT特性を有し，先に述べたように10,000 km級の海底長距離伝送にも適用可能と期待できる。

表1に示した3種類の標準クラッド径MCFのうち，曲げ損失やXT特性の外乱要因に対する感度がより高いと思われるステップ型のMCFをケーブル化し，地下とう道における敷設特性を検証した。図3上段にケーブル敷設状況，下段に総XTおよび光損失の1年間における経時変化を示す。本検討では，陸上ケーブルで利用されている細径高密度光ケーブル[10]を用いた。光ケーブルの長さは約1 kmで200心の光ファイバを実装しており，うち50心（200コア分）がステップ型の標準クラッド径MCF，残りがG.652.DおよびG.657.A1に準拠した汎用SMF（各75心）である。また，同一の仕様で異なる3者で作製した光ケーブルを用いている。

図3最下段に示すように，地下フィールド環境における1年間の温度変化は0～30℃（黒の実線），相対湿度は20～100％（グレーの実線）であった。図3中段の総XTは，3者で作製した光ケーブルの中から5心のMCFを用い，それらを相互接続した全長15 kmの状態で測定した。図中の青（丸）および橙（四角）のプロットは，それぞ

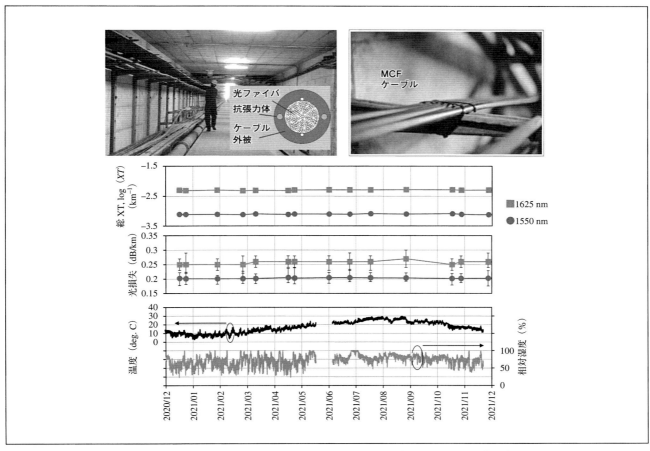

図3　地下とう道における細径高密度ケーブルの設置状況（上段），並びに1年間の総XTおよび光損失の変動特性（下段）
※本図のカラー版は月刊オプトロニクスHP（http://www.optronics.co.jp/magazine/opt.php）に掲載しています。

れ波長1550 nmおよび1625 nmにおける測定結果を示し，敷設時の総XT，各波長で$10^{-3.18\pm0.02}$ km^{-1}および$10^{-2.4\pm0.02}$ km^{-1}あった．

総XTの下に示す光損失は，接続損失を除く区間損失の変動特性を表している．いずれの測定波長においても変動量は±0.03 dB/km以下であり，同一ケーブル内に実装した汎用SMFと比較しても遜色ない特性が確認できた．また，MCF素線の間欠テープ化，間欠テープのケーブル実装の何れの工程においても顕著な損失増加やXT劣化は認められなかった．以上の結果から，比較的外乱要因に対して敏感であると考えられるステップ型の標準クラッド径MCFを高密度に実装した光ケーブルにおいても，現在のSMFと同等の適用性が得られることが確認できた．なお，文献11）では異なるベンダで作製された光ケーブルのランダム接続において，良好な接続特性およびXT特性が得られることが報告されている．

4 SDM光ファイバケーブルの標準化に向けて

SDM光ファイバケーブルに関する研究開発を背景に，ITU-Tでは将来におけるSDM光ファイバケーブル技術の標準化を見据え，現状の技術動向と今後の展望を新規技術レポートとして取り纏め[12]，2022年9月に開催されたITU-T SG15会合でその発行を合意した．以下，本技術レポートの要点について抜粋して紹介する．

図4に，本技術レポートにおける各種SDM光ファイバの定義を示す．本技術レポートの特長は，これまでに議論したMCFやFMFに加え，異なる構造寸法を有する単一コア光ファイバも考慮している点にある．具体的には，標準クラッド径に対し被覆厚を低減した細径被覆SMF，並びにクラッド径自身を削減した細径クラッドSMFがこれにあたる．特に前者は，既存技術に大きな変更を加えることなく，ケーブル内の心線実装数を増加させる技術として，一部の海底ケーブルやDCIネットワークでは既に適用が進められている．しかし，細径被覆／クラッドSMFともに，ケーブル化後の損失特性への影響が制限要因となることから，空間多重度の向上効果は限定的になると考えられる．

本技術レポートでは，各種SDM光ファイバで想定される適用領域についても議論されている．SDM光ファイバケーブル技術は，長距離海底および陸上基幹ネットワーク，メトロおよびDCIネットワーク，並びにアクセスおよびDC内ネットワークの何れの領域でも適用性を有すると考えられている．特に，ケーブルサイズや地下管路サイズなど，空間的な制約を受けやすい海底ケーブルや陸上基幹ネットワークでは，本稿で紹介した標準クラッド径MCFの適用による限界打破への期待が大きい．一方で，MCFの利用に伴うコスト増やファンイン・ファンアウトなどの新たな部品の適用による損失増加の影響については，システム全体のメリットを勘案して判断していく必要がある．また，ユーザ多重度向上のための超多心化，あるいは接続インターフェースの高密度化が強く求められるDCIあるいはDC内ネットワークにおいても，細径被覆／クラッドSMFを含むSDM光ファイバに対する期待が高い．なお，空間モードを活用するFMF，FM-MCFあるいはランダム結合型MCFについては，対応するシステム技術の進展を勘案した実用展開が不可欠となる．一方で，標準クラッド径を用いたFM-MCFの実現性や[13]，ランダム結合によるモード間遅延差の低減と空間多重度の向上など[14]，更なる大容量化やSDM長距離伝送の実現に向けた重要な研究成果も得られていることは見逃せない．

本技術レポートでは，SDM光ファイバおよび関連する周辺技術の標準化で新たに考慮すべき事項についても取り纏められており，本稿では紙面の都合で割愛させて頂くが，ご興味のある方はITU-T SG15のホームページから入手（無料）してご参照頂きたい[12]．

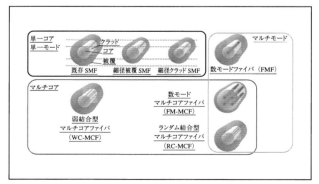

図4 ITU-T新規技術レポートで考慮されている各種SDM光ファイバ

5 むすび

本稿では空間分割多重伝送用光ファイバケーブルの技術動向，並びに本技術領域におけるITU-Tにおける取り組みについて概説した。標準クラッド径を有するMCFについては，ケーブル化とその敷設性も含め実用化に向けたポテンシャルが実証されつつある。今後，ITU-TにおけるSDM光ファイバケーブルに関する新規技術レポートを一つの足掛かりとして，SDM伝送システムの実用化に向けた検討が加速されることが期待される。

謝辞

本稿の一部は（国研）情報通信研究機構（NICT）の委託研究「高度通信・放送研究開発委託研究（課題番号20301）」における成果である。

参考文献

1) ITU-T Recommendation G.652, "Characteristics of a single-mode optical fibre and cable," 2016（初版1984）.

2) T. Morioka, "New generation optical infrastructure technologies: "EXAT initiative" towards 2020 and beyond," in Proc. OECC, 2009, doi: 10.1109/OECC.2009.5213198.

3) W. Klaus et al., "The role of parallelism in the evolution of optical fiber communication systems," to be published in Proc. IEEE.

4) T. Matsui et al., "Weakly Coupled Multicore Fiber Technology, Deployment, and Systems," in Proc. IEEE, 2022, doi: 10.1109/JPROC.2022.3202812.

5) T. Sakamoto et al., "120 Spatial Channel Few-mode Multi-core Fiber with Relative Core Multiplicity Factor Exceeding 100," in Proc. ECOC, Roma, Italy, 2018, We3E.3.

6) H. Sakuma et al., "125-μm-cladding low-loss uncoupled four-core fiber," in Proc. EXAT, Ise, Japan, 2019, P-13.

7) S. Makovejs et al., "Record-Low (0.1460 dB/km) Attenuation Ultra-Large Aeff Optical Fiber for Submarine Applications," in Proc. OFC, Los Angeles, CA, USA, 2015, Th5A2.

8) ITU-T Recommendation G.654, "Characteristics of a cut-off shifted single-mode optical fibre and cable," 2020.

9) ITU-T Recommendation G.657, "Characteristics of a bending-loss insensitive single-mode optical fibre and cable," 2016.

10) K. Hogari et al., "Novel Optical Fiber Cables With Ultrahigh Density," J. Lightwave Technol. **26**, pp. 3104-3109, (2008).

11) 相馬 他, "SI型標準外径マルチコア光ファイバの敷設環境下かつ多段接続時における光学特性評価," 信学論（B）, Dec. 2021. doi: 10.14923/transcomj.2021JBP3025.

12) ITU-T Technical Report, "Optical Fibre, Cable, and Components for Space Division Multiplexing Transmission," to be published in HP of ITU-T SG15 - Networks, technologies and infrastructures for transport, access and home, https://www.itu.int/en/ITU-T/studygroups/2022-2024/15/Pages/default.aspx

13) Y. Sagae et al., "A 125-mm Cladding Diameter Uncoupled 3-Mode 4-Core Fibre With the Highest Core Multiplicity Factor," in Proc. ECOC, Basel, Switzerland, 2022, Tu3A.2.

14) T. Hayashi et al., "Randomly-Coupled Multi-Core Fiber Technology," in Proceedings of the IEEE, 2022, doi: 10.1109/JPROC.2022.3182049.

■**Recent optical fiber technology for space division multiplexing**

■ ① Kazuhide Nakajima　② Takashi Matsui　③ Yusuke Yamada　④ Takayoshi Mori　⑤ Yuto Sagae

■**Access Network Service Systems Laboratories, NTT Corporation**

① ナカジマ　カズヒデ　② マツイ　タカシ　③ ヤマダ　ユウスケ
④ モリ　タカヨシ　⑤ サガエ　ユウト
所属：日本電信電話㈱　アクセスサービスシステム研究所

第3章 サスティナブル社会を実現！Beyond 5G時代の光通信

海底系：マルチコア大容量光伝送システム技術

㈱KDDI総合研究所
釣谷剛宏

1 はじめに

国際通信の99％以上のトラヒックを収容し，グローバル通信を支える光海底ケーブルシステム。グローバル通信の重要インフラとして情報通信社会を支えている。国際間のトラヒック量は～50％／年で増え，世界中で光海底ケーブルシステムの新設は進んでおり，図1（a）に示す通り，2018年以降も年間15を超えるシステム増強が続いている[1]。最近の特徴的な変化として，約10年前は，インターネットバックボーンサービスを提供する通信キャリアが光海底ケーブルの主オーナとなり約80％の光海底ケーブル帯域を利用していた。しかし近年GoogleやMeta，Amazonなど，コンテンツプロバイダであるOver the top（OTT）が世界に点在するメガデータセンター（DC）を自前のグローバルネットワークで結ぶために光海底ケーブルを建設している。2017年頃には通信キャリアとOTTで帯域利用率が逆転し，2020年にはOTTが70％近

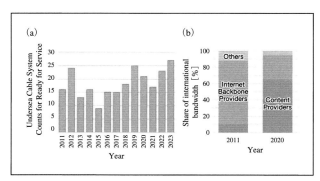

図1 （a）海底システムの年間新設数，（b）海底ケーブルの帯域の利用者比率[1]

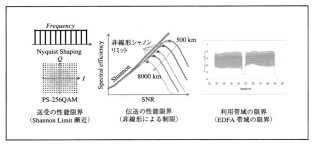

図2 ファイバ1心当りの容量制限の要因

くの帯域を利用する状況となっている[1]（図1（b））。膨大なデータを取り扱うDCの飛躍的な拡大と相まって，光海底ケーブルシステムのデータ転送能力の拡大が求められており，ペタビット級のシステムの実現が強く期待されている。

これまで光伝送技術の進化により，光海底ケーブルシステムの伝送容量は約30年の間で飛躍的に拡大してきた（図3参照）。特に，これまでは光ファイバ1心当りの伝送能力を高め（デジタルコヒーレント伝送技術による周波数利用効率の向上），各ファイバの利用波長帯域を広げて（波長多重数の増大），ファイバ1心で伝送できる容量を拡大してきた。しかし，光変調方式やデジタル信号処理の進化により光送受信の特性はShannon limitに漸近し，光ファイバの非線形性により伝送特性，伝送距離は制限され，既存のファイバ1心当りの伝送容量は数10 Tb/s（特に，長距離伝送）程度のところに限界点が見えてきた（図2）[2]。

このように光海底ケーブルの重要性・需要が高まる中で，容量限界が近づいている。本稿では，光海底ケーブルシステムの大容量化に向けた最新の技術トレンドにつ

いて紹介するとともに，持続可能な将来の光海底ケーブルシステムに向けたマルチコアファイバの適用に関する研究開発状況について紹介する。

2 光海底ケーブルシステムの技術変遷とトレンド

図3に主な太平洋横断級の光海底ケーブルシステムの伝送容量（初期設計時）の変遷を示す[3]。光増幅継器を用いた日米光海底ケーブルシステムTPC-5CNが1995年にサービスインして以来，約30年でケーブル総容量は約20000倍に増大した。2000年代に入り，光増幅器の飛躍的な帯域増大と低非線形光ファイバ（Aeff拡大）の導入等により，TGN-PやUnity等の2000年代のシステムは波長多重数が～100多重（波長当り10 Gb/s，周波数利用効率：約0.2 bit/s/Hz）まで拡大し，ケーブル容量（ファイバ容量×ファイバペア（FP）数）は10 Tb/s近くまで増大した。その後2010年代に入り，デジタルコヒーレント光送受信技術が導入され，周波数利用効率が10倍以上向上し（約2 bit/s/Hz～約6 bit/s/Hz：1波長当り100 Gb/s以上），また既存のシングルコアシングルモード光ファイバ（SMF）の低損失化も進み，太平洋横断級の超長距離伝送においてもファイバ容量が10 Tb/s以上まで拡大した。2020年代に入ると，ファイバ当りの容量増加が鈍化する中で，既存ケーブルに収容する光ファイバの心線数を10数心（6～7FP）から32心（16FP）以上へHigh Fiber Counts（HFC）化し，ケーブル全体の総容量を250 Tb/s以上まで高めた太平洋横断光海底ケーブルが計画された。このHFC化は，既存のSMFを用いた空間分割多重（SDM）技術として，"海底SDM"や"SDM1"[2,4]と呼ばれ，最近の光海底ケーブルシステムのトレンドとなっている。以降，この「SDM1」について紹介する。

2.1 技術トレンド：HFC化を可能とするSMFベースSDMシステム技術「SDM1」

図4に主な大洋横断光海底ケーブルシステムの心線数（FP×2）を示す。2021年にサービスインした大西洋横断光海底ケーブルシステムDunant[5]を皮切りにHFC化が急激に進んだ。これはSMFベースSDMシステム技術（SDM1）の適用による。現在光ファイバ心線数が48心（24FP），ケーブル総容量500 Tb/sの大西洋横断光海底ケーブルも計画されている[6]。SDM1では，HFC化を可能とするために，Pump sharingと光増幅器の光出力パワー（光ファイバ入力パワー）の最適化を行っている。海底光中継器（FP×上下数分の光増幅器を収容）の電力は，陸揚げ局の給電装置（PFE）から供給される。PFEから供給できる電力には制限があるため，HFC化されて増加した光増幅器分の消費電力は削減が必要であった。SDM1では，図5に示すようにFPを跨いで励起光を共有（Pump sharing）し，励起レーザの台数を減らすことで光中継器の消費電力増加を抑圧している[4,7]。また，これまではファイバ当りの伝送容量が最大になるような動作点で光増幅器を運用していたが，電力制限下においてケーブル総容量が最大になるような動作点まで光増幅器の光出力パワー（励起光パワー）を下げて省電力化を図っている[8]。さらに，SDM1では，Techno-economic modelにより，電力制限下やスペース制限下においてコスト効率が最大化

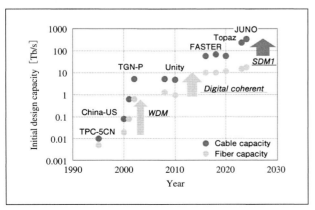

図3　主な太平洋横断光海底システムの容量変遷

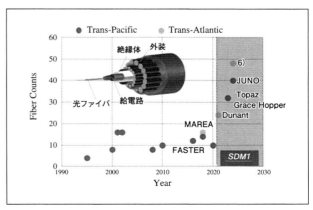

図4　主な大洋横断光海底ケーブルの心線数

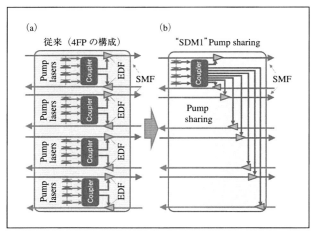

図5 4ファイバペア（FP）の場合の光中継器構成模式図 (a) 従来構成：FP毎に4励起レーザ，(b) 新構成：4励起レーザを4FPで共有

となるSDM数（HFC）の検討なども進んでいる。PFEの供給電圧の増大（15 kV→18 kV）やケーブル抵抗の低減（1 Ω/km→0.85 Ω/km），光ファイバ被覆径の細径化（250 μm→200 μm）などについても，最もコスト効率の高い技術の組合せが何かについて検討が進んでいる[7,9,10]。

3 サステナブル社会に向けた超大容量海底ケーブル伝送システム技術

2章で述べた通り，Techno-economicな観点からHFC化による容量拡大は今後も続くと想定される。しかし，SMFベースのSDM技術だけでは限界があり，ペタビット級システムの実現には，さらなる技術進展が必要である。Techno-economic modelを用いた検討では，電力制限下かつ既存海底ケーブルを用いたスペース制限下における，マルチコアファイバ（2コア〜4コアファイバ）を用いた場合の検討も進んでおり，コスト効率は若干下がるものの，ペタビット級光海底ケーブルシステムの可能性が示されている[9,10等]。本項では，標準外径マルチコアファイバの海底ケーブルへの適用に関する研究開発について，総務省委託研究 研究開発課題「新たな社会インフラを担う革新的光ネットワーク技術の研究開発」，技術課題 II「マルチコア大容量光伝送システム技術」（平成30年度〜令和3年度）（プロジェクト名：OCEANS）の研究成果[11]並びに弊社の取組について紹介する。

3.1 総務省研究開発プロジェクト：OCEANS

(1) マルチコアファイバ長距離伝送技術

KDDI総合研究所らは，標準外径（クラッド径125 μm，被覆外径250 μm）の非結合型4コアファイバと標準外径の結合型4コアファイバの伝送特性を太平洋横断級の伝送実験で比較を行った[12,13]。表1に今回実験で用いたマルチコアファイバの特性と伝送性能を示す。両ファイバとも純シリカコアを用い，コアピッチ，実効断面積，トレンチ構造などを精密に設計・製造することで通常の海底用光ファイバと遜色のない，低損失で低コア間クロストーク（IC-XT）な60 km長4コアファイバの試作に成功した。本実験では，両端にFan-in及びFan-outデバイス（FIFO）を融着接続した4コアファイバを4スパン分用意し，通常のシングルコア光増幅器4台で増幅中継した240 kmのマルチコア伝送路を構築し伝送評価を行った。結合型4コアファイバ伝送では，非結合型4コアとは異なり，受信端ではコア間及び偏波間の信号分離のために8×8 Multiple Input Multiple Output（MIMO）信号処理や各スパンにスキュー調整のための可変ディレーライン（VDL）を挿入し評価を行った。どちらも偏波多重四位相偏移変調（DP-QPSK）のフルC帯の波長多重信号を用いて，9150 km伝送後のBit error ratio（BER）評価を実施した。結果，非結合4コアは63.1 Tb/s，結合4コアは50.4 Tb/sと，両者とも標準外径マルチコアファイバ伝送において，シングルバンド（C帯）のみで1心当り50

表1 標準外径4コアファイバの特性と伝送性能

	非結合4コア	結合4コア
伝搬損失（コア平均）	0.156 dB/km	0.155 dB/km
コアピッチ	43 μm	20.2 μm
実効断面積 Aeff	87 μm^2	113 μm^2
コア間クロストーク	−57.3 dB/60 km	−
Fan-out 挿入損失	0.3 − 0.5 dB	0.3 − 0.6 dB
スプライス損失	<0.4 dB	<0.1 dB
平均スパン損失	10.1 dB	11.7 dB
スキュー補償	不要	要
ファイバ入力パワー	−5 dBm/ch	−2 dBm/ch
PDL/MDL（9150 km 伝送後）	<5.5 dB	6 − 9 dB
MIMO taps（9150 km 伝送後）	数 10	>250 taps
MIMO size for 4-core fibers	2×2/core	8×8
1心当りの伝送容量（9150 km）（偏波多重QPSK信号使用）	63.17 Tb/s	50.47 Tb/s

Tb/s超の伝送容量を太平洋横断級の伝送実験で初めて確認した。

(2) マルチコアファイバ光海底ケーブル試作

日本電気㈱ (以降NEC) らは，標準外径の非結合型4コアファイバを最大32心（16FP）収納可能な光海底ケーブル（15.2 km）の試作を行い，既存の17 mm径のLight Weight (LW) ケーブルに128コア，64FP相当の収容可能性を初めて示した（図6 (a)）[14]。通常のLWケーブルに収容できる標準外径ファイバのFP数は，17 mm径では16FP，21 mm径では24FPが限界と想定されているが[10,11]，4コアファイバを用いることで既存のケーブル構造のままで，信頼性を維持したままケーブル容量を増加できる可能性が示された。また，光海底ケーブル化前後の4コアファイバの伝搬損失やIC-XTの特性を評価し，特性劣化がほぼないことも確認した[14]。

(3) 複合機能光デバイスと多心マルチコアファイバ対応光増幅器試作

スペースの限られた海底光中継器において，多心化とマルチコア化に対応するためには光増幅器の小型化が必須である。NEC，古河電気工業㈱，㈱オプトクエストらは，多心マルチコアファイバ対応の光増幅器の小型化・集積化に取り組んだ。光増幅器で用いられる光アイソレータや利得等化器（Gain Flattening Filter：GFF），多心マルチコア光ファイバと接続するためのFIFOなどの機能デバイスを複合化・一体化することにより性能を維持したまま1/2以下に小型化できることを確認した[15]。また，19コアのEDFを一括励起可能な19コアクラッド励起光ファイバ増幅器の集積化実装を行い，130×160×53 mmのサイズにコンパクト化が可能であることを示した（図6 (b)）。光増幅器の小型集積化技術はSDM時代には必須であり，今後海底光中継器への適用が期待される。

(4) マルチコアファイバの特性評価技術

光海底ケーブルシステムでは，安定的な超長距離伝送を実現させるために，光ファイバの小さな性能揺らぎも見落とさない測定技術が必要である。東北大学，住友電気工業㈱らは，マルチコアファイバ特有のパラメータを精度高く評価できる測定技術について取り組んだ。非結合型マルチコアファイバについては，ファイバの長手方向のIC-XTを複数のコアを同時に測定可能なマルチチャネルOTDR（Optical Time Domain Reflectometer）を開発し，ケーブル化後の4コアファイバの長手方向のIC-XTを精度高く測定できることを確認し[16]，また非破壊的に異常箇所の検知にも利用可能であることを示した。また，結合型マルチコアファイバについては，長距離伝送において特性に影響するモード依存損失（MDL）を，±15%の標準偏差で測定可能であること，また0.1 dB以下のMDLに対しても高感度に測定可能であることを確認した[17]。

3.2 FIFOレスコア励起マルチコア光増幅技術

非結合型4コアファイバ用のFIFOデバイスについては，現在，挿入損失がFIとFO単体で0.5 dB以下，クロストークも−50 dB以下を示す高い性能のデバイスが開発可能である。しかし，一般には通常光増幅器の前後にFIFOが必要となるため，光海底ケーブルのような100台以上多段に光増幅器がつながるシステムでは，伝送特性に大きな影響を及ぼす。ある研究では，FIFOありとFIFOレスの6600 kmシステムにおいて，後者は前者より20%以上伝送容量の増大が可能であると試算されている[18]。図7にKDDI総合研究所が提案するファイバベースのFIFOレスコア励起マルチコア光増幅器の構造を示す。

FIFOレス化のため，マルチコアファイバと同コア数，同コアピッチのマルチコアEDFやファイバグレーティング描画用4コアファイバ等を準備した（図7 (a)）。ファイバタイプのマルチコアポンプコンバイナ[19]は，図7 (b)に示すようにコア毎に研磨した励起用のシングルモードファイバと4コアファイバを突き合わせて作成した。また，GFF[20]は同じ利得等化プロファイルを持つファイバグレーティングを各コアに描画することで構成した。

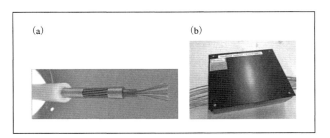

図6 (a) 4コアファイバ光海底ケーブル（17 mmφ），(b) 多心マルチコアファイバ対応小型光増幅器

第3章　サスティナブル社会を実現！ Beyond 5G時代の光通信

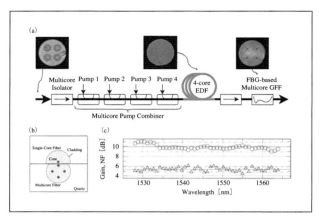

図7　(a) FIFOレス4コア光増幅器構成，(b) 4コアポンプコンバイナ構造，(c) FIFOレス増幅器の特性

図7 (c) に +3 dBm 入力時のある1つのコアの利得特性と雑音指数（NF）を示す。各コアの励起光を制御等することにより，利得約 10 dB，NF5.6 dB 以下，利得偏差 ± 0.7 dB 以下と，高い性能の光増幅特性を得ることができた。

4 まとめ

最新の光海底ケーブルシステムの状況とSDM1に代表される技術トレンドについて紹介するとともに，今後適用が期待されるマルチコアファイバやその周辺技術について総務省委託研究プロジェクトOCEANSの研究成果を中心に紹介した。多心化，SDM化が加速する光海底ケーブルシステムにおいて，マルチコアファイバは近い将来適用可能な技術として期待されており，今後光増幅器等その周辺技術のさらなる進化により，SDM数の増大とペタビット級光海底ケーブルシステムの実現を期待したい。

謝辞

本研究の一部は，総務省委託研究（JPMI00316）「マルチコア大容量光伝送システム技術」（OCEANS）の助成を受けて実施した。謝意を示す。またOCEANS関係各位の皆様に深く感謝する。加えてNICT「Beyond 5G超大容量無線通信を支える空間多重光ネットワーク・ノード技術の研究開発」（002：PHUJIN）の一部助成を受けて研究を実施した。謝意を示す。

参考文献

1) TeleGeography. https://submarine-cable-map-2022.telegeography.com/
2) A. N. Pilipetskii, et al., "Technology Evolution and Capacity Growth in Undersea Cables," OFC2020, W4E.2, 2020.
3) Submarine Cable Networks, https://www.submarinenetworks.com/en/systems
4) ASN, https://web.asn.com/SDM1.html (2018)
5) Google, https://cloud.google.com/blog/ja/products/infrastructure/googles-dunant-subsea-cable-is-now-ready-for-service (2021)
6) NEC Corporation, https://www.nec.com/en/press/202110/global_20211008_01.html
7) M. A. Bolshtyansky, et al., "Single-Mode Fiber SDM Submarine Systems," Journal of Lightwave Technology, vol. 38, no. 6, pp. 1296-1304, 2020.
8) R. Dar, et al., "Cost-Optimized Submarine Cables Using Massive Spatial Parallelism," Journal of Lightwave Technology, vol. 36, no. 18, pp. 3855-3865, 2018.
9) J. D. Downie, et al., "Modeling the Techno-Economics of Multicore Optical Fibers in Subsea Transmission Systems," Journal of Lightwave Technology, vol. 40, no. 6, 2022.
10) M. Spalding, et al., "Vision for Next Generation Undersea Optical Fibers and Cable Designs," ECOC2021, 2021.
11) OCEANS: KDDI Research: https://www.kddi-research.jp/newsrelease/2022/032801.html
12) D. Soma, et al., "Trans-Pacific class transmission over a standard cladding ultralow-loss 4-core fiber," Optics Express, vol. 30, no. 6, pp. 9482-9493, 2022.
13) D. Soma, et al., "50.47-Tbit/s Standard Cladding Coupled 4-Core Fiber Transmission Over 9,150 km," Journal of Lightwave Technology, vol. 39, no. 22, pp. 7099-7105, 2022.
14) H. Takeshita, et al., "First Demonstration of Uncoupled 4-Core Multicore Fiber in a Submarine Cable Prototype with Integrated Multicore EDFA," OFC2022, M4B1, 2022.
15) T. Takahata, et al., "High Reliability Fan-in / Fan-out Device with Isolator for Multi-core fibre Based on Free Space Optics," ECOC2021, 2021.
16) Y. Kobayashi, et al., "Characterization of Inter-core Crosstalk of Multi-core Fiber as a Function of Bending Radius with Multi-channel OTDR," OECC/PSC2022, TuC2-2, 2022.
17) T. Hasegawa, et al., "Measurement of Mode Dependent Loss of Randomly Coupled Multi-Core Fiber using Scrambling Method," OECC2021, T2C.2, 2021.
18) Y. Wakayama, et al., "Assessing Capacity of FIFO-less Multicore Fiber Transmission in Submarine Cable Systems," OECC2021, M4F.3, 2021.
19) Y. Wakayama, et al., "FIFO-less Core-pump Combiner for Multicore Fiber Amplifier," OFC2021, M3D.3, 2021.
20) Y. Wakayama, et al., "FIFO-less Core-pumped Multicore Fibre Amplifier with Fibre Bragg Grating based Gain Flattening Filter," ECOC2022, Th2A.5, 2022.

■High-capacity multi-core fiber transmission technology for submarine cable systems
■Takehiro Tsuritani
■KDDI Research, Inc.

ツリタニ　タケヒロ
所属：㈱KDDI総合研究所

空間多重光ネットワーク・ノード技術の研究開発：PHUJINプロジェクト

香川大学
神野正彦

1 はじめに

我が国では，2020年3月に第5世代移動無線サービスが開始され，サービスエリアが順次拡大されている状況である。その一方で，その次の世代（Beyond 5Gあるいは6G）に向けての研究開発が，早くも世界各国で始まっている。我が国においても，2021年に（国研）情報通信研究機（NICT）によるBeyond 5G研究開発促進事業が開始され，官民挙げての研究開発が進んでいる。

Beyond 5G通信サービスは，これが発生する膨大なトラフィックを全国規模で経済的に転送するための光ファイバ通信基盤を抜きにしては成り立たない。NICTにおいても「Beyond 5G超大容量無線通信を支える空間多重光ネットワーク・ノード技術の研究開発」を委託研究基幹課題として設定している。本稿で紹介するPHUJINプロジェクトは，国立大学法人香川大学，㈱KDDI総合研究所，日本電気㈱，santec㈱，古河電気工業㈱の産学連携チームが提案した研究開発計画が採択され，2021年8月にスタートした研究開発プロジェクト（採択番号00201）[1,2]であり，副題として「経済性と転送性能に優れた空間多重光ネットワーク基盤技術の研究開発」を掲げている。プロジェクト名のPHUJINは，"Photonic network research project toward beyond 5G era fully utilizing space and wavelength dimensions by joint industry-academia-government innovation driven team"の略称であり，風を司る神，風神にあやかり，「光で超大容量データフローを自在に操りBeyond 5Gを支える」をコンセプトに名付けられた。

本稿の構成は次の通りである。まず，第2章では研究開発の背景とPHUJINプロジェクトが採用する階層化光ネットワークについて説明する。続いて第3章では，PHUJINプロジェクトの枠組みと取り組む課題とアプローチを説明する。第4章では5つの研究開発項目とその成果を簡単に紹介する。なお，研究開発項目が多岐にわたるため，技術内容の詳細については，本稿の参考文献ならびにPHUJINプロジェクトウェブサイト[2]の発刊リストに記載の各論文を参照いただきたい。

2 研究開発の背景

2.1 光通信技術が直面する課題

インターネットトラフィックの量は依然として指数関数的な伸びを示している。例えば，2010年頃の商用光ファイバリンク容量を8.8 Tb/s（100 Gb/s×88波長）とし，年率30％で必要なリンク容量が増加すると仮定すると，Beyond 5G通信サービスの商用導入が予想される2030年前後には，これを支える光ファイバリンクには1 Pb/s級の容量が必要となると見積もられる。指数関数的な需要の著しい伸びに光リンク容量増加の歩調を合わせるために，これまで用いられてきたアプローチは，波長分割多

重（WDM）に基づく並列化とディジタル信号処理とコヒーレント受信技術に基づく周波数利用の高効率化であった。しかし，以下に示すように，いずれの技術も原理的な限界に到達しつつある。波長多重技術は，例え実用的な光増幅技術が開発されたとしても単一モードファイバ（SMF）の低損失波長帯域（〜20 THz）により，今後，大幅な容量増加は見込めない。ディジタルコヒーレント技術の進歩により向上した周波数利用効率は非線形シャノン限界に肉薄するレベルに達しており，これ以上の向上の余地は少ない。

2.2　空間分割多重導入の必要性

Beyond 5G通信サービスの商用導入が予想される2030年前後に必要とされる1 Pb/s級の容量を達成するには，WDMとは別の次元の並列化技術，すなわち空間分割多重（SDM）技術を導入することが唯一の解決策であることが，光ファイバ通信分野の研究コミュニティの共通認識となっている。例えば，実用的な光増幅技術が確立しているCバンドとLバンドの周波数帯域を8.8 THzとし，周波数利用効率6.25 b/s/HzのDP-16QAM変調フォーマットを採用すると，1 Pb/sの光リンクは19本のSMFを用いて構築することができる（図1）。

一方，光ファイバの空間利用効率と作業性（コネクタ接続や融着接続，ファイバ取り回しなど）等の向上を目的に，新構造のSDMファイバとそれを用いた伝送技術がこの10年間で急速に進展している。中でも非結合マルチコアファイバ[5]（MCF）は，コア間のクロストーク（XT）が実用上無視できるように設計されており，空間多重分離器（FIFO）を用いてMCFの各コアを対応するSMFに変換することで，SMFを用いた従来の伝送技術がそのまま利用できるという特長がある。非結合MCF技術を用いれば，19本のSMFによるリンク容量は，例えば，19コアファイバ（19-CF）1本や，4コアファイバ（4-CF）5本を用いて提供することができる。

現在，非結合MCFの経済性の確保と信頼性の検証，コネクタやFIFO，光増幅技術を含む周辺技術の整備など，実用化に向けた精力的な研究開発が各所で進められている。特に，従来のSMFとクラッド径が等しく信頼性に懸念がない4-CFは，空間的な制約が厳しい海底光ケーブルシステムに最初に導入されるとの期待が高まっている。Beyond 5G時代の光リンクが従来のSMF（あるいは細径化SMF）を複数束ねたパラレルSMFで構築されるか，非結合MCFで構築されるかは，現時点では定かではない。しかし，これまで述べたように，従来のトラフィックの伸び率が今後も続くとすれば，2030年前後以降の光ノード間は，（その実現方法が何であれ）複数の単一モードコアで構築されるということに疑問の余地はない。

2.3　光ネットワーク階層化のアプローチ

それでは，光リンクが複数の単一モードコア（MCFあるいはパラレルSMF）からなる将来の光ネットワークとその光ノードはどのようなアーキテクチャであるべきであろうか？この問に答えるため，多重化技術とノード技術の発展の歴史を振り返ってみたい。

2000年前後にWDM伝送技術が導入（第一の並列化）されると，ノード装置であるIPルータ間や同期ディジタル階梯（SDH）クロスコネクト間を結ぶWDM伝送装置における多量の光－電気－光変換器（トランスポンダ）コストと設置スペースの増加が大きな問題となった。これを解決したのが，WDMレイヤにおける専用のノード装置ROADM（再構築可能光分岐挿入装置）によるIPルータ／SDHクロスコネクトのバイパス（慣例に従って光バイパスと呼ぶ）の導入である。ROADMは，波長クロスコネクト（WXC）とも呼ばれ，WDMレイヤの多重化

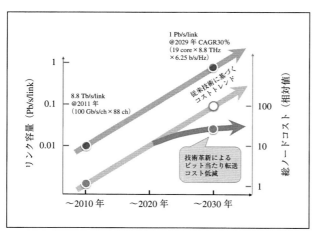

図1　光リンクと光ノードの技術トレンド

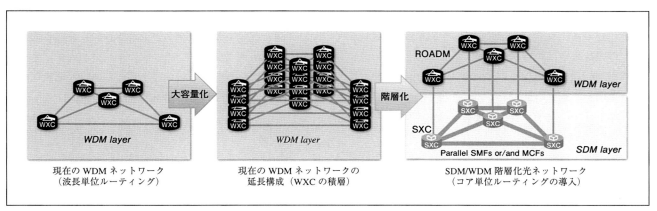

図2 SDMレイヤの導入による光ネットワークの階層化

単位である波長の分離・グルーミング・多重機能を提供する光ノード装置である。ROADM/WXCは現在, 世界中に広く導入され, 光ネットワークの大容量化と経済化に貢献している。

SDM技術が光リンクに適用されると, WDM技術の場合と類似の問題が, 光ノードにおいて発生すると予想される。図2を用いてその理由を説明する。トラフィックの増大に伴い光ノード間には次第に複数のSMFが設置されるが, これを収容するためにはWXCを積層化していく必要がある。従って, 現状のWXCに基づくWDMネットワークアーキテクチャを踏襲する限り, 例えパラレルSMFをMCFに置き換えたとしても, 2.1節のグラフ(図1)に示すようにノードコストはトラフィック量に比例して増加し, 経済的にスケールしない。これを解決するためには, ビットあたりの転送コストを低減する何らかの技術革新が必要である。

WDM導入の際の歴史に学べば, 新たな多重化技術(SDM, 第二の並列化)に基づく光ネットワークのスケーラビリティを確保しつつ経済化を図るには, 従来の光レイヤをWDMレイヤと新たに定義するSDMレイヤに階層的に分離し, SDMレイヤには, そのメディアチャネルである空間チャネル(SCh)を分離・グルーミング・多重する空間チャネルクロスコネクト(SXC)を配置することが合理的であると考えられる。この考えに基づき, 新しい光ネットワークアーキテクチャ(空間チャネルネットワーク:SCN)が提案された[3]。

SCNアーキテクチャの主要な利点は2つある。第一に, SXCは大きな粒度(コア単位)でルーティングするのでビット当たりの転送コスト低く, 従ってノードコスト低減可能である。第二に, SXCは過剰損失が非常に小さく低損失であるので, WXCをバイパス(今後, これを空間バイパスと呼ぶ)する光信号の転送距離を延伸することができ, 再生中継コストを低減可能である。今後, 同一対地間のトラフィック総量が単一モードコアの提供するによる容量に近づくにつれ, 波長単位ではなくコア単位にルーティングするSXCの経済的合理性と運用上の利便性が顕著になると期待される。PHUJINプロジェクトは, SDM/WDM階層型光ネットワークアーキテクチャを採用している。

なお, ここで, SCNアーキテクチャは「将来の光リンクがMCFで構築されるか, パラレルSMFで構築されるかに関わらず」, 超大容量で経済的な光ネットワークの実現に有効であることを強調しておきたい。

3 プロジェクトの枠組み

3.1 将来光ネットワークの要求条件

Beyond 5G時代の光ネットワークに求められる5つ要求条件を以下に示し, その内容を説明する。

1. 拡張性に優れ, 超大容量トラフィックを収容できること

第3章　サスティナブル社会を実現！ Beyond 5G時代の光通信

2. ビット当たり転送コストの低減により，大容量性と経済性を両立可能であること

3. 現在のWDMベース光NWにおける物理的転送性能の維持あるいは向上が可能であること

4. 物理転送性能を損なうことなく高度な監視および運用が可能なこと

5. 非対称トラフィックを柔軟かつ効率的に収容可能なこと

要求条件1と2は第1章で詳しく説明した主要な要求条件である。要求条件3は，SDM/WDM階層化光クロスコネクト装置に特有の要求条件である。WXCで波長グルーミングされる波長チャネル（WCh，WDMレイヤのメディアチャネル）に収容されている光信号は，WXCの1回通過に加えてSXCを2度通過による光信号帯雑音比（OSNR）劣化を被る。一方，経路上のWXCをSXCにより空間バイパスするWChに収容された光信号は，SXCの挿入損失がWXCのそれよりも小さければ，OSNR劣化をより小さくできる。波長グルーミングされる光信号の伝送距離の短縮が実用上無視できる程度になるように抑え，空間バイパスされる光信号の伝送距離延伸を最大化するよう，SXCの挿入損失を小さくする工夫が必要になる。

要求条件3は，MCF光中継システムにおいても重要である。MCF光中継システムにおいては，MCFベースのエルビウム添加ファイバ（MC-EDF）の各コアに励起光を可能な限り低損失で注入することが伝送距離を延伸する上で有効である。そのための技術は，要求条件4の物理転送性能を損なうことのない高度な監視の実現にも関連する重要な技術である。

最後に，要求条件5は，光ファイバ資源のより効率的な利用に関する条件である。光アクセス系を除く基幹系や海底系の光ネットワークにおいては，伝送方向に関わらず一定の伝送速度（例えば100 Gb/s）が採用されている。これは，アクセス系におけるデータ流量の非対称性が基幹系や海底系の光ネットワークにおいては統計多重効果により平滑化されると期待されているからである。しかし，今日のインターネットにおけるデータ流量の非対称性が，基幹系や海底系においても少なからず存在することが報告されており，来たるべきBeyond 5G時代に

は，クラウドコンピューティングの一層の発展により，非対称性は一層増加する可能性がある。このような状況下では，容量以下のデータが流れる方向における未使用ファイバ資源の無駄使いは，特にケーブル内ファイバ収容スペースの制約が厳しい海底系において，見過ごすことができない問題として顕在化することが予想される。

3.2　プロジェクトの目的と目標

PHUJINプロジェクトの目的は，Beyond 5G通信サービスが発生する膨大なデータを転送するための，経済的かつ転送性能に優れた超大容量光ネットワークの実現技術を確立することである。これらの実現技術には，前記5つの要求条件に応えうる技術が含まれる。また，その数値目標は，1 Pb/s級リンク容量が必要となる2030年前後の状況において，転送コスト50％以上の削減と転送距離50％以上の延伸化が可能な空間多重（SDM）光ネットワーク技術の実現性を実証することである。

3.3　産官学連携の垂直統合的な研究体制

前記の目的と目標を達成するため，PHUJINプロジェクトは，MCF配線や空間光スイッチなどのデバイスレベルの課題から，SXCやMCF光増幅器などの装置レベル，性能監視やネットワーク収容設計・経済性評価などネットワークレベルの課題まで，ファイバベンダー（古河電工），モジュールベンダー（santec），装置ベンダー（NEC），通信キャリア（KDDI総合研究所），アカデミア（香川大学）が垂直統合的な研究開発体制を構築して，5つの研究開発項目に取り組む（図3）。各研究開発項目の内容については，次の第4章で説明する。

4 研究開発項目

4.1　SDM光ネットワーク・ノード設計技術

香川大学が担当する本研究開発項目においては，モジュラリティに優れたSXC[4]（図3（a））とWXCを階層的に配置した階層化光クロスコネクト（HOXC）の設計と，SXCの構成要素であるコア選択スイッチ[5]（CSS）（図3（a））の高度化（ポート当たりコア数増大，集積化

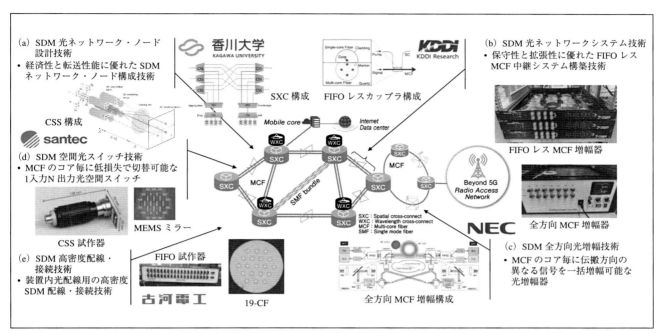

図3 PHUJINプロジェクトで取り組む5つの研究開発項目

など）のためのプリプロトタイピング，SDM/WDM階層化光ネットワークの経済性評価を行う．また，受託各者と連携して，各研究開発項目の試作機を相互接続したSDM/WDM階層化光ネットワークテストベッドの設計，構築，評価を行う．

現在までに，CSSパッケージ試作で得られた現実的なCSSコストモデルに基づき，予備系なしの階層化光NWの構築コストのシミュレーションを実施し，従来方式に比べて50%以上コスト削減可能性の見通しを得た[6]．また，SXCの高度化（大容量・高機能・高性能）に向け，19-CF CSSと5-CF×3 CSS[7]のプリプロトタイピングと評価・フィードバックを実施し，CSSの多コア化，低クロストーク化，出力光パワー制御[8]についての見通しを得ている．

4.2 SDM光ネットワークシステム技術

SDM光ネットワークの実用化に向けては，伝送容量の拡大だけでなく，SDM光ノードに接続されるリンクにおける監視および運用に係る要件を満たす新規技術開発が求められている．SDM光ネットワークのリンクにおける，従来のマルチコア光増幅器では，光信号や監視用信号を入出力するため，また，利得（励起光パワー）を制御するために，FIFOデバイスが必須であった．しかし，FIFOの過剰損失は，消費電力や伝送性能に影響するという課題がある．

そこで，KDDI総合研究所が担当する本研究開発項目においては，FIFOなしにマルチコア光信号を各コア独立に増幅可能，かつ，FIFOなしにマルチコア光増幅器を含むリンクの状態を監視可能な光デバイス（図3(b)）を開発し，FIFOレスなマルチコア光中継システムの設計法を開発する．

これまでに，FIFOレスMCF光中継器の一次試作を完了し，従来MCF光中継器と同程度の特性が得られることを確認した．中継器のモニタポートを含めてスパン損失を，FIFOありの場合と比較して1.5 dB低減（FIFOの2セット分程度の損失低減）可能な見通しを得た[9]（図3(b)）．

4.3 SDM全方向光増幅技術

MCF利用のSDM光ネットワークでは，光ファイバが複数コアを有し，そのすべてのコアの光信号の伝搬方向が必ずしも同一とは限らない．例えば，コア間クロスト

ーク削減によって伝送性能を向上させたり，上り下りで変動する通信トラフィックを柔軟に収容したりするため，同一MCF内でコア毎に伝搬方向を切り替えるといった柔軟な機能が期待できる。しかしながら，従来光増幅器は伝搬方向切り替えに対応していないため，このようなSDM光ネットワークならではの柔軟性を実現する上で妨げになる。

NECが担当する本研究開発項目においては，従来光増幅器構成や配置をベースに，入力MCFのコア毎に伝搬方向が変わったとしても期待する信号利得が得られる構成を明らかにし，コア毎に伝搬方向を設定可能な全方向SDM光増幅器を開発する。

現在までに，励起方式として前方および後方励起の両方を使用する双方向励起とし，MCF入出力に対して対称な構成（図3（c））とすることで，信号伝送方向に依存しない光利得・雑音指数を実現できる見込みが得られている。また，双方向クラッド励起の実現により，従来の前方クラッド励起マルチコア光増幅器に比べて利得が改善可能なことを明らかにした[10, 11]。

4.4 SDM空間光スイッチ技術

現在実用化されているWDMノードにおいては，大規模なN×Mマトリクススイッチ，及びアドドロップ機能を担うWSSが用いられている。マトリクススイッチは装置故障によるサービス中断を避けるために冗長配備する必要があり，WSSも高機能であるが故に故障率が高く，いずれも経済性を損なう要因となっている。

santecが担当する本研究開発項目においては，従来の光スイッチの機構とは異なるシンプルな構成でMCF内のコア毎に低損失で切り替え可能な信頼性の高い光スイッチ（CSS）を実現する。また，光スイッチ性能を監視・制御するための大規模光パワーモニタについても研究開発し，SDM光ネットワークの高性能化と高い信頼性を両立する。

これまでに，全長138 mm，直径44 mmの円筒形CSSを試作し，低損失性（最大4.5 dB）を確認した[12]（図3（d））。また，全長35 mm，直径9 mmのコアセレクタ（CS）を試作し，光損失1 dB以下の見通しを得ている。さらに，これらのCSSとCSの試作機を19インチケースに搭載

し，USB経由での遠隔操作が可能であることを確認している。

4.5 SDM高密度配線・接続技術

従来の装置内配線技術では，デバイスとの接続性も考慮して単一コアファイバを用いたテープ心線を使用することを想定しており，幅広の配線用テープ心線が装置内での配線自由度を制約している。

古河電工が担当する研究開発項目においては，装置内配線に適したMCF，接続部材の最適化によりマルチコア化された各光デバイスへの直接接続を含めた小型配線技術を確立し，ノード内配線の高密度化を実現する。具体的には，デバイスのマルチコア化と協調して配線部材もマルチコア化し，接続部の小型化と配線時の光ファイバの柔軟性を向上させる。加えて，ノード内増幅器配線の最適化により，光増幅器の小型化にも取り組む。

これまでに，ノード内で配線可能なMCFとしてクラッド径240 μm，コアピッチ40 μmの19コアファイバの最適化（短尺における高次モード抑圧と低コア間クロストークの両立）（図3（e））を行い，研究開発項目4で試作するCSS用のMCFとして提供している。また，最適化したファイバのコネクタ付けおよび入出力デバイスを完成した。さらに許容曲げ半径曲げ縮小に向けてクラッド径を188 μm，コアピッチを30 μmに縮小させたファイバ[13]の設計を完了するとともにFIFOの1次試作（図3（e））を実施した。

5 まとめ

PHUJINプロジェクトは，Beyond 5G時代に向けて経済性と転送性能に優れたSDM光ネットワーク基盤技術の研究開発に取り組む産学連携プロジェクトである。現在，各研究開発項目の一次試作を完了し，それらを相互接続したSDM光ネットワークテストベッドを構築し，コンセプトの実現性を検証中である。本プロジェクトの成果が，我が国におけるBeyond 5G通信サービスの早期実現と国際競争力増強の一助となることを願っている。

謝辞

本成果の一部はJSPS科研費（22H01488）ならびにNICT委託研究（00201）によるものである。

参考文献

1) https://www.nict.go.jp/collabo/commission/B5Gsokushin/B5G_00201.html
2) https://phujin-project.jp
3) M. Jinno, "Spatial channel network (SCN): Opportunities and challenges of introducing spatial bypass toward massive SDM era," J. Opt. Commun. Netw., vol. 11, no. 3, pp. 1-14, 2019.
4) M. Jinno, "Spatial channel cross-connect architectures for spatial channel networks," IEEE Journal of Selected Topics in Quantum Electronics, vol. 26, no. 4, 3600116, 2020.
5) M. Jinno, I. Urashima, T. Ishikawa, T. Kodama and Y. Uchida, "Core selective switch with low insertion loss over ultra-wide wavelength range for spatial channel networks," J. Lightwave Technol., vol. 40, no. 6, pp. 1821-1828, 15 March15, 2022, doi: 10.1109/JLT.2021.3131486.
6) K. Matsumoto and M. Jinno, "Impact of Connection Flexibility in Spatial Cross-Connect on Core Resource Utilization Efficiency and Node Cost in Spatial Channel Networks," in Proceedings European Conference on Optical Communication (ECOC), Tu5.43, 2022.
7) Y. Uchida, T. Ishikawa, I. Urashima, S. Murao, T. Kodama, Y. Sakurai, R. Sugizaki, and M. Jinno, "Core selective switch supporting 15 cores per port using bundled three 5-core fibers," in Proceedings Optical Fiber Communications Conference and Exhibition (OFC), M4J.2, 2022.
8) Y. Uchida, T. Ishikawa, S. Murao, I. Urashima, R. Tahara, K. Nakada, and M. Jinno, "Variable Optical Attenuation Function of Core Selective Switch and Its Impact on Inter-core Crosstalk Characteristics," in Proceedings European Conference on Optical Communication (ECOC), We5.3, 2022.
9) Y. Wakayama, N. Yoshikane, T. Tsuritani, "FIFO-Less Core-Pumped Multicore Fibre Amplifier With Fibre Bragg Grating Based Gain Flattening Filter," in Proceedings European Conference on Optical Communication (ECOC), Th2A.5, 2022.
10) H. Takeshita, Y. Shimomura, S. Tateno, K.Hosokawa and Emmanuel Le Taillandier de Gabory, "Novel Bidirectional Multicore EDFA Based on Twin Turbo Cladding Pumping Using Bidirectional Pumping and Recycling," in Proceedings Opto-Electronics and Communications Conference (OECC) and Photonics Global Conference (PGC), paper TuC1-2, 2022.
11) H. Takeshita, Y. Shimomura, K. Hosokawa, and Emmanuel Le Taillandier de Gabory, "Improvement of the Energy Efficiency of Cladding Pumped Multicore EDFA Employing Bidirectional Pumping and Control," in Proceedings European Conference on Optical Communication (ECOC), Th2A.6, 2022.
12) Y. Kuno, M. Kawasugi, Y. Hotta, R. Otowa, M. Mizoguchi, F. Takahashi, Y. Sakurai, and M. Jinno, "19-core 1 × 8 core selective switch for spatial cross-connect," in Proceedings OptoElectronics and Communications Conference/Photonics in Switching and Computing (OECC /PSC) 2022, WE3.
13) Y. Matsuno, M. Takahashi, R. Sugizaki, Y. Arashitani, "Design of 19-Core Multicore Fibers for High Density Optical Wiring" in Proceedings Opto-Electronics and Communications Conference (OECC) and Photonics Global Conference (PGC), paper MC2-3, 2022.

■ **R&D on Spatial Division Multiplexing Optical Network and Node Technologies Supporting Beyond 5G Ultrahigh Capacity Communications: PHUJIN Project**
■ Masahiko Jinno
■ Department of Engineering and Design, Kagawa University, Professor

ジンノ　マサヒコ
所属：香川大学　創造工学部　教授／IEEEフェロー／IEICEフェロー

第3章 サスティナブル社会を実現！ Beyond 5G時代の光通信

Beyond 5G向けデジタルコヒーレント光アクセス技術（400G-PON）

沖電気工業㈱
鹿嶋 正幸

1 はじめに

現在，オンライン化やリモート化で働き方に変革が起き，また，様々なセンシングが利用され，益々ネットワーク利用が増えている。また，今後の社会は超高精細映像の流通やAI等の先端技術によるデジタルツインが普及し，社会の在り方も変革が起きようとしている。このような中で，2020年に第5世代モバイル（5G）が導入開始され，大容量（10 Gb/s）・超低遅延（1 ms以下）・超多数接続（1万以上）の機能拡張に向けた開発が行われ，2030年にはBeyond-5G（6G）の導入に向けて，更なる大容量化（100 Gb/s以上）が検討されており，アンテナと制御局を接続する光配線への要求も高まっている。一方，有線側は，基幹網の伝送技術では，デジタルコヒーレント技術による400 Gb/s／回線が実用化され，800 Gb/sやテラビット級の技術開発が行われている。光アクセスでは10 Gb/sのPONシステムがFTTH市場で導入が開始されたばかりであり，25 Gb/s／50 Gb/sのPONシステムが国際標準で規格化され，各社で開発が行われている。

今後，5G・6Gのように速度が速くなるとアンテナの数も増大するため，フロントホール／バックホールの光配線の効率的な敷設が必要となり，モバイルを収容できる大容量のPONシステムが有望である。我々は，2030年以降の社会を見据えて，基幹網で実用化されている大容量化技術（コヒーレント技術）をアクセス向けに改良することで400 Gb/s級のPONシステムを実現する技術開発[1~7]や更なる効率化を目指したフレキシブルPONの技術開発[8]に取り組んでいるので解説する。

2 光アクセスネットワークの将来像

光ネットワークは，基幹網（光クロスコネクト：OXCなど），メトロ網（ROADMなど）及びアクセス網（PONなど）で構成される。基幹網やメトロ網は400 Gb/s以上の回線速度が検討されているが，これまでのアクセス網では低レートで十分であった。今後，モバイルの足回りに適用したり，新たなサービスを提供したりと低レートから高レートをハンドリングしつつ低消費電力を実現できる効率的な大容量PONシステムが必要になる。

図1に光アクセスネットワークの将来像を示す。FTTx利用としてオフィスや集合住宅への配線，一戸建ての個

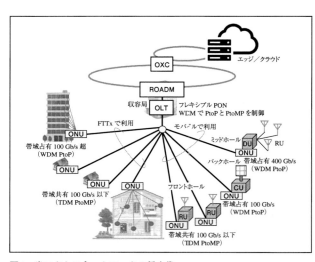

図1　光アクセスネットワークの将来像

人宅への配線，モバイル利用としてフロントホール／ミッドホール／バックホールへの配線などを共有の光ファイバ（スプリッタ網）で敷設することで，光ファイバコストを抑えることができ，その時の利用状態に応じて，最適な資源（帯域）を提供し，様々なサービスを効率良く運用する．すなわち，常に大容量が必要なわけではないので，100 Gb/s未満では帯域をシェアするTDMタイプのPoint-to-MultiPoint（PtoMP）で運用し，100 Gb/s超では帯域を占有するPoint-to-Point（PtoP）で運用できるように局側装置がフレキシブルに通信タイプを制御する構成となる．PtoPとPtoMPの変更は物理的な光配線を変更することはできないので，スプリッタ網において波長多重（WDM）により多重・分離を行う構成となる．

3 400G-PON及びフレキシブルPON

次に400G-PONの実現課題とフレキシブルPONの構成を解説する．PONシステムはパッシブで光ファイバをシェアするため，分岐損失と伝送損失でパワーバジェットを29 dB以上確保する必要がある．これまでの変調方式は2値のNRZであり，10 Gb/sの直接検波で受光感度は−28 dBmと送信を+数dBmで29 dBを確保でき，25 Gb/sでも送信出力を高くすることでパワーバジェットを確保できていた．さらに，50 Gb/sと速度を上げると，受光感度が−21 dBm程度となるため，これ以上の通信速度を実現するにはパワーバジェットの確保が難しくなる．そこで，50 Gb/s以上の変調方式は多値信号の導入が必要となり，国際標準化でも50 Gb/sは強度4値のPAM4を採用し，PAM4×25 GBaudを直接検波で復調する仕様となっている．

400 Gb/sのPONを実現するには，国際標準ITU-Tで規定された波長と時間で多重するNG-PON2（TWDM-PON）の方式を用いて，速度を100 Gb/sとする100 Gb/s×4波長の構成が考えられる．そこで，高パワーバジェットで100 Gb/sを実現するには，基幹網で開発されているデジタルコヒーレント技術（コヒーレント検波）による多値変調（QPSKや16QAM）の適用が考えられるが，基幹網ではシンボルレートが高く部品等が高価となる．また，シンボルレートが高くなると，波長多重のグリッドも大きくなるため，NG-PON2で規定されている100 GHzグリッドに収まらなくなる．さらに，上り方向は帯域をシェアするため，時間多重（TDMA）のバースト通信が必要になることから短時間でコヒーレントのトレーニングを完了する必要がある．図2に従来のPONとの違いを示す．図2（a）は従来のPONであり，上り方向は2値信号（NRZの強度変調方式）によるTDMA（バースト信号），図2（b）は研究開発しているコヒーレントPONであり，多値信号（QPSK，16QAMなどの変調方式）でTDMAを実現するために，多値のバースト信号で偏波分離／位相補償を行う復調方式の実現が必要となる．

以上のことから，光アクセス向けの光トランシーバは安価且つ100 GHzグリッドの波長多重で実現するためには，広線幅の安価なDFB光源や流通している10 Gb/s級の光部品を利用したデジタルコヒーレントによる多値変調で実現する必要がある．すなわち，広帯域光源，低シンボルレート・高多値変調（16値以上）で100 Gb/sの伝送を実現し，TWDM-PONベースの400G-PONを実現する．

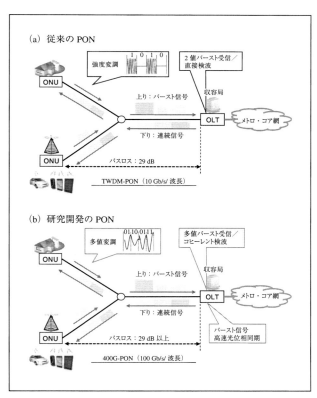

図2　400G-PON実現構成と課題

第3章 サスティナブル社会を実現！ Beyond 5G時代の光通信

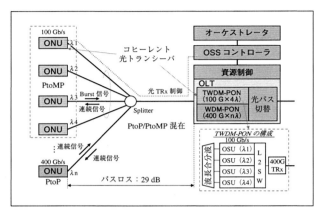

図3 400G-PONを使用したフレキシブルPON

図3に2030年以降の適用を想定した400G-PONを使ったフレキシブルPONの構成を示す。低レートから高レートのサービスを収容するために，100 Gb/sまでの低レートはTDMを使ったPtoMPで収容し，100 Gb/sを超えるレートはPtoPで収容する構成とし，オーケストレータ，コントローラ，資源制御機能によりダイナミックに収容制御するシステム構成を検討している。400G-PONに相当する部分は，ONUとOLT間を波長あたり100 Gb/sの伝送速度とし，4波長のTWDM-PONで構成するため，100 Gb/sの集線処理を行うOSU（Optical Subscriber Unit）を波長毎に持ち，400 Gb/sの集線スイッチで上位側と接続する構成としている。

また，ONUのPtoP／PtoMPモード切替，レート切替や波長切替は，コントローラからインバンド又はアウトバンドで制御する方法があり，前者はパケットに切替情報を載せて制御するが，後者はAMCC（Auxiliary Management and Control Channel）と呼ばれる低周波数の信号に切替情報を載せ，主信号に重畳（周波数多重）して制御する。それぞれ一長一短があるため，他の制御と相性が良い方法を検討している。

4 400G-PON向けコヒーレント光トランシーバ

4.1 理論検討

ここでは，400G-PONを実現するためのコヒーレント光トランシーバの開発状況を解説する。

低シンボルレートで実現するために16値の多値変調を使用する。16値の変復調方式は 一般的な16QAMと，振幅と位相が共に4値となるように工夫した16APSKがある。16QAMはシンボル間距離が大きいが位相マージンが小さいため位相ノイズが小さい狭線幅の光源が一般的に利用される。一方で，16APSKはシンボル間距離が小さくなるが位相マージンがQPSKと同様に大きいため，広線幅の光源でも適用が可能と考えられる。受光感度に関しては，16QAMでは-36 dBm程度となるが，16APSKではシンボル間距離が小さいためSNR耐力が下がることから-32 dBm程度と劣化する。しかし，実現目標のパワーバジェットは29 dBであるため，16APSKでも十分であると考える。また，16APSKは，デジタル回路への実装が容易な4乗法に基づく位相雑音推定方法を利用できる利点もある。

さらにシンボルレートを下げるために偏波多重を行うが，偏波多重分離はファイバ複屈折の変動に対する分離動作がデジタル回路内で並列化した隣接ブロック内のデータのみで完結する方式を検討している。この方法は繰り返し演算を伴う最適化アルゴリズムを使用しないため，100 MHz程度の現実的なデジタル回路のベースクロック周波数を想定しても，100 Gb/sの16APSKに対して数Mrad/s以上の偏波回転率に対する分離効果を期待できる。すなわち，この方式は高速な偏波分離が可能となるため，トレーニングのビット数を少なくすることができ，PONの上り方向におけるバースト通信に有効な方式と考える。図4に受信の信号処理で偏波推定を実現する並列処理のデジタル回路を示す[7]。

偏波推定回路におけるステージⅠは，ジョーンズベクトルを並列に処理し，法線ベクトルをブロック単位で追跡する。ステージⅡは3次元ストークス空間における補正のための回転角度を求める。ステージⅢは2×2の補償行列を生成する回路となる。

次に，並列処理のデジタル回路の理論検証結果を示す。100 Gb/sを実現するには，DP-16APSK信号を12.5 GBaudで動作させるので，サンプリング周波数は25 GHz，DSPのクロック周波数は100 MHz，並列化数Mは128として，検証を行った。また，送信器と受信器のレーザ線幅は10 MHzとし，位相雑音はガウス雑音モデルに従って与え，

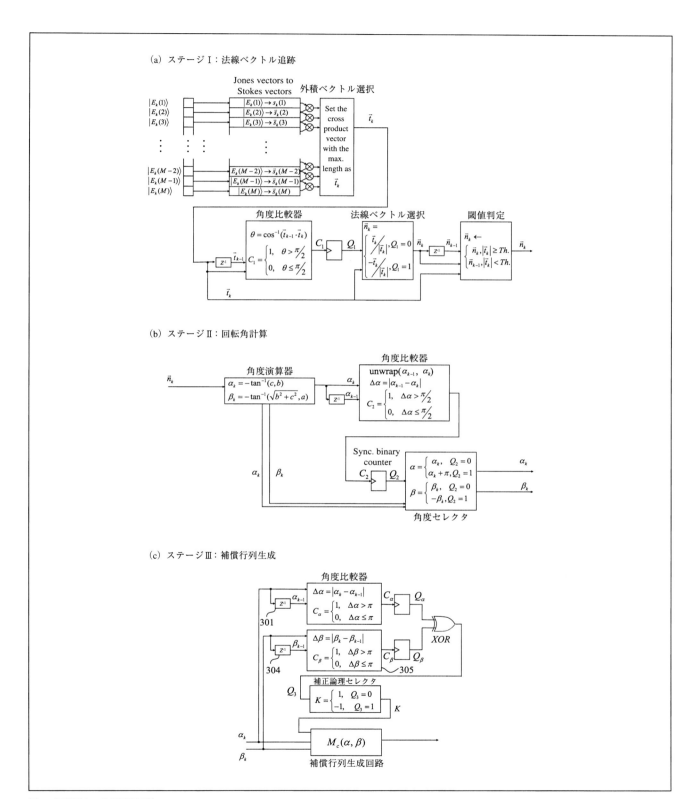

図4　偏波推定の並列処理回路

信号にはノイズ源を与え，信号対ノイズ比（SNR）に対する性能評価を行った。ここで，SNRとは，複屈折ゆらぎと位相雑音を除いた電気領域での信号電力と雑音電力の比である。尚，上記16APSKは4相であるため，複素信号の振幅を正規化することにより，4乗法により位相雑音を容易に推定することができる。

上記の条件下で，ランダムな複屈折の変化に対する性能を評価した。与えた偏波回転率のレイリー分布の平均値は0.3，0.51，0.85 Mrad/sとし，DP-16APSK信号のSNRに対するEVMの結果を図5に示す[7]。また，図中にSNR24.4 dBにおける復調信号のコンスタレーションを示している。平均回転速度が0.85 Mrad/sの場合でもサイクルスリップによるEVMの急激な増大がないことがわかる。

次に，レーザ線幅による影響の理論検証結果を示す。一般に，基幹網でのコヒーレント通信では，位相ノイズ耐性の観点から線幅が10 kHz～100 kHzのレーザが使用される。このようなレーザは高価であり，PON向けの光源として適さない。一方，広く普及しているDFBレーザは線幅が数MHzであるが安価なため，PON向けの光源として適している。PON向けのコヒーレント通信へのDFBレーザの適用可能性を図るために，上述のシステムのSNRに対するEVMを，線幅1，2，5及び10 MHzに関して数値計算により求めた．この結果を図6に示す。また，図中にSNRが18，20，22 dB時の復調信号のコンスタレーションを示す。SNRが25 dB以下ではレーザ線幅

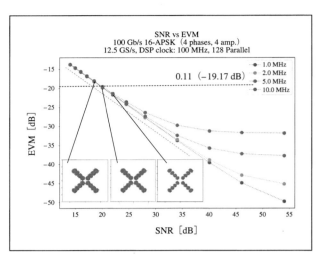

図6　レーザ線幅に対する影響

による差分はなく，EVMが約-19 dB（ビットエラーレート換算で10^{-3}）以下となるにはSNRは20 dB以上必要であることがわかる。

4.2　実験結果

ここではDP-16APSKの実験結果を解説する。DSPはオフライン処理ではあるがDP-16APSKの実験系を図7に示す。光源は10 kHz線幅（狭線幅）のITLA及び1 MHz線幅（広線幅）のDBFレーザを使用した。シンボルレートは12.5 GBaudとしたので，データの転送速度は12.5 GBaud×8の100 Gb/s相当となる。

次に，狭線幅と広線幅のEVMをオフライン処理により求め，ビット誤り率の相当値を示したものを図8に示す[3～5]。広線幅の場合，ビット誤り率は10^{-3}以下では，狭線幅に比べ劣化が見られるが，ビット誤り率10^{-2}では

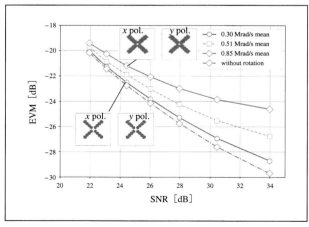

図5　レイリー分布の回転速度に対する影響

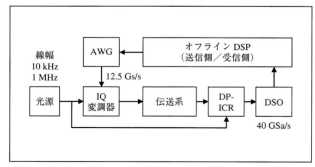

図7　実験系

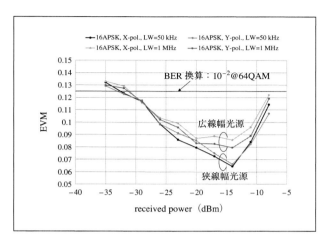

図8 広線幅と狭線幅の比較

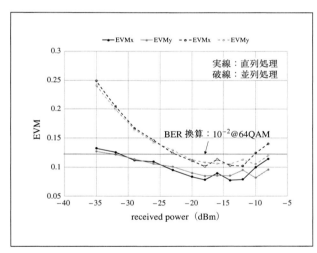

図9 並列処理と直列処理の比較

最小受光感度は−30 dBm以下となるので，送信出力が0 dBmで29 dBのパワーバジェットを確保できることがわかる。

次に，復調回路の直列処理と並列処理のEVMをオフライン処理により求め，ビット誤り率の相当値を示したものを図9に示す[6]。並列処理を行うことで，シンボルエラーが発生し，ビット誤り率が劣化している。この時の最小受光感度は−23 dBmとなるため，29 dBのパワーバジェットを確保するには送信を+6 dBm以上で出力する必要がある。

5 むすび

以上，400G-PONに関する開発取組み状況を解説した。今回は報告していないが小型化を実現するためにシリコンフォトニクス技術による光学系の集積化も行っている。今後は，更なる大容量化（400 Gb/s/波長），低消費電力化，及び効率的な収容制御などの研究開発を実施する。

謝辞

本研究開発は，総務省の「新たな社会インフラを担う革新的光ネットワーク技術の研究開発」及び「グリーン社会に資する先端光伝送技術の研究開発」（JPMI00316）によって実施した成果を含みます。

参考文献

1) 鹿嶋正幸，"WDM/TDMアクセス技術"，レーザ学会，レーザ研究，第48巻第3号，2020年3月．
2) 湊直樹，他，"スター型16相APSK変復調を用いた光加入者網100 Gb/sデジタルコヒーレント伝送に関する検討"，電子情報通信学会ソサイエティ大会，B-10-23，2020年9月．
3) 鹿嶋正幸，他，"400G-PONを実現する低コスト光トランシーバの一検討"，電子情報通信学会総合大会，BI-10-1，2021年3月．
4) 湊直樹，他，"光加入者網100 Gb/sデジタルコヒーレント伝送におけるスター型16相APSK信号の誤り率特性評価"，電子情報通信学会総合大会，B-10-32，2021年3月．
5) 湊直樹，他，"Demonstration of 100 Gb/s 16APSK (4-Amplitude x 4-Phase) Coherent PON System Using a Few MHz-Linewidth LD"，OECC2021，W4A.2，2021年7月．
6) 湊直樹，他，"Demonstration of Carrier Phase Compensation Operating at 100-MHz Clock Rate in 100-Gb/s 16APSK Coherent PON System"，OECC2022，MF3-3，2022年7月．
7) 神田祥宏，他，"Polarization Demultiplexing in Stokes Space Applying Block Processing Architecture without Iterative Operations for DP-16APSK"，OECC2022，TuP-B-5，2022年7月．
8) 鹿嶋正幸，"多様化する未来を見据えた大容量・低消費電力・低コストを実現する光アクセス網伝送技術の開発"，電子情報通信学会フォトニクスネットワーク研究会，PN2022-12，2022年8月．

■**Digital Coherent Optical Access Technology for Beyond 5G（400G-PON）**
■Masayuki Kashima
■ Specialist, Innovation Promotion Center, Oki Electric Industry Co., Ltd.

カシマ　マサユキ
所属：沖電気工業㈱　イノベーション推進センター　スペシャリスト

第3章　サスティナブル社会を実現！ Beyond 5G時代の光通信

Beyond 5G向け アナログRoF/IFoF 光アクセス技術

㈱KDDI総合研究所
猪原　涼

1　はじめに

　約10年を1つの世代として進化を続けてきた無線通信システムは現在第5世代（5G）に到達し，研究分野では5Gの次世代技術となるBeyond 5G/6Gに向けたユースケース検討および研究開発が進められている。総務省「Beyond 5G推進戦略」[1] では，サイバー空間と現実世界を一体化するサイバー・フィジカル・システム（CPS：Cyber Physical System），およびそれを支えるBeyond 5Gを中心とした情報通信ネットワーク基盤により，2030年代の新たな社会システム，いわゆる「Society5.0」の実現を目指すとされている。この中で，Beyond 5Gには「超高速・大容量」「超低遅延」といった5G機能の高度化に加え，「超低消費電力」などの新たな価値創造が求められている。

　「超高速・大容量」の観点では，無線システムの通信速度は5Gの10倍，つまり100 Gb/sを超える通信速度に到達することが要件となっている。このような高速無線通信の実現に当たっては，無線側の技術革新はもちろん，これらの基地局を収容する光回線側にも相応の進化が必要になる。4G LTE以降の無線通信システムでは，複数の基地局を集中的に制御するC-RAN（Centralized Radio Access Network）構成が導入され，無線通信サービスの高速化および高品質化を実現してきた。このようなC-RAN構成において，基地局～最寄りの収容局間の光アクセス伝送区間，いわゆるモバイルフロントホール（MFH）には，無線通信速度の5～10倍の伝送容量が求められる[2]。今後，Beyond 5G時代の無線通信速度が100

Gb/s超級に到達することを想定すると，数100 Gb/s～テラビット級のMFH回線が必要となり，現行デジタル伝送方式の単純な拡張では実現が極めて困難になることから，新たなMFH伝送方式の実現が求められている。加えて無線システム側では，100 Gb/s以上の通信速度実現に向け，広い伝送帯域幅を確保可能なミリ波やテラヘルツ波などの高い周波数帯の活用に注目が集まっている[3]。このような高周波帯の電波は，直進性が高く伝搬損失も大きいことから，多数のアンテナを分散配置して協調動作させることで，端末との見通し通信路を確保しつつ高速かつ均質な通信を実現する分散MIMO（Multiple-Input Multiple-Output）型のアーキテクチャが検討されている[4]。このため，このような多数の分散配置されたアンテナを効率的に収容するMFH方式の実現が期待される。

　「超低消費電力」化の観点では，世界的に取り組みが進められているカーボンニュートラルの実現に向け，通信設備の消費電力を低減する取り組みが求められている。一方で，前述の通りBeyond 5G時代に向けた通信速度は増加の一途を辿っており，超高速・大容量性と消費電力削減を両立することが可能な伝送技術のパラダイムシフトが必要である。

　筆者らは，大容量伝送性に優れ，分散配置された基地局を少ない光ファイバ数で効率的に収容可能なMFH方式として，無線信号波形をそのまま光アナログ伝送する光ファイバ無線技術いわゆるアナログRoF（Radio over Fiber）伝送技術に着目し研究開発を進めてきた。本稿では，アナログRoF伝送技術に基づくMFH伝送方式に関する取り組みを紹介するとともに，同技術の省電力化へ

102

の期待など今後の展望を紹介する。

2 RAN機能分離点とMFHの課題

一般的な無線通信システムの構成概念図を図1(a)に示す。無線通信システムは，コアネットワーク（CN）とRadio Access Network（RAN）および端末の3つの機能に大別される。CNは端末の位置管理や認証，ポリシーの制御，課金処理，通信経路の確立等の役割を担っており，主に通信事業者の上位ネットワーク側に機能が位置する。一方，RANはCNから各無線基地局までのネットワーク区間において，無線信号の変復調やリソース割り当て，誤り訂正処理など，通信したいデータと実際に電波として送受信される無線信号との間を相互に変換するために必要となる各種の低レイヤ処理を担っている。RANの各機能は機能ブロック毎に分割することができ，基地局間連携など，無線信号処理の内容によりどの機能をどの位置に配置するかが決定される。図1(b)に，4Gや5GシステムにおけるRAN機能配置の一例を示す。例えば，4Gシステムでは，RAN機能のうちRF処理部をRRH（Remote Radio Head）に，残りのRAN機能をBBU（Baseband Unit）に実装する。無線基地局を単独で動作させるD-RAN（Distributed RAN）構成の場合はBBUとRRHの両方を無線基地局に配置させ，複数の基地局間を連携させるC-RAN構成をとる場合にはBBUを上位網側，RRH機能を無線基地局側に設置する。一方，5Gシステムでは，RAN機能群を配置する場所に応じて，ネットワーク上位側からCU（Central Unit），DU（Distributed Unit）およびRU（Radio Unit）という名称が付与されており，4G同様，各ユニットにRANの各機能を分割して無線基地局やネットワーク側に機能配置している。C-RANにおける機能間を接続するネットワークのうち，4GのBBU～RRH間，5GのDU～RU間の伝送区間を「モバイルフロントホール（MFH）」と言い（RANとCNを繋ぐ区間を「モバイルバックホール」と呼ぶことに対する名称），地理的には無線基地局と最寄りの通信事業者収容局間のアクセスネットワークに位置する。MFHを流れる情報としては，主に無線信号波形の時間軸または周波数軸サンプリング情報であり，4Gの場合はデジタルRoFベースのCPRI（Common Public Radio Interface），5Gの場合はeCPRIと呼ばれるEthernetベースのインタフェースを用いて，実際に送受信される通信速度の約5～10数倍の伝送帯域でこれらの波形情報がデジタル的に伝送される。今後Beyond 5Gで想定される最大通信速度と

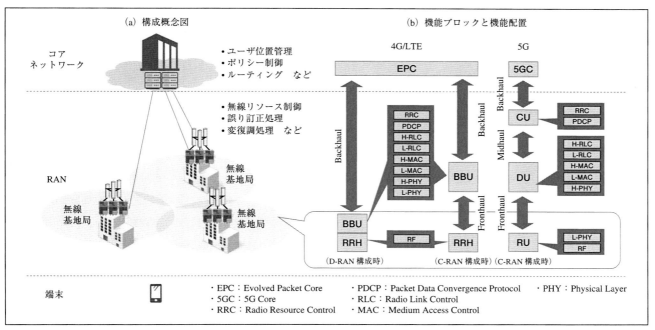

図1 無線通信システム構成

第3章 サスティナブル社会を実現！Beyond 5G時代の光通信

して100 Gb/s超を想定した場合，5Gと同じインタフェースで機能分割を行うとMFHには500 Gb/s超〜サブTb/s級の伝送帯域が求められる。これはアクセスネットワークで実装するには膨大な伝送帯域であり，システム全体の高コスト化や消費電力の増大が懸念されることから，Beyond 5Gに向けてより実現性の高いMFH構成の考案が必要となる。

3 アナログRoF／IFoFに基づくMFH伝送

筆者らは，前述の課題に対し，無線信号波形をアナログ的に光伝送するアナログRoFを適用することで，現実的なMFH伝送帯域で無線信号を送受信するための研究開発を進めてきた。図2 (a) にアナログRoF方式に基づくMFH構成を示す。アナログRoFは，集約局側で予めRF帯の無線信号を生成し，その波形を光強度変調した信号を光ファイバ伝送してRUに転送するもので，RU側には光受信機とアンテナを設置するのみで無線信号を電波として放射することが可能となる。このようにアナログRoF方式は非常にシンプルな構成で実現されるが，一方で，光の伝送帯域を考えるとまだ余力があることから，集約局側で複数の無線信号をIF（Intermediate Frequency）帯で周波数多重したうえで光アナログ伝送を行うアナログIFoF方式が検討されている（図2 (b)）。RU側では周波数多重された複数の無線信号を分離する機能と最終的に電波として出力されるRF帯の周波数に変換するための周波数変換機能が必要になるものの，1つの波長の中に多数の無線信号を重畳して伝送できることで，帯域利用効率に優れたMFH構成を実現できる。筆者らは，5G規格に準拠した400 MHz幅の64QAM OFDM信号をIF帯で24Ch多重して20 kmのIFoF伝送を行い，光受信後に28 GHz帯への周波数変換を行った後，最終的に10 mの自由空間伝搬を行う構成で，5G無線信号の品質基準値であるEVM（Error Vector Magnitude）8％以下を全てのチャネルで満足する伝送実験に成功している[5]。これはトータルの無線スループット換算で34.2 Gb/sに相当するもので，従来のデジタル方式に基づくMFHでは数100 Gb/sもの帯域を必要とする伝送を，12 GHz程度の伝送帯域幅を持つ光変調器1台で伝送している。更に，筆者らは周波数多重（FDM）だけでなく，波長多重（WDM）

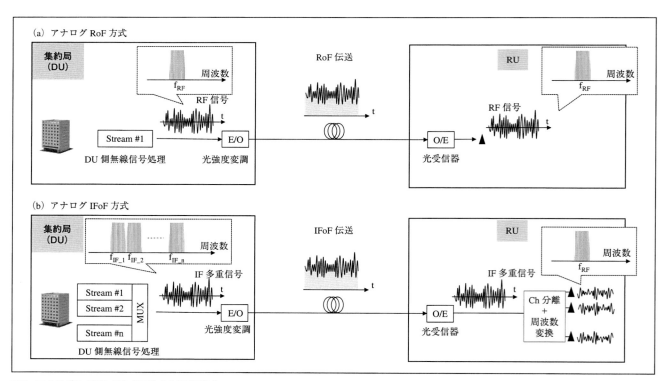

図2　アナログRoF/IFoF方式に基づくMFH構成

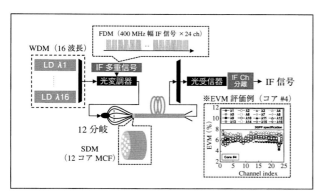

図3 大容量・多ChアナログIFoF伝送実験構成

やマルチコアファイバ（MCF）を使った空間多重（SDM）と組み合わせ，1本の光ファイバで送信可能な伝送容量の拡大，無線信号チャネル数の拡張可能性を検証している。最新の成果では，図3に示す構成で，400 MHz幅の5G無線信号をFDM 24ch×WDM 16波長×SDM 12コア多重し，総伝送チャネル数4608ch，総伝送容量10.5 Tb/s（実信号帯域380.16 MHz ×6 b/s/Hz（=64QAM）×4608ch）のIFoF伝送に成功した[6]。前述の通り，Beyond 5G時代に向けては大容量化実現のため多数のアンテナを分散配置するアーキテクチャが検討されており，このようなアーキテクチャの実現を支えるMFH技術として，大容量・高効率収容に対応したアナログIFoFの持つ可能性は極めて大きいと考えられる。

4 省電力への期待

モバイル通信事業者の通信設備のうち，全国にネットワークを展開するために多数設置されるRAN設備の消費電力が占める割合は大きく，全体の75％程度とも言われている[7]。このため，RANに関わる通信設備の省電力化を図ることは，通信事業者のカーボンニュートラル実現に向けて大きな意味を持つ。アナログRoF/IFoF方式は，RU側の装置構成を光送受信機（双方向伝送時）とアンテナに簡略化することができる（IFoFの場合はチャネル分離多重機能と周波数変換機能も必要）。現在商用展開されているRU装置の消費電力のうち，最終段でRF信号を電波として出力する際の信号増幅回路などを含むRFフロントエンド部の占める割合は大きい。このRFフロントエンドはアナログRoF/IFoF方式を用いた場合でも共通で必要なため，本機能に関する電力削減は現状困難であるが，その他の無線信号処理やデジタルアナログ変換回路等に必要となる回路点数を削減することは可能であり，筆者らの机上試算では，RU装置の消費電力を30％程度削減できる可能性があると考えている。実際には装置化したうえでの効果を確認する必要があるが，多チャネルを効率的に伝送することによる光トランシーバ数の削減等による効能と併せて，アナログRoF/IFoF方式の省電力化への期待は高い。

5 おわりに

アナログRoF/IFoF方式を用いたMFHについて，Beyond 5G時代に向けた大容量化・多チャネル伝送への対応と省電力化への期待を述べた。

謝辞

本研究開発成果の一部は，（国研）情報通信研究機構（NICT）の委託研究「Beyond 5G通信インフラを高効率に構成するメトロアクセス光技術の研究開発」により得られたものです。ここに謝意を表します。

参考文献

1) 総務省「Beyond 5G推進戦略 －6Gへのロードマップ－」
2) *3GPP TR38.801, V14. 0. 0, 2017*
3) Beyond 5G推進コンソーシアム「Beyond 5Gホワイトペーパー ～2030年代へのメッセージ～」
4) J. Zhang, et. al., "*Prospective Multiple Antenna Technologies for Beyond 5G*", IEEE JSAC, 2020
5) H. Y. Kao, et. al., "*End-to-End Demonstration of Fiber- Wireless Fronthaul Networks Using a Hybrid Multi- IF-Over-Fiber and Radio-Over-Fiber System*", IEEE PJ, 2021
6) K. Tanaka, et. al., "*10.51-Tbit/s IF-over-Fibre Mobile Fronthaul Link Using SDM/WDM/SCM for Accommodating Ultra High-Density Antennas in Beyond-5G Mobile Communication Systems*", We1F.2, ECOC2022
7) Ericsson, "*On the road to breaking the energy curve ～A key building block for a Net Zero future～*"

■ Optical access technology based on Analog-RoF/IFoF for beyond 5G
■ Ryo Inohara
■ KDDI Research, Inc.

イノハラ　リョウ
所属：㈱KDDI総合研究所

第3章　サスティナブル社会を実現！ Beyond 5G時代の光通信

Beyond 5G/6Gに向けたテラヘルツ無線技術の展望

大阪大学
永妻忠夫

1 はじめに

近年，100 GHz～1 THzの高周波電波を利用した無線通信技術の研究開発が活発になってきた。本来，30 GHz～300 GHzの電波にはミリ波，300 GHz～3000 GHz（電波の上限）の電波にはサブミリ波という呼称があるが，100 GHzを超える周波数の電波をテラヘルツ（THz）波，あるいは90 GHz～300 GHzをサブテラヘルツ波と呼ぶようになった。本稿では，100 GHzを超える電波を使った無線通信をTHz通信と定義する。

THz通信の研究開発が本格的に始まったのは，2000年代になってからである[1, 2]。そして約20年が過ぎた今日，タイムリーにも，移動体無線通信技術の次の世代，すなわちBeyond 5G/6G時代を支える有望技術として注目されるようになった。その背景は色々と考えられるが，次世代の移動体無線が描く高速性の指標である「100 Gb/s」を超える伝送速度をすでに研究レベルで達成できていることが挙げられよう。これを可能にしているのは，10 GHz～数10 GHzに及ぶ広い帯域が使えることにある。もちろん「100 Gb/s」を実現するためには，高周波化（広帯域化）だけでなく，多値化や空間多重（MIMO）技術も不可欠である。

本稿では，THz無線の黎明期から現在に至る約20年の研究開発と世の中の動向を振り返りながら，今後の展望や課題について議論する。特に，光ファイバー通信ネットワークとの融合という観点で重要となる，光技術を利用したTHz無線技術について言及する。

2 周波数の選択

今，世界的に100 GHz～300 GHz帯無線技術の研究開発が盛んとなっている背景には，後述するデバイス技術の進展の他に，THz波が空間を伝搬する特性が密接に絡んでいる。電波は，一般に周波数が高くなると遠くに飛ばなくなるという性質があり，これを避けることはできない。すなわち，送信器から受信器に到達できる電波の強さが周波数とともに弱くなり，これを「自由空間伝搬損失（free-space propagation loss：FSPL）」と呼んでいる。これに加えて，高い周波数の電波は，大気中の酸素分子（O_2）や水蒸気（H_2O）がある特定の周波数で電波を吸収する，いわゆる「大気吸収による伝搬損失」を受ける。

図1は，リンクバジェット（電波が送信器から受信器に達するまでに減衰する量：上記のFSPLと大気吸収の和）を送受信間の距離を変えて計算したものである。数

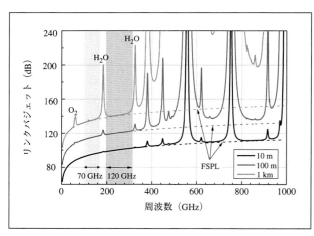

図1　リンクバジェットの周波数依存性。

利用できない周波数帯	固定無線・移動無線に割当てられた帯域	
50 GHz以上の能動業務禁止帯	帯域（GHz）	帯域幅（GHz）
52.4～50.4 GHz	102～109.5	7.5
52.6～54.25	111.8～114.25	2.45
86～92	122.25～123	0.75
100～102	130～134	4.0
109.5～111.8	141～148.5	7.5
114.25～116	151.5～164	12.5
148.5～151.5	167～174.8	7.8
164～167	191.8～200	8.2
182～185	209～226	17.0
190～191.8	232～235	3.0
200～209	238～241	3.0
226～231.5	252～275	23.0
250～252		

図2　275 GHzまでの周波数割当の状況。

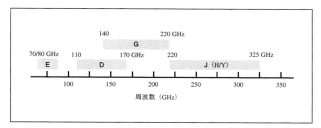

図3　周波数帯の呼称。

字が大きくなるほど減衰が大きい。O_2やH_2Oによる吸収の様子がよく分かる。ここで100 GHz以上の周波数に着目すると，100 GHz～170 GHz，200 GHz～320 GHzの領域に，1 kmの伝搬距離までは大気吸収の影響を受けない平坦な帯域がそれぞれ，70 GHz，120 GHzほど存在することがわかる。

周波数の選択においては，電波行政からの観点も重要である。各国において，国際的な周波数割当をベースとして，各周波数をどのような用途に使うかが細かく規定されており，275 GHzまでは，すでに周波数割当がなされている。図2は，50 GHz～275 GHzにおいて，無線サービスを始めとする能動業務が禁止されている周波数帯と，100 GHz～275 GHzおいて，固定無線や移動体無線サービスに割当てられている周波数帯を示したものである。なお，我が国においては，2014年1月に総務省より，番組素材中継を行う無線局等の無線設備規則の一部を改正する省令（平成26年総務省令第5号）が施行され，世界に先駆けて，116～134 GHzが放送用途に割当てられている。

また，2019年10～11月の世界無線通信会議（WRC-19）において，「275-450 GHzの周波数範囲で運用する陸上移動及び固定業務アプリケーションの主管庁による使用の特定」が行われた[3]。その結果，分配された周波数帯の中で，連続的に得られる広い帯域は，275～296 GHz（帯域幅21 GHz）と356～450 GHz（帯域幅94 GHz）である。後者は図1で示したように大気吸収の影響を受けるため，10～数10 m程度の短距離通信にしか使えない。そこで，前者の21 GHz帯域と，図2に示した既分配の252

～275 GHz（帯域幅23 GHz）とを合わせることで，最大44 GHzの帯域幅が得られる。今後，200～300 GHz帯では，この274 GHz±22 GHzを利用した無線通信システムの開発が進むものと予想される。

ところで，導波管やネットワーク機器類の分野においては，独自の帯域を定義している。図3は，100 GHz～300 GHz近傍の周波数帯に対して与えられた呼称である。Eバンド（71～76 GHz/81～86 GHz）は，すでに5Gシステムの無線バックホール等で使われている帯域で，シングルチャネルで10 Gb/s，偏波多重方式で20 Gb/sのサービスを提供している。したがって，Beyond 5G以降は，上述のように，この一桁上の100 Gb/sもの伝送速度を目標としている。

3　THz無線のための送受信技術

図4は，送受信システムの一般的なブロック図である。Dバンド（110 GHz～170 GHz）からJバンド（220 GHz～325 GHz）まで，マイクロ波帯と同様に，増幅器を含めた，ほぼすべてのコンポーネントが，モジュール（ほとんどが導波管に実装されたモジュール）レベルで複数のメーカーから購入することができるようになった。

図中，破線で囲んだ部分は，マルチチップあるいはシングルチップの集積回路が実現されつつあり，研究開発として最もホットな領域である。また，図5に，THz集積回路に用いられる最先端の半導体材料とテクノロジーノードを整理した。Si半導体の場合，トランジスタの性能指数のひとつであるfmaxの値は，テクノロジーノード（微細化）が進化しても頭打ちになっており，THz集積回路に適用できるのは，PCは携帯電話に使われている4～5 nmプロセスではなく，20～60 nmチップであることは興味深い。

第3章　サスティナブル社会を実現！Beyond 5G時代の光通信

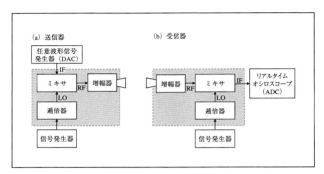

図4　無線通信用送受信器の一般的な構成。

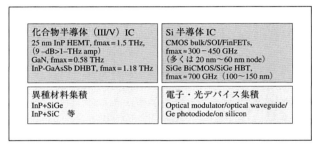

図5　半導体集積回路技術の分類。

Dバンドは，Si CMOSやSiGe HBT（Si BiCMOS）の能力が十分に発揮できる周波数帯である。ビームステアリングを行うことを想定し，送受信回路チップと2次元フェーズドアレーアンテナとを集積実装した通信システムの開発が進んでいる。140 GHz帯2×2アレー送受信ICとして，64QAM変調により30 Gb/sが達成されている[4]。最終的には，同ICチップを8×8に並べた，256個（16×16）のアンテナアレーが実現できる見通しである。Dバンドで100 Gb/sの伝送速度を目指すためには，さらなる多値化（256QAM）とアンテナアレーを複数個用いたMIMO技術が有望である。

Jバンドでは，Dバンドよりも広い帯域幅の利用（技術的には40 GHz～70 GHzが可能）により，伝送速度を一段と向上させることができる。図4に示した，各種デバイス（周波数逓倍器，サブハーモニックミキサ，検出器，ベースバンド増幅器など）と，任意波形信号発生器（Arbitrary Waveform Generator：AWG），リアルタイムオシロスコープ（高速ADコンバータとDSP機能を有する）とを組み合わせれば，例えばQPSKや16QAM変調で50～100 Gb/s程度の無線伝送を実現することができる。

また，より小型で高機能なICモジュールによる伝送実験では，InP HEMTによる増幅器ICやミキサICモジュールを用いた120 Gb/s（@290 GHz）伝送[5]，Si CMOSによるワンチップ送受信用ICを用いた80 Gb/s（@265 GHz）伝送[6]が報告されている。

通信距離については，300 GHz帯で44 Gb/s（QPSK），1 km伝送が報告されている[7]。THz増幅器の寄与が大きい。

4　光技術を用いたTHz無線技術

2000年頃に始まったTHz無線システムの研究開発においては，当時100 GHzを超える信号の発生と変調技術が未熟であったことから，図6に示すような光技術を用いた送信器が使われ，図4（b）の受信器との組み合わせた構成で伝送実験が行われた[2]。上述のように受信器のMMIC化が進んだ現在でも，同様の組み合わせによる無線通信システムを用いた研究が盛んである[8]。基本的には，波長λ_1の光ファイバー通信リンクにおいて，光電変換部（フォトダイオード）にもうひとつλ_2の光を入力するだけなので，ディジタルコヒーレント通信で培われてきた高速変復調技術や装置をそのまま利活用することができる。この構成の大きなメリットのひとつは，光通信ネットワークと無線リンクをシームレスに接続できる点である。実際に，ディジタルコヒーレント用の光送受信モジュールを，300～400 GHz帯のテラヘルツ無線リンク（2チャンネル）で接続した例（126 Gb/s）が報告されている[9]。

図7は，光ディジタルコヒーレント通信で使われている変復調技術ならびに測定機器（AWGとリアルタイムオシロスコープ）を活用した無線システムの構成において，キャリア周波数の安定化のために光周波数コム発生器を用いた例である[10]。

まず，光周波数コム発生器で生成された多波長信号か

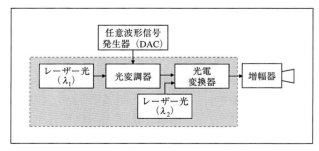

図6　光技術を用いた無線通信用送信器の一般的な構成。

ら318 GHz離れた2波を光フィルタで選択する。次に片方の光信号に対して光変調器を用いて，I/Q変調を行なう。その後，2波を合波してフォトダイオードでTHzキャリアに変換する。受信側では，2台のダイオードミキサ（サブハーモニックミキサ）をLO信号で励起し，ホモダイン検波によってI/Q信号を検出する。リアルタイムオシロスコープを用いてI/Q信号データを読み込み，クロック位相リカバリ，波形等化，周波数オフセット補償等のディジタル信号処理を施すことで，図7（c）のようなコンスタレーションマップを得る。同図は，16QAM変調で伝送した，32 Gbaud（128 Gb/s）での復調結果である。16点のポイントがクリアに観測されており，4値の信号が上記の速度で伝送できていることを意味する。

図7の例では，キャリア周波数ならびに位相の安定化のために光周波数コム発生器と用いたが，フリーランのレーザー光源を2台用い，受信側のディジタル信号処理で周波数と位相の揺らぎを補償した報告も少なくない[8]。

図8は，THz無線ならではの実応用例として，リアルタイム非圧縮8K映像の無線伝送を行った例である。フル解像度8K映像の伝送では，最低48 Gb/sの速度が要求される。通常，有線伝送では，4チャネルに分離して，12 Gb/sのSDI（serial digital interface）ケーブルを4本使って伝送を行なうことが多い。本構成では，光技術を用いた送信器を2チャンネル（24 Gb/s×2）用い，周波数多重方式（290 GHzと335 GHz）の無線伝送を行っている[11]。

5 THz無線技術の課題と今後の展望

Dバンドは，今後，THz無線技術のBeyond 5Gへの最初の導入に向けて技術開発が進展し，標準化の議論も進んでいくものと期待される。

一方，Jバンドの実用化に関しては，送信器の高出力化，検出器の高感度化，キャリア周波数の低位相雑音化といった基本的な要件の他，フェーズドアレー[12]の開発や集積実装ためのプラットフォームの開発等が不可欠である。これまでIII-V族化合物半導体による集積回路技術が先行

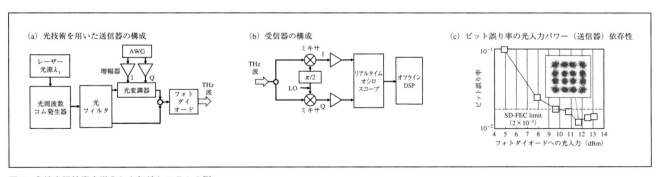

図7 多値変調技術を導入した無線システムの例。

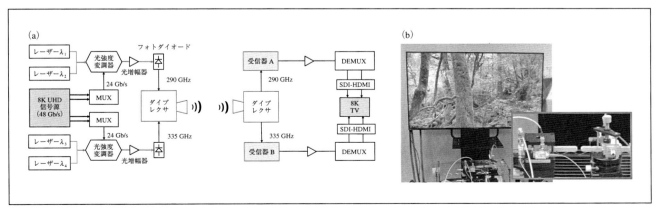

図8 (a) 周波数多重方式300 GHz帯無線システムによる非圧縮8K映像伝送システムの構成。(b) 実験の様子。

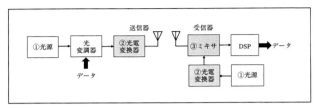

図9 光技術を送受信器に用いた無線システムの構成。

し，やがてシリコン（Si）半導体集積回路に置き換わるという歴史を見てきたが，300 GHzを超える周波数領域では，いよいよそのパターンが崩れ，図5に示したように，SiとIII-V族化合物半導体とを，さらには光デバイスと電子デバイスとをひとつのプラットフォームに集積するアプローチが有望になるのではないかと予想される。

光技術と用いたTHz無線通信システムに関して，現在，著者等が検討を進めているシステム構成を図9に示す[13]。送信側は従来通りの光技術をベースにしたものであるが，従来の光周波数コムの位相雑音・振幅雑音の問題を解決するために，光マイクロコムやブリルアンレーザー等を用いる。また同時に，光電変換部であるフォトダイオード自身の高出力化，あるいはそのアレーによる電力合成技術を開発している。受信側ではミキサを励起するLO信号の位相雑音の問題を解決するために，送信側同様に光技術を用いてLO信号を発生し，さらにNFの大きなテラヘルツ帯の増幅器を用いずに，フォトダイオードからの出力で動作可能な，フェルミレベル制御バリアダイオード（FMBD）を用いたミキサを開発している[14]。

6 まとめ

本稿では，THz無線技術の現状の到達点を概観し，さらに光技術の導入の必要性や今後の技術課題について議論した。

100 Gb/sを超える伝送速度が実現できている最大の要因は，数10 GHzものRF帯域を使い多値変調を行なっていることと，ディジタル信号処理技術を駆使して，ベースバンド帯域の不足，非線形性，位相雑音のペナルティ等を補償していることである。しかし複雑で過度な信号処理の利用は，システム全体としての電力増大や遅延を招く。今後，RF技術の原点に立ち返り，発振器の位相雑音化を含め，RF回路としてのアナログ性能を高める研究が重要である。

謝辞

本研究の一部は，NICT Beyond 5G研究開発促進事業（一般課題　採択番号00901）によるものである。

参考文献

1) T. Kürner et al., eds., THz Communications, Springer (2022).
2) 永妻他，"フォトニクス技術を活用したテラヘルツ無線技術," 電子情報通信学会総合大会，CI-6-2 (2022).
3) 寶迫，小川，"電波と光の間の電磁波「テラヘルツ帯」を開拓," NICT NEWS, No. 3, pp. 1-3, (2020).
4) M. Elkhouly et al., "Fully integrated 2D scalable TX/RX chipset for D-band phased-array-on-glass modules," Tech. Dig. ISSCC2022, 4.1 (2022).
5) H. Hamada et al., "Ultra-high-speed 300-GHz InP IC technology for beyond 5G," NTT Technical Review, vol. 19, no. 5, pp. 74-82 (2021).
6) M. Fujishima, "Future of 300 GHz band wireless communications and their enabler, CMOS transceiver technologies," Jap. J. Appl. Phys., vol. 60, SB0803 (2021).
7) C. Castro et al., "Long-range high-speed THz-wireless transmission in the 300 GHz band," Tech. Dig. 2020 Third International Workshop on Mobile Terahertz Systems (IWMTS) (2020).
8) I. Dan et al., "A 300-GHz wireless link employing a photonic transmitter and an active electronic receiver with a transmission bandwidth of 54 GHz," IEEE Trans. Terahertz Science Tech., vol. 10, Issue 3, pp. 271-281 (2020).
9) J. Zhang et al., "Demonstration of real-time 125.516 Gbit/s transparent fiber-THz-fiber link transmission at 360 GHz~430 GHz based on photonic down-conversion," Tech. Dig. Optical Fiber Communication Conference, M3C. 2 (2022).
10) R. Igarashi et al., Tech. Dig. Optoelectronics and Communications Conference (OECC2022), TuF2 (2022).
11) T. Yoshioka et al., "48-Gbit/s 8K video-transmission using frequency-division multiplexing in 300-GHz band," Tech. Dig. Asia Pacific Micro. Conf. (APMC 2022), WE1-F4-2 (2022).
12) 岡田，"ミリ波・テラヘルツ波フェーズドアレー無線通信," MWE 2021, FR1C-3 (2021).
13) NICT Beyond 5G研究開発促進事業委託研究 https://www2.nict.go.jp/commission/B5Gsokushin/B5G_keikaku/r03/B5G_009_overview.pdf
14) H. Ito et al., "Terahertz-wave sub-harmonic mixer based on silicon carbide platform," IEICE Electronics Express, Vol. 19, Issue 21, pp. 1-4 (2022).

■ **Terahertz Communications Towards Beyond 5G/6G**
■ Tadao Nagatsuma
■ Professor, Graduate School of Engineering Science, Osaka University

ナガツマ　タダオ
所属：大阪大学　大学院基礎工学研究科　教授

第 4 章

注目！シリコンフォトニクスの展開

第 4 章　注目！シリコンフォトニクスの展開

総論：シリコンフォトニクスと国家プロジェクト

東京大学
荒川泰彦

1　はじめに

クラウドコンピューティングやエッジコンピューティングの発展とAIの進歩は，デジタルトランスフォーメーションの展開を可能にするとともに，データの処理・伝送量のさらなる増大をもたらしている。このため，さらに大きなコンピューティングパワーが必要になっており，実際，スーパーコンピュータの性能はこの10年で1000倍に迫る成長を遂げてきている。他方，データセンターの消費電力量も年々増えており，消費電力量の問題は，2050年のカーボンニュートラルに向けたグリーンイノベーションにおいても緊喫の課題に一つである。

コンピュータの性能向上においては，LSIの処理速度の向上が不可欠であり，このために，接続並列プロセッサアーキテクチャや，3次元集積回路構造の開発も重要になってきている。このような技術の展開は，システムの配線に要求される帯域幅の増大をもたらし，2025～2030年には，10 Tbps超の帯域が必要となるといわれている。しかし，電気配線では10 Tbps近辺に限界があり，チップ間配線の遅延や消費電力の壁を突破するためには，光電融合技術の開発が重要となる。光配線の形態も，On-Board Optics から Near Package Optics や Co-packaged Optics に進化しつつある。

光電融合技術の中核を担うのがシリコンフォトニクスである。シリコンフォトニクスは，半導体産業で利用されるプロセス技術を用いて，シリコン基板上に発光素子や受光器，光変調器などの素子を集積する技術である。

ただし，単にシリコン技術のみならず，発光III-V属半導体やガラス基板などとの組み合わせたハイブリッド実装が重要な役割をはたすのは周知のとおりであり，シリコンフォトニクスは，今やこれらの実装技術を包括する広い意味で用いられ，コンピュータシステムや情報ネットワークへの展開技術の鍵となる技術となっている。

本特集号は，この10年間，経済産業省とNEDOによるシリコンフォトニクスに関する大型国家プロジェクトでの研究開発を中心にして構成されている。特に，デバイス技術開発に焦点を当てるとともに，このプロジェクトが創出した光IOコアチップの実用化についても紹介する。もちろん，プロジェクトの単なる成果報告にとどまらず，今後の展開を幅広く論じる解説記事も含めている。例えば，NTTのIWON構想についても，シリコンフォトニクの視点から論じる。本特集号により，我が国のシリコンフォトニクス技術に関わる研究開発の概要をご理解いただけるものと考えている。

本総論では，多くの優れた解説記事の前置きとして，シリコンフォトニクスに関わる我が国の国家プロジェクトについて紹介する。2章では，FIRSTプログラムにおけるプロジェクト，3章では，経産省・NEDOプロジェクトについて述べ，4章において，海外の国家プロジェクトの動向等について簡単に紹介する。

2　シリコンフォトニクス関連の国家プロジェクト

光電融合技術の研究は，我が国でも，林厳雄博士の先駆的提唱をはじめ，多くの優れた研究者が取り組んでき

た。同博士は，米国ベル研究所における半導体レーザの室温発振で著名であるが，1970年代後半，帰国後NECにおいて半導体レーザの研究開発を進めるとともに，光エレクトロニクス全般にも関心を寄せた。その一つが，光電融合技術であり，その展開に向けて多くの若い研究者をインスパイアした。光電融合技術に関与した国家プロジェクトとしては，2001年から10年間続いた次世代半導体材料・プロセス基盤（MIRAI）プロジェクトがある。このプロジェクトの一テーマである新構造極限CMOSトランジスタ関連技術開発の中に，サブテーマとして，波長多重によるオンチップ光配線技術開発が課題として含まれていた。ただし，光電融合技術への需要や技術自体が成熟していなかったことなど，いくつかの理由で，プロジェクトの中途で終了した。しかし，国家プロジェクトの枠組みで光電融合技術に関する研究開発を推進したことにより，光バブルがはじけた後の困難な状況下で，多くの優れた人材を維持・確保できたことは意義深い。

2009年，内閣府により，産業，安全保障等の分野における我が国の中長期的な国際的競争力，底力の強化を図るとともに，研究開発成果の国民及び社会への確かな還元を図ることを目的とした「最先端研究開発支援プログラム（Funding Program for World-Leading Innovative R&D on Science and Technology：FIRST）」が創設された。同年9月には，30の中心研究者及び研究課題が決定された。その一つが，筆者を中心研究者とする「フォトニクス・エレクトロニクス融合量子システム基盤技術開発」プロジェクトであった。このプロジェクトでは，将来のオンチップデータセンターの実現に向けて，LSI・フォトニクス集積回路システムの可能性を示すとともに，その産業化への見通しをめざした。プロジェクトの英文名は，Photonics and Electronics Convergence System Technology（PECST）とした。FIRSTは，シリコンフォトニクスシステムの研究開発の本格的プロジェクトとして位置づけられる[1]。

FIRSTにおいては，「研究支援機関」を設定する必要があったため，その任を担う組織として，技術研究組合光電子融合基盤技術研究所（Photonics Electronics Technology Research Association：PETRA）が設立された。初代専務理事は藤田友之氏（現アイオーコア㈱）であり，

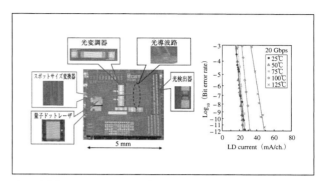

図1 世界初の量子ドットレーザ搭載のシリコン光集積チップと25℃から125℃までの広温度領域において20 Gbpsの無調整動作実験。

現在は，田原修一専務理事が本組合を率いている。PECSTは，東京大学，PETRA，産業技術研究所の3機関が連携して研究開発を実施し，PETRAには，組合員企業の研究者が結集した。

PECSTの推進により，光源搭載型光電子集積回路システム技術シリコン上先端デバイス研究開発の両面について，世界トップの成果を達成してきた。特に，最終年度において，図1に示すように，量子ドットレーザを搭載したシリコン光集積チップを実現し，光源，変調器，受光器のバイアス無調整で，25〜125℃の広い温度範囲において，20 Gbpsのエラーフリー伝送を達成することに成功したことは意義深い[2]。これにより，シリコンフォトニクスにおける量子ドットレーザの地位が世界的に認知されたといっても過言ではない。なお，研究開発の過程において，集中研に結集し集積システムの構築に邁進した結果，組合企業間の壁が実質消滅したことは，国家プロジェクトの意義として特筆すべきことである。もちろん，これは，光エレクトロニクスが伝統的に組織を枠を超えて研究者が交流する分野であったことも一因である。

3 経済産業省／NEDOプロジェクトによるシリコンフォトニクス研究開発

PECSTの成功を受けて，新たに設定された経済産業省未来開拓プロジェクトの一つとして「超低消費電力型光エレクトロニクス実装システム技術開発」プロジェクト（以後，光エレ実装PJ）が発足した。実施期間は2012年9月から2022年2月（総額225億円）である。2012年度

第4章 注目！シリコンフォトニクスの展開

は経済産業省直執行，2013年度以降はNEDOに移管された[3]。同じ年に他の2件のプロジェクトも未来開拓プロジェクトとして発足したが，結果として，10年間プロジェクトとして完遂したのは光エレ実装PJのみであった。

光エレ実装PJは，3期にわかれて実施された。第2期終了時にステージゲートがあったが幸い高い評価を得た。光エレ実装PJの目的は，光電子融合技術を活用し，光と電気の変換回路（光トランシーバ）等を中心に開発信頼性の高い設計・プロセス技術を構築し，それらを搭載したシステムの低消費電力化を実現することである。さらにこれらを社会実装することにより，幅広いエレクトロニクス産業の活性化への貢献をめざした。PETRAの組合員企業は，沖電気工業，産業技術総合研究所，日本電気，光産業技術振興協会，富士通，古河電気工業，三菱電機である。組合員企業の研究者が集中研に結集し，基盤技術であるデバイス・実装技術を開発し，組合員企業の分室で実用化・事業化に向けたシステム化技術の開発を行った。また，革新的デバイス開発を担う東京大学，京都大学，東京工業大学，横浜国立大学，早稲田大学が，共同研究実施機関として参画した。

技術開発としては，図2に示す通り，次の2大項目を柱として研究開発を推進した。

① 光エレクトロニクス実装基盤技術
② 光エレクトロニクス実装システム化技術

第1,2期の代表的な成果は，光I/Oコアである。光I/Oコアは，図1のFIRSTにおいて量子ドットレーザを搭載した光集積チップ技術をベースにして，研究開発がなされた，世界最小の光トランシーバである。基本構成を図3に示すが，すべての送受信機能を5 mm角のシリコンチップに三次元集積している，超小型・高密度パッケージである。光源として量子ドットレーザを搭載しており，高温動作，高信頼性動作が可能である。さらに，光ピンの採用により高トレランスなパッシブ実装を可能にし，高い生産性，低コスト，1 W以下動作の低消費電力を実現した。この光I/Oコアは，世界最高速1.6 Tbpsの入出力を実装したFPGAアクセラレータボードに展開された。

光I/Oコアは，プロジェクトの第2期が終了した時点で，

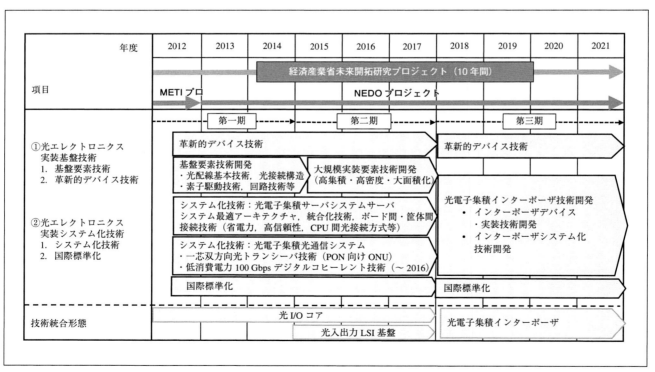

図2　光エレ実装PJの研究開発の内容

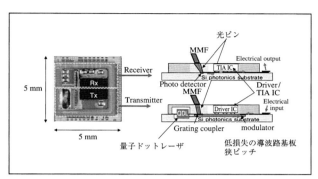

図3 光I/Oコアチップ。光ピンと量子ドットレーザがアイソレータフリーの超小型・低消費電力の光トランシーバの実現のキーである。

2017年7月に設立されたベンチャー企業のアイオーコア㈱に技術移転された。50年以上の経済産業省認可の技術研究組合史上，初めて新たな企業が切り出された。これまでこのような事例がなかったことに別の意味で驚きの念をもつが，ともかく画期的なことであった。現在，同社は，多くの有力企業にサンプル出荷をするとともに，国家プロジェクトにも参画することにより，潤沢な研究開発資金を調達しながら，活発に企業活動を行っている。詳しくは福田秀敬氏の記事を参照されたい。

第3期は，光電子集積インターポーザ技術開発に注力し，デバイス・実装技術開発とシステム化技術開発の2本柱でプロジェクトを推進した。デバイス・実装技術開発では10 Tbps／ノードの高速I/O動作を実現するための要素技術として，光変調器，受光器，光入出力素子，合分波器など光電子集積インターポーザの構成要素となるデバイスの小型化，高速化，低消費電力化技術を開発した。また，シングルモードファイバとの接続に適した異種導波路接続構造の実現可能性を検討し，試作評価を行った。更に，大容量信号伝送技術として光信号の波長多重化，多値化について研究開発を行った。これについては，本特集号の中村隆宏氏の解説記事で詳しく論じられる。

システム化技術開発においては，情報処理システム化技術として，富岳に採用されているCPUを搭載した光電子融合サーバボードを実装し，100 Gbps（25 Gbps×4 ch）伝送を確認し，波長多重技術と組み合わせることで10 Tbps／ノードの技術開発に成功した。次世代のスーパーコンピュータへの搭載が期待されるとともに，データセンターにおけるシリコンフォトニクス技術の優位性を明らかにしたといえる。また，波長多重や波長ルーティングなどの光接続技術を用いて，全サーバボード間を結合した光電融合ラック型サーバシステムを開発し，電気スイッチを介した従来のデータ伝送方式と比べ，計算速度を一桁以上高速化し，電力量30％以上の削減を実証した。

4 国家プロジェクトの世界動向

この分野の国家プロジェクトの世界動向についてみてみよう。米国では，2015年に予算規模が5年で6億ドル規模（約700億円）の超大型プロジェクトである American Institute for Manufacturing Integrated Photonics Advanced Integration Manufacturing（AIM Photonics）を開設させた。AIM Photonicsは，基盤技術から，民生用および防衛用システム等への製造技術への本格的移行を加速するためのプロジェクトである。じつは，AIM Photonicsは光エレ実装プロに刺激されて発足したプロジェクトといわれる。これは，プロジェクトの推進者の一人であるThomas Koch教授（アリゾナ大学）が発足当時私に伝えてくれたことである。このほか，データーセンター用高効率光集積技術を推進するENLITENDやパッケージ内光化・並列処理をめざしたPIPESが現在も走っている。

欧州においても，2010年ごろから欧州シリコンフォトニクスクラスタが発足し，2012年からは，製造プラットフォームのプロジェクトが並行してされた。これらを経て，2015年からHirizon2020で実装プロジェクトが本格的に始動した。日米欧，いずれの国家プロジェクトも，2022年末に達成する消費電力の目標を1 mW/Gbpsに設定している点は興味深いといえる。

なお，我が国では，2021年度半ばもしくは終盤から，二つの大きなプロジェクトが走り始めた。まず，NEDO「高効率・高速処理を可能とするAIチップ・次世代コンピューティングの技術開発研究開発項目②次世代コンピューティング技術の開発」において，「分散コンピューティングに向けた超高速低消費電力・異種材料集積光エレクトロニクス技術の開発」が，PETRAが受託して，

第4章 注目！シリコンフォトニクスの展開

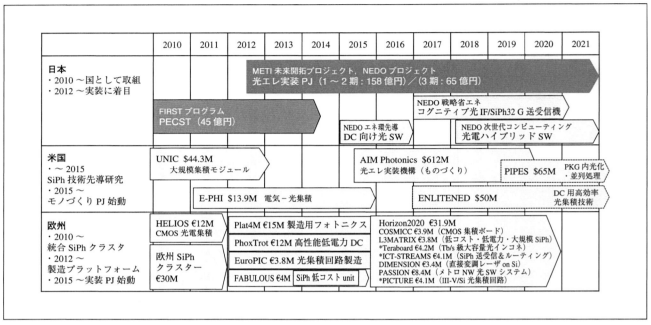

図4 シリコンフォトニクス関連の国家プロジェクトの世界動向

既に活動している。東京工業大学の西山伸彦教授がプロジェクトリーダである。もう一つは，「2050年カーボンニュートラル」の目標達成に向け，長期に渡り，研究開発・実証から社会実装までを支援する「グリーンイノベーション基金事業」の一環として，NEDOにおいて実施される「次世代デジタルインフラの構築」に係るプロジェクトである。このプロジェクトは二大テーマを有するが，その一つが「次世代グリーンデータセンター技術開発」であり，光エレ実装PJの成果の発展的活用が想定されている。本稿執筆段階では，公募の結果は公表されていないが，間もなく明らかになる予定である。

5 むすび

本稿では，シリコンフォトニクスの産学連携の研究開発について，特に10年にわたり大型国家プロジェクトとして遂行されてきた光エレ実装PJに焦点を当てて紹介してきた。このプロジェクトでは，製品化を目指した技術開発の推進により，光トランシーバの分野において，研究開発フェーズから事業フェーズへの橋渡しを実現し，シリコンフォトニクスの社会実装を先駆的に実現した。

この15年の間で，量子ドットレーザに関係するベンチャー企業として，QDレーザ㈱とアイオーコア㈱が立ち上がり，いずれも現在順調に成長している。これらの先端企業の発展に対して，国家プロジェクトによる支援と産学連携が果たした貢献は多大であったと考えている。今後も，国家プロジェクトがイノベーション創出に向けてさらに大きな役割を果たすことを期待する。

参考文献
1) 荒川泰彦　超低消費電力型光エレクトロニクス実装システム技術開発プロジェクト最終成果報告会，東京（2022）
2) https://www8.cao.go.jp/cstp/sentan/followup/15.pdf
3) Y. Urino et al., Electronics Letters **50**, 1377 (2014)

■Overview: Silicon photonics and national projects
■Yasuhiko Arakawa
■Institute for Nano Qauntum Information Electronics, The University of Tokyo

アラカワ　ヤスヒコ
所属：東京大学　ナノ量子情報エレクトロニクス研究機構

光電子集積インターポーザーの進展

技術研究組合光電子融合基盤技術研究所
中村隆宏

1 はじめに

　光電子集積の歴史は1970年代に提唱された光電子モノリシック集積回路（OEIC）に遡る。OEICにおいては，主にGaAs基板上にレーザー，受光器及びこれらの駆動回路をモノリシックに集積化し，高速光トランシーバーに適用することが目的であった[1]。しかしながら，長距離伝送用でトランシーバーの数も少なく，コスト的な課題もあり主流にはならなかった。一方，2000年代にCMOSラインを用いて生産可能なシリコンフォトニクス技術が急浮上し，200 mmや300 mmウエハのSi-LSIプロセスで用いられた技術を適用することでSi導波路の低損失化が進められ，変調器，受光器などの機能素子の高速化と共に大規模な光回路集積も可能になった。同時にIT技術の隆興で世界各地に大規模データーセンターが建設されており，このデーターセンター内でサーバー間のデーター伝送に低コストで大量の小型光トランシーバーが必要となった。この様な市場の拡大に乗り，シリコンフォトニクス技術を用いた小型光トランシーバーも数多く用いられている。データーセンター内で用いられる光トランシーバーの容量は，当初2010年頃，10 Gbpsであったが，2015年頃には40 Gbps，2020年頃には100 Gbpsになり，更に，2025年頃には800 Gbps近くまで増大すると予測されている[2]。

　本章では，今後更に増大するデーターセンター内のサーバーボード間通信に対応する光電子集積インターポーザーの進展について紹介する。

2 光トランシーバーの進展

　図1は，ハイパースケールデーターセンター内のCore層やSpine層で使用される高性能スイッチASICのインターコネクト帯域と光トランシーバー容量のトレンド及び予測を示している。高性能スイッチASICのインターコネクト帯域は，2020年には既に10 Tbpsを超えて増大している。この帯域増大によりサーバーボードには図2に示す2つの課題が発生している。1つは，フロントパネルの光I/Oのボトルネック，もう1つは，スイッチASICからボードに至る電気I/Oのボトルネックである。光I/Oのボトルネックについて，以下に具体例を挙げて説明する。19インチ標準ボード（約48 cm幅）に400 G QSFP-

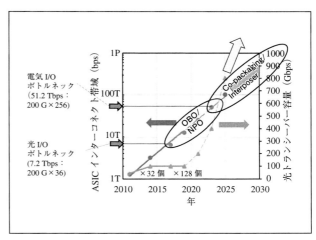

図1　高性能スイッチASICのインターコネクト帯域と光トランシーバー容量のトレンド

第4章　注目！シリコンフォトニクスの展開

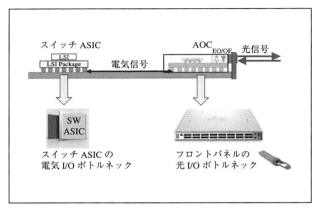

図2　帯域増大に伴うサーバーボードの課題

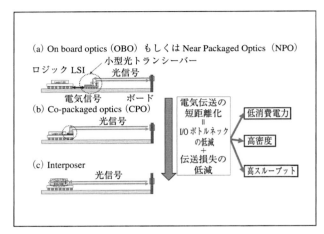

図3　I/Oボトルネックの解決策

DDの光プラガブルトランシーバー（Active Optical Cable（AOC））を付けた時のボード上電気配線では，スイッチASICからボード端の各AOCまでは50 G，8レーンの電気配線でつながれる。この電気配線長さが15 cm以上あり，再生中継が必須になる。更に，400 G QSFP-DDの消費電力内訳をみると半分以上がClock Data Recovery（CDR）の消費電力になり，排熱限界に近い消費電力になる。これらのことから，プラガブル光トランシーバーであるAOCを用いた光I/Oのボトルネックは，200 G QSFP-DDを36個接続した7.2 Tbpsが限界値になる。一方，電気I/Oのボトルネックについて，ASICは，現在，7 nmノードで100 GbpsのSerDes帯域であり，今後，ノード微細化による消費電力削減は望めず，限界に近くなる。更に，パッケージ–ボード間のI/Oピッチは500 μm近くで高止まりしており，ピン数のボトルネックになっている。以上のことから，電気I/Oボトルネックは200 Gbpsの帯域で256ピンが限界，即ち，51.2 Tbpsが限界値になる。

この様なI/Oボトルネックの解決策を図3に示す。より小型の光トランシーバーを導入することで，ボード上，或いは，LSIパッケージ内，更には，LSI直下とLSIと光トランシーバーを近づけることで，電気配線を短距離化し，I/Oボトルネックを解決すると共に，低消費電力化を図れる。図3の各実装形態の呼び名として図3（a）をOn Board Optics（OBO）もしくはNear Packaged Optics（NPO），図3（b）をCo-Packaged Optics（CPO），図3（c）をInterposerと呼んでいる。図1の高性能スイッチASICのインターコネクト帯域トレンドに光I/Oボトルネック，電気I/Oボトルネックと各実装形態の適用領域を記載している。光I/OボトルネックにはOBOもしくはNPO，電気I/OボトルネックにはCPOもしくはInterposerが有効である。

我々は，電気I/Oと光I/Oの両ボトルネック解決に有効なInterposerとして光電子集積インターポーザーを提案し，その基盤技術を開発したので次章で紹介する。

3　光電子集積インターポーザー

図4にPETRAが提案した光電子集積インターポーザーの51.2 Tbps向けのモデルを示す[3]。スイッチASIC周辺に112 Gbps×16波長からなる1.6 Tbpsシリコンフォトニクス集積回路トランシーバーを32チップ，回路基板に埋込んで実装する。図5にシリコンフォトニクス集積回路トランシーバーを埋込んだ断面構造図を示す[3]。トランシーバーチップを埋め込むことで，LSIからの電気配線を最短化し，高速化・低消費電力化が可能になる。3次元曲面ミラーをポリマーで形成しシリコン導波路とポリマー導波路を接続することで，接続スペースの最小化を図ることが可能になる。更に，回路基板上のポリマーにより，光と電気の再配線を可能にし，光コネクタ数の低減と光コネクタの回路基板への固定が可能になる。図4の写真では，ファンアウトポリマー導波路により32チップからの光配線を4つの光コネクタで収納可能になる。

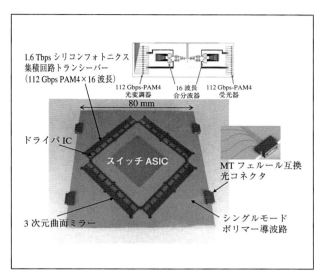

図4 光電子集積インターポーザー（51.2 Tbps向けモデル）

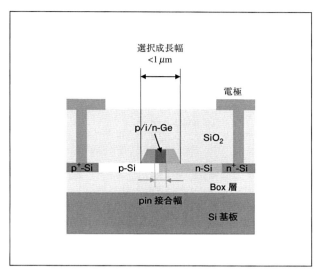

図6 電界吸収型Ge光変調器の断面構造図

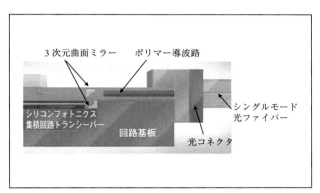

図5 光電子集積インターポーザー断面構造図

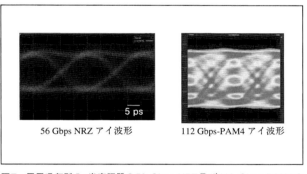

図7 電界吸収型Ge光変調器の56 Gbps NRZ及び112 Gbps PAM4のアイパターン

ここで用いられる1.6 Tbpsシリコンフォトニクス集積回路トランシーバーは，図4に示す112 Gbps Pulse-amplitude modulation 4（PAM4）光変調器，受光器及び16波長合分波器から成り立っており[4]，これらの技術を紹介する。尚，光源については，100 GHz間隔のWavelength Division Multiplexing（WDM）光源が必要であり，温調などの観点から外部光源を用いる方式を採用している。

先ず，112 Gbps PAM4光変調器には，従来のマッハツェンダー型Si変調器と比較して小型・低容量で高速化が可能である電界吸収型Ge光変調器を採用している[5]。図6に電界吸収型Ge光変調器の断面構造図を示す。Si上にGe成長する領域のみSiO_2マスクを開口する選択成長方式を用いてGe層を形成する。通常のSiO_2マスク開口領域より狭い1 μm以下に設定することで，従来のL帯波長のみなくC帯波長までカバーすることが可能になり，波長数拡大による大容量化も可能である。更に，低消費電力化に向けてGe層内のpin層の接合幅を狭くすることにより低電圧で電界強度を高めている。この様な工夫をすることにより，1550 nm帯で70 GHz以上の帯域を確保し，図7に示すアイパターンの様に56 Gbps Non-return-to-zero（NRZ）及び112 Gbps PAM4動作を可能にした。

一方，112 Gbps PAM4受光器には導波路型Ge受光器を採用している[6]。図8に導波路型Ge受光器の断面構造図を示す。光インターコネクションにおける接続距離のば

第4章 注目！シリコンフォトニクスの展開

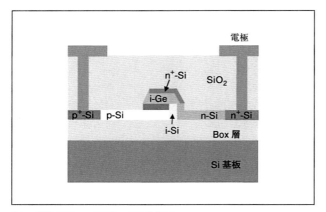

図8　導波路型Ge受光器の断面構造図

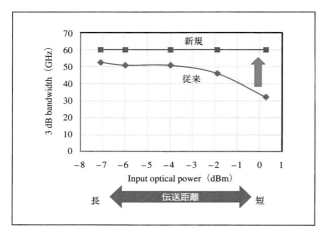

図9　周波数帯域の入力パワー依存性

らつき等にロバストに対応する必要がある。このためGe層ファセットの電界強度をエンハンスするファセット部のn型ドーピング構造を新しく導入している。この効果により図9に示すように0 dBmという強い入射光強度でも3 dB帯域が60 GHzを維持でき，56 Gbps NRZ及び112 Gbps PAM4動作を可能にしている。

次に，16波長合分波器については，図10に示すように2個の8波長 Arrayed Waveguide Grating（AWG）と2波長の遅延マッハツェンダー干渉型（Delayed Mach-Zehnder Interferometer（DMZI））バンドパスフィルターを多段接続した構造を用いている[7]。これは，従来のAWGでは8波以上になると挿入損及びクロストークが大きくなる傾向にあるため，波長が重ならない8波ずつをAWGで集め，その後，2つの波長束をDMZIバンドパスフィルターで集める形式を用いている。実際に作製した回路は，受信向けに任意偏波対応可能にするため偏波対応ビームスプリッターと偏波ロテーターも組み込んでいる。図11は，16波長合分波器のスペクトル特性をTE/TM波に関して計測した結果を示している。16波長全てに関して，挿入損失が約5 dB，クロストークが−20 dB以下と低く抑えられており，合分波には適用可能であることが分かる。

これらのデバイスを集積化した1.6 Tbpsシリコンフォトニクス集積回路トランシーバーチップは6 mm×9 mm

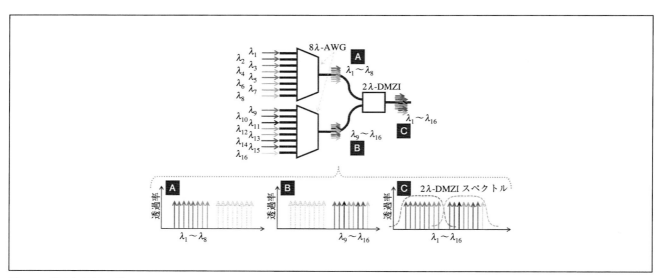

図10　16波長合分波器の構造図

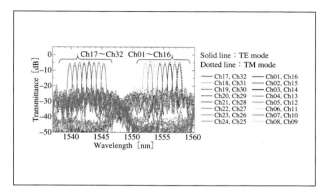

図11 16波長合分波器のスペクトル特性

以下で実現可能であり，図4に示す様な光電子集積インターポーザーを実現可能と考えられる。

最後に，3次元曲面ミラーによる埋込み構造に関して簡単に述べる。3次元曲面ミラーの形成は，ポリマーのレーザー露光による直接描画で行い，レーザー強度を変えて露光量を調整することで3次元構造を形成している。形成されたポリマー面にAu蒸着をおこなうことでミラーを形成している。現状，Si導波路とポリマー導波路の上下ミラーを用いた結合損失は約3 dBになっており[8]，更なる改善が見込まれている。

4 むすび

データーセンターの発展に伴い，大量のデーターを処理するためにデーターセンター内での通信容量の増加は益々重要になり，大容量・小型・低コストの光トランシーバーが求められている。しかし，現状のAOCなどの光トランシーバーの延長線上では，電気I/Oと光I/Oの両ボトルネックが発生する。これらのボトルネック解決に有効なInterposerとして光電子集積インターポーザーを提案し，その基盤技術を開発した。1つはシリコンフォトニクス技術を用いた小型の1.6 Tbpsシリコンフォトニクス集積回路トランシーバーチップであり，基盤技術としては完成の領域に近い。もう1つはポリマー技術を用いた，シリコンフォトニクス導波路とシングルモードファイバー接続技術であり，方式の有効性を実証しており，更なる改善を進めている。今後，インターポーザーやCPOなどを導入していくには，LSIと光の壁を乗り越えて融合を目指す技術は益々重要になってくる。その1つの足掛かりとして，更なる議論と技術の発展を期待している。

謝辞

この成果は，（国研）新エネルギー・産業技術総合開発機構（NEDO）の委託業務（JPNP13004）の結果得られたものです。

参考文献

1) 前田他，「OEIC－光電子集積回路」，光学，第16第1号，pp. 2-6, 1987.
2) Cisco Global Cloud Index, 2016-2021.
3) 中村，「シリコンフォトニクスによる光トランシーバの集積化・高密度化の進展と将来展望」，電子情報通信学会論文誌C, vol. J104-C, no. 8, pp. 1-7, 2021.
4) T. Nakamura, et al., "1.6-Tbps Interconnection Chip for Co-packaged Optics," ISPEC2021, 2021.
5) J. Fujikata, et al., "High-speed Ge/Si electro-absorption optical modulator in C-band operation wavelengths," Optics Express, vol. 28, no. 22, pp. 33123-33134, October 2020.
6) 藤方他，「横型PIN接合構造を用いた導波路型Ge受光器の高速動作特性の検討(II)」，第68回応用物理学会春季学術講演会予稿, 2021.
7) S-H. Jeong, et al., "Polarization diversified 16λ demultiplexer based on silicon wire delayed interferometers and arrayed waveguide gratings," J. Lightwave Tech., vol. 38, no. 9, pp. 2680-2687, May 2020.
8) A. Noriki, et al., "Demonstration of optical re-distribution on silicon photonics die using polymer waveguide and micro mirrors," ECOC2020, Tu2C-5, 2020.

■ **Progress in Photonics Electronics Integrated Interposer**
■ Takahiro Nakamura
■ Photonics Electronics Technology Research Association (PETRA), Chief Technology Director

ナカムラ　タカヒロ
所属：技術研究組合光電子融合基盤技術研究所　研究統括部長

第4章　注目！シリコンフォトニクスの展開

シリコンフォトニクスの新市場

アイオーコア㈱
福田秀敬

1 コンピューティングは光接続を求めている

コンピューティングに求められる処理能力は，処理データ量の爆発に伴い際限がなく拡大していく。半導体の微細化技術が限界に近づいており，コンピューティングのアーキテクチャーの革新（Distributed Computing など）を通じて対応を図ることになる。並列計算，ハードワイヤード方式の活用，分散メモリー活用など，従来のCPU中心のアーキテクチャーからの見直しが進んでいる。ここでBottleneckとなるのが，半導体間を繋ぐI/Oの速度＋距離となる。例えば，サーバーラックを一つのコンピュータと見立て，CPU，アクセラレータ，メモリー等を配置しこれらを高速（例えば，32 Gbps）で繋ぐと3〜5 mの配線長となる。配線速度が高速になると，銅配線には，この速度＋距離に限界があり，ボード上の半導体からサーバーのフロントパネルまでが限界長となる。その先はPlug-ableな光配線を用い他のブレードとTOR（Top of Rack）のスウィッチ経由で接続することとなる。この方式では，エネルギー消費増，コスト増，遅延拡大等の問題を引き起こすので，より実用的な光配線技術の出現が強く望まれている。

2 従来の光技術とは異なる市場が創出する

光技術は通信の世界では，より遠く，より速く（より大きな帯域で）との技術革新を進めてきた。海底ケーブルから5Gフロントホール，データセンター内光配線など光通信市場は拡大を続けている。基本は，光ファーバー当たりの情報伝送量を拡大し，中継器の数を削減し，光トランシーバー当たりの伝送効率を高めるとの方向性である。

一方で，これまで注目されていなかった潜在市場も見えてきた。光配線の産業機械，医療機械などの各種先端機械内の配線，5Gのアンテナボックス内配線，HPC，AI，各種アクセラレータ，Distributed Computingにおける配線，そして自動車，航空機などへの適用である。これらは，正に，現在の銅配線を代替する市場である。基本は，半導体同士を直接高速の光配線で繋ぎコンピューティング能力を飛躍的に向上させるとの方向性である。各領域の要求仕様概要とAIOコア社仕様の一覧を表1に示す。

銅配線を光配線に代える第一の理由は，銅配線には"速さ＋距離"に制約があることであるが，省エネルギーも要因の一つである。

銅配線では，高速になると距離に対して加速度的に消

表1　光トランシーバーに対する要求仕様

User's Specification
AIO Core Meet the Requests

	Requested Specification			AIO Core
	Data Center	5G	Industry/Medical	
Bandwidth/ch	32, 64 Gbps	25, 50 Gbps	25, 32 Gbps	25, 32, 50, 64 Gbps
Moduration	NRZ, PAM4	NRZ	NRZ	NRZ, PAM4
Number of Channel	4 ch × n	4 ch, 8 ch	4 ch	4 ch, 8 ch
Distance	～30 m	～3 m	～30 m	～30 m
Fiber	MMF	MMF	MMF	MMF
Foot Print	>12 mm × 8 mm	12 mm × 8 mm	<22 mm width	12 mm × 8 mm
Hight		3.5 mm		3.5 mm
Operation Temp.	R. T. ～85℃	−40～105℃	−40～85℃	−40～105℃
		without fan	without fan	without fan
Power Consumption	10 pj/bit	10 pj/bit		10 pj/bit
Reliability	（Redundancy）	（Redundancy）		Redundancy

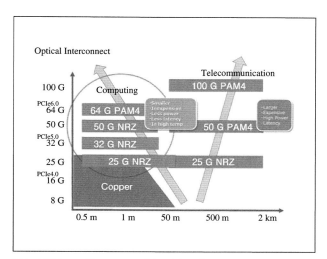

図1 通信とコンピューティング向け市場の違い

費エネルギーが増大する。データセンターの省エネ化を進めるためにも光配線を進めることが求められる。

今後，コンピューティングに係る通信規格としては，イーサネットに代わり，低遅延のPCIeやCXLが注目されている。HPCではレイテンシが重要な性能指標となる。2019年に制定されたPCIe5.0では32 Gbps NRZ，2021年のPCIe6.0では64 Gbps PAM4がそれぞれ採用されたが[1]，この帯域では銅配線では1 mも届かない。これでは，前記市場の期待には応えられない。したがって，システム側からは，コンピューティングには光配線が必要との要求となる。図1にコンピューティングと通信の市場要求の差異を示す。

3 銅配線に代替する技術とは

コンピューティングが求める光技術は，必ずしも通信で求める光技術とは一致しない。"より速く"は変わらないものの，高温で信頼性が高いこと，遅延が少ないこと，小さいこと，配線の取回しが容易なことなどが強く求められる。

例えば，WDMは光を多重化し伝送する光ならではの技術であるが，レーザーの発振波長は温度により変化するので温度変化が激しいサーバー内での活用は難しいかもしれない。

サーバーを設計，組立，設置するシステムの現場からは，銅配線を代替するための要件として，従来の光技術の発展の延長とは異なる技術が求められている。最も厳しい要求は，高温域での高い信頼性の確保である。実は，サーバー技術者の多くは，光トランシーバーは故障する，十分な信頼性を確保できない，との認識にある。スーパーコンピュータの開発において，光配線の導入がたびたび検討されたが，信頼性の確保が課題として残っており，ラック内光配線導入の重要な課題となっている。これまでの実績により，銅配線による故障確率は極めて低いことが認識されている。加えて，銅配線に代替するということは半導体に光トランシーバーを近接する（Near-Packaged Optics[2]）ことなので半導体の熱の影響を真面に受けることになる。一般的に，ガリウムヒ素，インジウム系のレーザーは，高温域で加速度的に劣化するのでそのままでは使用できない。レーザーを外部に配置して熱の影響を軽減する，更には，二重化を図るとの方法も検討されているが，コンピューティングの市場ではシステムが複雑になりコスト的に見合わないだろう。コンピューティングに用いられる光配線はシステム設計上の柔軟性を有すると共に機器システムに組込むことができ，高温域を含め広い温度範囲で相当の期間（7〜10年間）メンテナンスフリーで使用できる高い信頼性が求められる。その上，安価でなくてはならない。

4 光I/Oコアの技術[3]

弊社の製品，光I/Oコアは，コンピューティングに光配線を導入するために開発されたシリコンフォトニクス技術がその基盤となっている。

基本構成は，シリフォト基盤，量子ドットレーザー，IC（Driver/TIA），そして光ピン構造による。

従来技術との差異化としては，高い帯域密度，広い環境温度域−40〜105℃で高い信頼性，低遅延，低消費エネルギーなどである。基本構造を図2に示す。

4.1 高い帯域密度

光I/Oコア，25 Gbps×4 ch版，はシリフォト基盤上にLD，ICを配置した3次元構造を採用することにより高い帯域密度（400 Gbps/cm^2）を実現している。現在開発を

第4章　注目！シリコンフォトニクスの展開

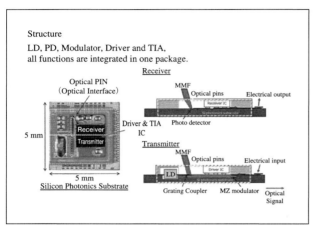

図2　光I/Oコアの構成

進めている50 Gbps×8 ch版では更に高い帯域密度（1.2 Tbps/cm²）となる。

4.2　広い温度帯域で動作し高い信頼性を実現

採用している量子ドットレーザーについて5000時間まで通電試験を実施し，140 mA，環境温度105℃で15.5 fit/2 lane@10年の高い信頼性を確認している。光トランシーバーの故障の主たる要因はレーザーである。量子ドットレーザーは，微小な量子井戸構造を基礎とするレーザーであり，出力に制約があるものの高温域での転位（Dislocation）の移動を妨げ高信頼性を実現するとの特徴がある。図3にレーザーの信頼性試験結果を示す。

また，光のI/Oに関し光ピン構造を採用し温度変化に

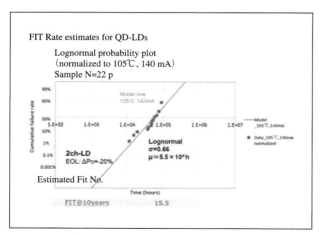

図3　量子ドットレーザーの信頼性試験結果

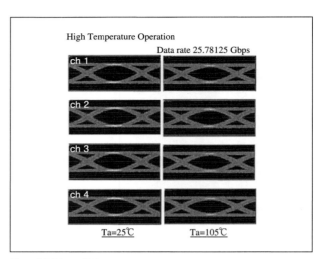

図4　高温域での動作

伴う波長の変化に伴う屈折率等の変化を吸収し，広い温度範囲で良好な光接続を可能としている。

25 Gbps×4 chの光I/Oコアにおいて，−40〜105℃の環境温度にて，PBRS-31でのError Freeを確認している[4]。

図4に105℃動作時の送／受信波形を示す。低ジッタのクリアなアイが実現されている。なお，光I/Oコアには4 chに対し4個の量子ドットレーザーを当てているが，これを2個のレーザーを2分岐して，残りの2個を待機させる構造も採用し得る。この構造によりレーザーに冗長性を持たせることも検討している。

4.3　低遅延，低消費エネルギー

導波路損失の低いシリフォト基盤技術，高効率のMach-Zehnder変調器により，美しいeye波形が形成され，NRZ（Non-Return Zero）での伝送路符号を実現している。CDR（Clock Data Recovery）は採用していない。

4.4　コスト低減

シリフォト基盤へのレーザー搭載，光ピン構造の形成等については，製造装置を自社開発し，生産性の向上，技術のブラックボックス化を図っている。また，光ピン構造はMMFとの接続を容易にして光ファイバー接続コストを引き下げる。

弊社の製品Road Mapを図5に示す。PCIe5.0及び6.0の普及を睨んで，32 Gbps NRZに続き64 Gbps PAM4を開発

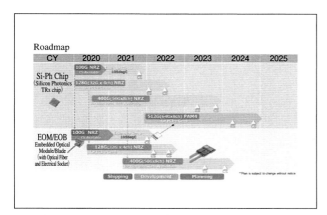

図5 光I/Oコアの開発ロードマップ

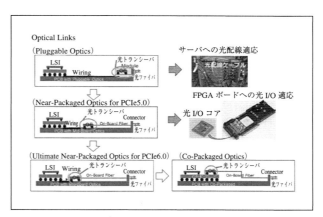

図6 半導体への近接の進化

する。5GあるいはAIでは50 Gbps NRZへの期待もあり，並行して開発を進めている。

トランシーバーの開発は，複数の企業と協業して行い，熱放出の効率化，光ファイバーの接続の自動化部材の高温対応等を含め実装技術の高度化に努めている。

5 利用の形態

光配線をコンピューティングに適用する際には，半導体に近接（Near-Packaged Optics）することになる。銅配線と光配線の混載をなくし光配線に統一することにより，高速化，遅延の低減，コスト低減，省エネルギーを併せて実現できる。

大容量のスイッチに適用のCo-Package Opticsの開発が進んでいるが[5]，システムが複雑，高温で信頼性を有する高出力レーザーがない，コスト高となる等の問題を抱えており，実現には時間を要する。

サーバーへの光接続については，Near-Packaged Opticsはより現実的な解である。高温域で高い信頼性を有する光トランシーバーが必要とされることは変わりないが，弊社の光I/Oコアは量子ドットレーザーを用いこの課題を克服している。

Near-Packaged Opticsの運用には，電気接続をSocket-able，光接続をPlug-ableとすると，使い勝手が格段に向上する。特に，光接続をPlug-ableにするには技術課題があり，解決にむけて取組んでいる。スウィッチ周りと異なりサーバーへの光接続は設計，製造，組立における高い柔軟性が求められる。

究極は，光トランシーバー部分を基盤に装着してリフロー炉に入れ後に光ファイバーを接続することができれば良い，との現場からの要望がある。これには材料を含め解決すべき課題があり，高温実装技術を更に進化させる必要がある。

将来的には，ポリマー導波路との組合せにより，一層の小型化，コネクター数の削減，サーバー設計の柔軟性の向上などが期待される。図6に半導体への近接の進化を示す。

6 導入効果

コンピューティングに光配線を活用した事例は少ないが，2020年CEATECで行ったNEDOのデモを紹介する（「光配線により，計算速度が一桁以上高速に！」https://www.youtube.com/watch?v=5k_o4YoW9j4）。

ここでは，8セットのアクセラレータ（各100 Gbpsの帯域幅を有する光I/Oコアを8個接続したFPGAボード）をそれぞれブレードサーバーに組込みメッシュ型に相互接続したもの（光配線FPGAボード）と，銅配線で接続したものとを組合せ問題を解くことにより実効性能を比較した。

　システム構成：電気配線サーバー（CPU/IB）VS
　　　　　　　　光配線サーバー（光FPGAボード）
　入力データ　：個人の血糖値，インターネット利用時間
　　　　　　　　1億3千万件

第4章　注目！シリコンフォトニクスの展開

動作／処理　：分散図表と32分割した区間内の血糖値
　　　　　　　の平均値の平均値の表示

結果　　　　：電気配線サーバー　　12.4秒
　　　　　　　光配線サーバー　　　0.7秒

光配線の適用により，コンピューティングアーキテクチャーが革新され，高い性能向上を実現することが可能となる。

7 展望

コンピューティングでの光配線の活用は緒についたばかりである。データセンターや5Gでの光トランシーバー導入に係る市場調査にも，この新たな市場は殆ど記載されていない。今後AI向けの光配線が伸長すると記載されているのみである。これは，コンピューティングでの光配線はHPC領域で銅配線に代替し拡大していくので，従来技術の延長線上にある光技術に焦点を絞った市場調査の枠外となっているためである。

コンピューティング側から見ると銅配線から光配線への転換はアーキテクチャーの革新に伴い必然の流れであり，加速的に拡大していくと考えている。

先ずは，AI，高速のNIC（Network Interface Card）から始まり，スパコンを含めたHPC，高度なコンピューティング能力を搭載した産業機械，医療機械，5Gのアンテナボックス内など広範な領域で活用される。信頼性が実証されれば，自動車，航空機，宇宙機器等への適用も想定され，新たな最先端市場を形成するものと考えている。

その使い方を含め表した「Near-Packaged Optics for Computing」が新しいBuzzwordとなることを期待したい。

謝辞

この成果の一部は，（国研）新エネルギー・産業技術総合開発機構（NEDO）の委託業務（JPNP20017）の結果得られたものです。

参考文献

1) https://pcisig.com/sites/default/files/files/PCIe%206.0%20Webinar_Final_.pdf
2) https://eetimes.itmedia.co.jp/ee/articles/2011/16/news019_2.html
3) Kurata, K. and Pitwon, R., "Short reach, low cost silicon photonic micro-transceivers for embedded and co-packaged system integration," Proc.SPIE 11286 (2020).
4) K. Kurata et al., "Short reach, high temperature operation and high reliability silicon photonic micro-transceivers for embedded and co-packaged system integration," in Optical Interconnects XXI, 2021, vol. 11692, pp. 1-16, [Online]. Available: https://doi.org/10.1117/12.2576670
5) http://www.copackagedoptics.com/wp-content/uploads/2020/01/ELS-Guidance-Doc-v1.0-FINAL.pdf

■ **Near-Packaged Optics for Computing**
■ Hidetaka Fukuda
■ CEO, AIO Core Co., Ltd.

フクダ　ヒデタカ
所属：アイオーコア㈱　代表取締役社長

III-V族半導体薄膜接合を用いた光変調器

東京大学
竹中 充

1 はじめに

5G携帯電話の普及に伴いモバイル端末を通じた動画視聴も日常的になるなど，インターネット通信量は増加の一途をたどっている。これに伴いデータセンター内の通信量も飛躍的に増加しており，光ファイバー通信用素子の一層の高速化・低消費電力化・小型化が強く求められている。また従来のラック間通信のみならず，ラック内への光ファイバー通信の導入が必要な段階に来ており，イーサネットスイッチ用ASICに光インタフェースを実装するCo-packaged Optics（CPO）の技術開発も勢力的に進められている。これらの要求を満たす光集積回路プラットフォームの一つとして期待されているのがシリコンフォトニクスである[1]。Si-on-insulator（SOI）基板を用いることで光閉じ込めが強いSi導波路が容易に実現できることから小型化に適している。加えて，CMOS製造技術を転用できることから大規模集積化も可能であり，次世代のデータセンター向け光通信素子として世界中で活発に研究が進められている。

シリコンフォトニクス素子の中でも特に光変調器の開発に焦点が集まっている。既にデータセンター内で用いられているシリコン光変調器はSi中の自由キャリア効果を用いている[2]。これは結晶対称性の関係からSi中では顕著な電界光学効果が存在しないためである。図1に示すように，Si導波路に形成したPN接合に逆バイアスを印加し，空乏層幅を変調することで屈折率を変調する空乏型シリコン光変調器が高速性と変調効率のバランスの観点から広く用いられている。しかし，自由キャリア効果には必ず光吸収も伴うことから，シリコン光変調器の性能向上が一層困難になりつつある。例えば，変調効率を高めるには，n型やp型Siの不純物密度（N_D, N_A）を高めて空乏層容量（C）を大きくする必要がある。一方，動作速度はRC時定数で決まるので，Siスラブ部分の不純物密度を更に高める必要があるが，結果として自由キャリア吸収による光損失が増加する。このため，変調効

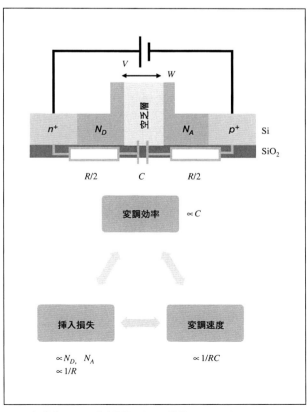

図1 空乏型シリコン光変調器における性能トレードオフ。

率，動作速度，挿入損失を同時に改善することはできず，100 GBaud以上の動作速度を電気的補償なしに実現するのは困難になっている[3]。

このため，シリコンプラットフォーム上にGe(Si)[4,5]，III-V族半導体[6]，グラフェンなどの2次元材料[7,8]，EOポリマー[9]，ニオブ酸リチウムなどの強誘電体[10,11]等を集積して，シリコン光変調器の性能限界を打破する試みが多数報告されている。

我々は，シリコンプラットフォーム上にIII-V族半導体薄膜をウェハボンディングにより接合した光変調器の研究を進めてきた。ここでは，III-V族半導体薄膜をSi導波路上に接合したハイブリッドmetal-oxide-semiconductor（MOS）型光変調器やIII-V族半導体薄膜導波路を用いた電界吸収型光変調器についての最近の取り組みを紹介する。

2 ハイブリッドMOS型光変調器

InP基板に成長可能なInGaAsPなどのIII-V族半導体は電子の有効質量が軽く，Siと比較して自由電子起因の屈折率変化が大きいことが知られている。我々は，III-V族半導体中の電子誘起屈折変化を活用したハイブリッドMOS型光変調器構造を考案し，研究を進めてきた[12]。

2.1 動作原理および基本特性

図2にハイブリッドMOS型光変調器の素子断面構造を示す。p型にドーピングされたSi導波路上にn型InGaAsP薄膜が接合された構造になっている。ゲート絶縁膜となるアルミナ（Al_2O_3）を堆積したInGaAsPとSi導波路表面を超音波水洗浄後に接合することで，ハイブリッドMOSキャパシタ構造を形成する。InGaAsP層とSi導波路間に図2のようにゲート電圧V_gを印加すると，InGaAsP/Al_2O_3界面に電子が，Si/Al_2O_3界面に正孔がそれぞれ蓄積する。InGaAsP中には電子のみが蓄積することから，一般的に問題となるInGaAsP中の正孔による大きな光吸収を取り除くことができる。結果として，高効率かつ低光損失な光位相変調が可能となる。

図3にゲート電圧に対する位相シフト量と挿入損失を測定した結果を示す。ここでIII-V族半導体薄膜としては，InPに格子整合し，バンドギャップ波長が1.37 μmと

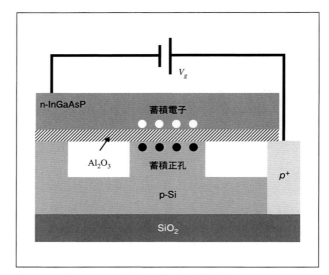

図2 ハイブリッドMOS型光変調器の素子断面構造。

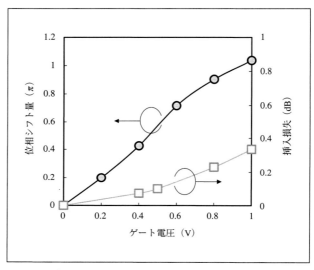

図3 ハイブリッドMOS型光変調器の変調特性。

なるInGaAsPを用いた。素子長は500 μm，動作波長は1.55 μmである。図3の結果から分かるように，1 V程度のゲート電圧印加でπ位相シフトが得られており，π位相シフトに必要な電圧と素子長を掛けた位相変調効率は0.05 Vcmとなった。これは，空乏型シリコン光変調器より10倍以上高い効率である。一方，π位相シフト時の挿入損失の増加は0.3 dB程度であり，空乏型シリコン光変調器の10分の1程度となった。この結果からも分かるように，III-V族半導体薄膜をSi導波路上に貼り合わせたハイブリッドMOS構造により，高効率化と低損失化を

同時に達成することに成功した。

2.2 高速変調に向けた寄生容量低減

図2に示した素子構造では，InGaAsP薄膜を支えるためにSi導波路の両脇に設けられたSiテラスが必要であった。このため，InGaAsP薄膜とSiテラス間の寄生容量が大きく，高速変調動作に適さなかった。不要な寄生容量をなくすため，図4に示す素子構造を作製した[13]。Si導波路上にSiO₂クラッドを堆積後，化学機械研磨により表面を平坦化した。その後，InGaAsPを接合することで，支持に必要だったSiテラスを不要とした。これにより，寄生容量を大幅に低減することに成功し，12.5 Gb/s NRZ変調に対して明瞭なアイ開口を得ることに成功した（図5）。

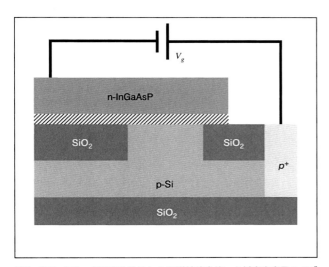

図4 SiO₂クラッドで埋め込まれたSi導波路を使った低寄生容量ハイブリッドMOS型光変調器。

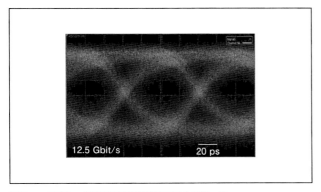

図5 ハイブリッドMOS型光変調器のアイパターン。

ハイブリッドMOSキャパシタに通常とは逆向きに電圧を印加しても，III-V族半導体中の電界光学効果で高効率に光変調できることが分かっている[14]。逆バイアス印加時は空乏層容量が縦続接続されるので，全体の容量が低減し一層の高速動作が期待できる。また進行波電極を用いることで更なる高速化も可能であることから[15]，今後の変調帯域増大が期待される。

3 III-V族半導体薄膜光変調器

シリコンフォトニクスを越える光集積回路プラットフォームとして，我々はIII-V CMOSフォトニクスを提唱して，研究を進めてきた[16, 17]。図6に示すように，III-V族半導体薄膜を熱酸化Si基板上に貼り合わせたIII-V on insulator（III-V-OI）基板を用いることで，SOI基板を用いるシリコンフォトニクス同様，強く光を閉じ込め可能な光導波路をIII-V族半導体でも実現できるようになる。図6にあるように，III-V-OI基板上に形成したInGaAsP光導波路にPIN接合を形成し，逆バイアスを印加することで，III-V族半導体中のフランツ・ケルディッシュ効果を用いた光変調器が実現でき，シリコン光変調器を大幅に上回る変調性能が期待できる。

3.1 能動・受動集積

III-V-OI基板上にレーザーや光変調器，受光器，種々の受動素子をモノリシック集積するためには，各素子に

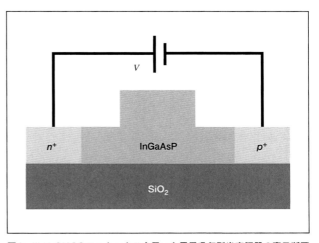

図6 III-V CMOSフォトニクスを用いた電界吸収型光変調器の素子断面構造。

適したバンドギャップを持つIII-V族半導体薄膜を準備する必要がある。我々は再成長不要でIII-V族半導体のバンドギャップを制御可能な量子井戸インターミキシングの研究を進めている[18, 19]。

InPバルク基板上と異なり，膜厚が200-300 nm程度のIII-V族半導体薄膜に対する量子井戸インターミキシングでは，極めて薄いInP上部クラッドに対してPイオンを注入することが求められる。このためにはPイオンを3 keV以下のエネルギーで注入する必要があり，利用できるイオン注入装置が限られてしまう問題があった。これを解決する手法として，我々はリン分子（P_2）イオン注入による量子井戸インターミキシングを考案した。リン分子とすることで質量が増えることから，10 keV程度と一般的なイオン注入装置で利用可能な注入エネルギーで量子井戸インターミキシングが可能となった。

III-V-OI基板上では，InPバルク基板上と比較して量子井戸インターミキシングによるバンドギャップシフト量が小さくなくことも課題であった。これは，イオン注入時に発生する格子間リン原子がSiO_2埋め込み酸化膜界面でパイルアップして，量子井戸インターミキシングに必要なリン欠陥と再結合する過程が促進されるというモデルで理解することができる[20]。このモデルに基づき，InP上部クラッドを極力薄くして，リン欠陥がより多く多重量子井戸に拡散する構造を考案した。P_2イオンをInGaAsP多重量子井戸を含むIII-V-OI基板に注入後，650度加熱により量子井戸インターミキシングした結果を図7に示す。イオン注入がない場合は，レーザーや受光器に適した1550 nm程度のバンドギャップ波長であるのに対し，加熱処理をすることで，バンドギャップ波長が短波化していることがPL測定から確認された。1 minの加熱の場合，電界吸収型光変調器に適した1450 nm程度のバンドギャップ波長になるのに対して，24 min加熱することで，動作波長1550 nmの光に対して十分透明といえるバンドギャップ波長を得ることに成功した。

3.2 III-V族半導体薄膜を用いた電界吸収型光変調器

量子井戸インターミキシングでバンドギャップ波長を1470 nmに制御したIII-V-OI基板を用いて，電界吸収型光変調器を作製した。InGaAsP多重量子井戸を含むIII-V-OI薄膜を図6に示すようなリブ型導波路に加工した。スラブ部分にSiイオン注入でn^+層を形成後，スピンオングラスを塗布して加熱することでZnを固相拡散しp^+層を形成することで，横方向PIN接合を形成した。作製した素子の断面TEM像を図8に示す。PIN接合に逆バイアスを印加することで，多重量子井戸層に水平に電界が印加され，フランツ・ケルディッシュ効果により吸収率が変化する。光吸収変調スペクトラムを測定した結果を図8に

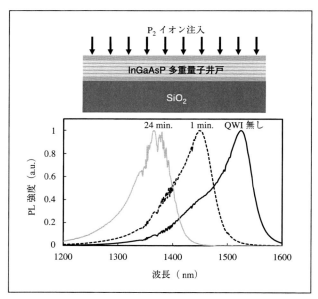

図7 リン分子イオン注入によるIII-V-OI基板上での量子井戸インターミキシングのバンドギャップ波長のシフト結果。

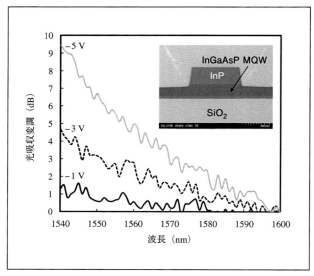

図8 III-V-OI基板上に作製した，電界吸収型光変調器の断面TEM像および光吸収変調スペクトラム測定結果。

示す。印加電圧を大きくすることで電界吸収型の光変調動作が得られた。12.5 Gb/s変調での良好なアイ開口も得られた。III-V-OI構造を用いることで，InPバルク基板上よりも寄生容量を低減できることから，更なる高速化が可能である。全く同じプロセスで受光器も一体集積できることから，シリコンフォトニクス素子を置き換える超高性能次世代光トランシーバーの実現が期待される。

4 まとめ

シリコンフォトニクスは大規模集積化に優れた光集積回路プラットフォームである一方，物性という観点からは必ずしも最適な光学材料とは言えない。III-V族半導体など光学特性に優れた材料とうまく組み合わせることで，両者の良い点を併せ持つ光集積回路を実現することができる。今後，シリコンプラットフォーム上の異種材料集積技術は，光通信にとどまらず，LiDARなどのセンシングや深層学習・量子計算などのコンピューティング応用[21]においても必須の技術になることが期待される。

謝辞

本研究の一部は（国研）新エネルギー・産業技術総合開発機構（NEDO）からの委託事業（JPNP13004，JPNP14004，16007）およびJST，CREST，JPMJCR2004，JST，未来社会創造事業，JPMJMI20A1の支援を受けて実施した。

参考文献

1) S. Y. Siew, B. Li, F. Gao, H. Y. Zheng, W. Zhang, P. Guo, S. W. Xie, A. Song, B. Dong, L. W. Luo, C. Li, X. Luo, and G.-Q. Lo, *J. Lightwave Technol.* **39**, 4374 (2021).
2) G. T. Reed, G. Mashanovich, F. Y. Gardes, and D. J. Thomson, *Nat. Photonics* **4**, 518 (2010).
3) S. Zhalehpour, M. Guo, J. Lin, Z. Zhang, Y. Qiao, W. Shi, and L. A. Rusch, *J. Lightwave Technol.* **38**, 256 (2020).
4) Y.-H. Kuo, Y. K. Lee, Y. Ge, S. Ren, J. E. Roth, T. I. Kamins, D. A. B. Miller, and J. S. Harris, *Nature* **437**, 1334 (2005).
5) J. Liu, M. Beals, A. Pomerene, S. Bernardis, R. Sun, J. Cheng, L. C. Kimerling, and J. Michel, *Nat. Photonics* **2**, 433 (2008).
6) H.-W. Chen, Y.-H. Kuo, and J. E. Bowers, *IEEE Photonics Technol. Lett.* **20**, 1920 (2008).
7) M. Liu, X. Yin, E. Ulin-avila, B. Geng, T. Zentgraf, L. Ju, F. Wang, and X. Zhang, *Nature* **474**, 64 (2011).
8) I. Datta, S. H. Chae, G. R. Bhatt, M. A. Tadayon, B. Li, Y. Yu, C. Park, J. Park, L. Cao, D. N. Basov, J. Hone, and M. Lipson, *Nat. Photonics* **14**, 256 (2020).
9) A. Melikyan, L. Alloatti, A. Muslija, D. Hillerkuss, P. C. Schindler, J. Li, R. Palmer, D. Korn, S. Muehlbrandt, D. Van Thourhout, B. Chen, R. Dinu, M. Sommer, C. Koos, M. Kohl, W. Freude, and J. Leuthold, *Nat. Photonics* **8**, 229 (2014).
10) C. Wang, M. Zhang, X. Chen, M. Bertrand, A. Shams-Ansari, S. Chandrasekhar, P. Winzer, and M. Lončar, *Nature* **562**, 101 (2018).
11) S. Abel, F. Eltes, J. E. Ortmann, A. Messner, P. Castera, T. Wagner, D. Urbonas, A. Rosa, A. M. Gutierrez, D. Tulli, P. Ma, B. Baeuerle, A. Josten, W. Heni, D. Caimi, L. Czornomaz, A. A. Demkov, J. Leuthold, P. Sanchis, and J. Fompeyrine, *Nat. Mater.* **18**, 42 (2019).
12) J.-H. Han, F. Boeuf, J. Fujikata, S. Takahashi, S. Takagi, and M. Takenaka, *Nat. Photonics* **11**, 486 (2017).
13) Q. Li, C-. P. Ho, J. Fujikata, M. Noguchi, S. Takahashi, K. Toprasertpong, S. Takagi, and M. Takenaka, *Optical Fiber Communication Conference (OFC2020)*, Th2A.16, San Diego, 8-12 March 2020.
14) Q. Li, C. P. Ho, S. Takagi, and M. Takenaka, *IEEE Photonics Technol. Lett.* **32**, 345 (2020).
15) Q. Li, S. Y. Siew, B. Li, X. Luo, and G.-Q. Lo, *IEEE J. Sel. Top. Quantum Electron.* **28**, 1 (2022).
16) M. Takenaka and Y. Nakano, *Opt. Express* **15**, 8422 (2007).
17) M. Takenaka, Y. Kim, J. Han, J. Kang, Y. Ikku, Y. Cheng, J. Park, M. Yoshida, S. Takashima, and S. Takagi, *IEEE J. Sel. Top. Quantum Electron.* **23**, 64 (2017).
18) N. Sekine, K. Toprasertpong, S. Takagi, and M. Takenaka, *Conference on Lasers and Electro-Optics (CLEO2020)*, STu3O.5, 11-15 May 2020.
19) N. Sekine, K. Toprasertpong, S. Takagi and M. Takenaka, *VLSI Symposium*, JFS3-6, 13-19 June 2021.
20) S. Takashima, Y. Ikku, M. Takenaka, and S. Takagi, Jpn. *J. Appl. Phys.* **55**, 04EH13 (2016).
21) M. Takenaka, J.-H. Han, F. Boeuf, J.-K. Park, Q. Li, C. P. Ho, D. Lyu, S. Ohno, J. Fujikata, S. Takahashi, and S. Takagi, *J. Lightwave Technol.* **37**, 1474 (2019).

■Optical modulators using wafer bonding of III-V semiconductor membrane

■Mitsuru Takenaka

■The University of Tokyo, School of Engineering, department of Electrical Engineering and Information System, Professor

タケナカ　ミツル
所属：東京大学　大学院工学系研究科　電気系工学　教授

第4章　注目！シリコンフォトニクスの展開

1 はじめに

　スローライトは低群速度をもった光である。すなわち光パルスの伝搬速度v_gが遅くなる。一般に屈折率nの媒質中では，光の速度が$1/n$になるが，スローライト状態の光パルスは，これよりも桁違いに遅くなる。一般に光パルスは，広いスペクトル成分をもち，その位相が揃った箇所でピーク強度をもつ。各スペクトル成分が同じ速度で進むと，パルスも同じ速度で進む。しかし各スペクトル成分が徐々に異なる速度で進むと，位相が揃った箇所の速度は，遅くなるのである。これを式で書くと，波数kと周波数ωに対して，$v_g = (dk/d\omega)^{-1}$となる。つまり一次分散$dk/d\omega$が大きくなると，スローライトが発生する。

　このような光は，1999年にハーバード大学のL. Hau教授らのグループによって最初に報告された[1]。ここでは極低温下での電子と光子の量子干渉現象，すなわち電磁誘導透過によって極端に大きな1次分散を発生させ，群速度を7桁も減少させたのである。これは多くの研究者を驚かせたが，その群速度を発生させられる周波数帯域が非常に狭く，極低温ということもあり，応用は困難と考えられた。その後，2001年にNTTの納富らにより，フォトニック結晶導波路中のブラッグ条件付近で，構造由来の1次分散が大きくなり，群速度が2桁程度減少することが示された[2]。これは微小光学素子の中で常温でもスローライトが生じることを示し，同じフォトニック結晶を研究してきた我々にインパクトを与えた。ただし

ブラッグ条件付近のスローライトがやはり周波数帯域が狭く，また1次分散だけでなく，高次の分散も大きくなって，光パルスが乱れることが応用を難しくする。そこで筆者らは，高次の分散を抑制し，使いやすい適度な帯域でスローライトを生じさせる方法を提案[3]，これをベースに，様々な応用が議論されてきている。特に過去10年余の間にシリコン（Si）フォトニクス光集積プラットフォームが世界的に拡大し，そのコンポーネントの一つとしてフォトニック結晶導波路が製作できるようになったため，いくつかの具体的な応用が有望になってきている。本稿は，このような現状を報告する。

2 使いやすいスローライト

　Siフォトニクス技術によって製作されるフォトニック結晶は，Silicon-on-Insulator（SOI）基板のSiスラブ層に空孔を2次元周期配列させることで得られる。さらにフォトニック結晶導波路は，フォトニック結晶の一列の空孔を取り除いて導波路コアとする。波長1550 nm付近の動作を考えたとき，典型的な配列のピッチaは400 nm，空孔の直径は200 nmとなり，Si半導体ファウンダリが用いるCMOSプロセスで製作できるサイズとなる。

　フォトニック結晶のスローライトを議論する際，kに対するωの関係を表すフォトニックバンドがしばしば使われる。v_gの式からわかるように，大きな1次分散は傾きが小さなバンドに対応する。このとき，ブラッグ条件$k=0.5\,(2\pi/a)$付近（バンド端）でスローライトが生じるが，

これは前述のように高次の分散が大きくて使いづらい。バンド端以外のkに対しても，バンドは曲率をもっており，これは高次の分散があることを意味する。高次の分散を抑制するには，バンドをできるだけ直線化する必要がある。詳しい物理は省くが，導波路コアの周辺の空孔のサイズをわずかに変えたり，周期構造の本来の位置からずらしたりするとバンドの形は変化し，うまく最適化すると，かなり直線化する。図1は機械学習を使って空孔の位置に対するバンド形状をモデル化し，空孔のシフトを調整した結果である[4]。全反射臨界条件を表すライトラインとバンド端で挟まれた光伝搬条件においてバンドがほぼ直線化され，それに対して$n_g \approx 20$でスペクトルが平坦化された。このn_gはL. Hauらの極端なスローライトではないが，それでも材料屈折率に比べると非常に大きい。波長帯域は光ファイバ通信に用いられるCバンド全域をカバーしている。また，同様に空孔の位置を最適化したテーパ構造を使うと，通常のSi導波路との接続損失を0.1 dB程度に抑制できる。つまり，様々な応用が期待される使いやすいスローライトが，最適化されたフォトニック結晶導波路にて実現できる。

3 LiDARへの応用

近年，我々が開発に注力しているスローライトの応用がLight Detection and Ranging（LiDAR）である。周囲にレーザ光を照射し，その反射から3次元映像を取得するセンサであり，自動運転の世界的な開発の中で，注目を浴びるようになった。その間，パルス光を拡散放射させ，物体の距離に応じて反射光の映像を繰り返し取得することで3次元映像を構築するフラッシュ方式LiDARが開発された。これは特に構成が単純なため，携帯端末に搭載されるようになり，誰でも手軽に使えるようになった。ただしフラッシュ方式は最初から光を拡散させるので，反射戻り光の強度が極端に弱く，10 m以内の近距離での利用に限定されている。それ以上の距離は光をビーム状にしてスキャンし，繰り返し測距を行うことで3次元映像を得る。しかし現在，使われているビームスキャナは全て機械式のため，フラッシュ方式に比べるとビームスキャン方式LiDARは大きく，重い。Siフォトニック結晶導波路のスローライトは，このビームスキャナを全電子式にできる可能性がある。

ここでは，フォトニック結晶導波路に回折格子を形成し，光を面外に放射させて，ビームを形成する。このビームの角度θは，面内のkを保存するように決定される。スローライトは一次分散$dk/d\omega$が大きいと述べたが，これは周波数（波長も同じ）をわずかに変えただけで伝搬モードのkが大きく変わることを意味し，結果としてθ方向に広角なスキャンが得られる。また，波長を固定して，導波路の屈折率を変えることでも，同様のスキャンが得られる。例えば導波路を加熱して，熱光学効果によって屈折率を変えることが考えられる。ところで，回折格子の刻みを小さく設定すると伝搬光はゆっくり放射され，放射開口が拡大されて，θ方向にビームは鋭くなる。一方，導波路に直交するϕ方向には，ビームが大きく広がる。このような扇状のビームは，導波路上部にコリメートレンズを配置することでスポットビームに変換できる。さらに，このような回折格子付きフォトニック結晶

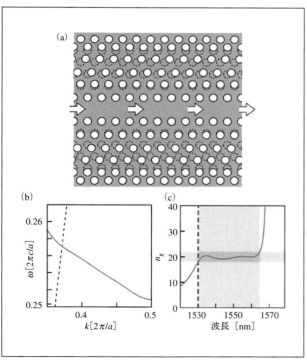

図1 使いやすいスローライト。(a) 最適化されたフォトニック結晶導波路。点線は最適化前の空孔の位置。(b) 直線化されたフォトニックバンド。点線はライトライン。(c) 群屈折率n_gスペクトル。

第4章 注目！シリコンフォトニクスの展開

導波路を多数，アレイ状に集積し，光スイッチを使ってそのうちの1本のみに光を導入すると，コリメートレンズに対するオフセット量に応じて，ビームをϕ方向にスキャンすることもできる。こうして2次元的なビームスキャンが可能となる。

図2(a)は，このようなビームスキャナを含む非機械式LiDARチップをSiフォトニクス技術によって製作した例である[5〜8]。ここでは，導波路を32本アレイ集積し，光の導入を熱光学式マッハツェンダー光スイッチによって切り替える。また光の伝搬方向も切り替えることで，左右の両方向にスキャンできるようにしている。図2(b)は，波長を約20 nmの範囲で掃引することにより，角度拡がりの半値全幅が約0.1°のスポットビームを40°×4.4°の範囲でスキャンした例である。その後，範囲を40°×8.8°に拡大し，固定波長と導波路のヒータ加熱でも同様のビームスキャンを確認している。Siに直接通電して加熱することで熱容量が抑えられ，ビーム掃引時間は2.7 μsと短い。これは，例えば10 kピクセルのLiDAR映像を30 fps以上の速度で取得できるスキャン速度である。電子式ビームスキャナでは，光フェーズドアレイやフォーカルプレーンアレイによるものが，欧米で活発に開発されている[9,10]。しかし製作や調整が難しい，解像度や効率が低い，広範囲の波長掃引光源が必要といった問題がある。スローライトを用いた方式は，これらの問題が少なく，有利である。

また図2(a)のLiDARチップはFrequency-Modulated Continuous-Wave（FMCW）方式の光検波回路を集積している。これは光パルスの往復時間を計測するのではなく，周波数変調された連続光を往復させ，内部の参照光との差周波数をホモダイン計測し，そこから距離を算出する。コヒーレント検波のため，直接検波を使う光パルス方式よりも高感度が得られるほか，太陽光などの環境光や他のLiDARからの光と干渉がほとんどないと考えられ，安定した動作が期待できる。さらにドップラシフトを取得すれば，対象物の動きの情報も得られ，光パルス方式のLiDARよりも豊富な情報で周囲を可視化できる。図2(c)は，このチップで得られた距離画像である。また，ターンテーブルの回転やスピーカの振動なども可視化できている。現在は実験室内の距離に限られているが，チップ内部の光学損失やノイズの除去が進めば，100 m級

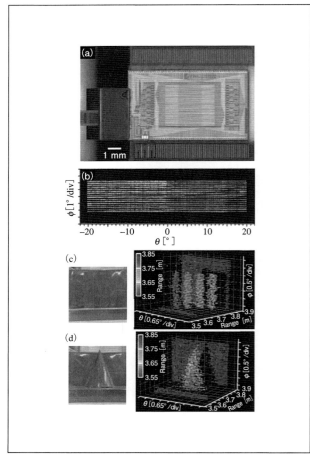

図2 スローライトを利用した全電子式LiDAR。（a）Siフォトニクス技術で製作したチップ。（b）ビームスキャン。（c），（d）物体（左）とLiDARの点群画像（右）。

の遠距離も検知できるものと期待している。

4 光変調器への応用

Siフォトニクスの重要な応用に，光インターコネクションのデータ通信向け光トランシーバがある。ネットワークのクラウドサービスの拡大で，世界中に多くのデータセンタが建設され，それぞれが大量の計算機サーバを設置し，それらの間を高速なデータ通信で結んでいる。およそ10年前から，電気ケーブルを置き換える，光送受信機能をもった光ケーブルの導入が始まった。その巨大な需要は，Siフォトニクスのような量産向けCMOSプロセスの利用が有効となる。実際にこのプロセスでチッ

プを設計・製作すると気づくことであるが，Siフォトニクスの様々な光部品の多くは100 μm以下と小さく，その中で高速なマッハツェンダー変調器は2〜5 mmとかなり大きい。Siフォトニクスには，この他にもサイズが小さい電界吸収型変調器，リング変調器などがあるが，それでもマッハツェンダー変調器が広く使われている。これは他よりも動作波長範囲や温度許容範囲が広く，温度調整がない環境でも使いやすいためである。マッハツェンダー変調器の移相器は，PN接合が形成されたリブ導波路であるが，導波路構造やドーピング濃度を調整した程度では，大幅な性能向上は得られない。そこで，ここでもスローライトを利用する。

図3 (a) はPN接合付きフォトニック結晶導波路を移相器として用いた変調器である[11]。スローライトでは，わずかな屈折率変化に対する波数の変化Δkがn_gに比例して大きくなるので，変調に必要となる位相変化量を満たす移相器長Lが短くなる。図3 (a) の素子は，$n_g \approx 20$に対して$L = 200$ μmである。ただしスローライトを使う場合は，電気信号との位相不整合に注意が必要である。長尺の進行波型マッハツェンダー変調器において，光と電気の位相整合は変調効率と動作周波数を制限する。スローライト変調器の場合，長さが短く，一見，位相不整合とは無関係に思われるが，n_gが極端に違うので，工夫しないと，遮断周波数は20 GHz以下に制限される。図3 (a) の素子は，移相器の中央で電極を横に引き出すメアンダラインを設けて電気信号を遅延させ，位相不整合を補償しており，電極の終端も最適化することで，遮断周波数は38 GHzまで向上した。図3 (b) はこの変調器を50〜64 GbpsでOn-Off Keying動作させたときのアイパターンである。また，シンボルレート50 GbaudまでのPAM-4変調も試し，わずかなアイ開口を確認した。このPAM-4変調では遮断周波数を50 GHz以上に高める必要があるので，電極構造や分割電極をさらに導入し，電気信号損失を補償する必要があると考えている。

いずれにせよ，ここまで短くなると，サイズの問題はだいぶ解消される。メアンダライン電極はやや大きいが，電極の終端を調整することで，この半分近い面積に収められる見通しもある。このような小型変調器は，400 Gbpsを超える次世代のEthernet規格において，並列伝送や波長多重で多くの変調器が必要になる状況で，重要性が増すものと考えられる。

5　光相関計への応用

光相関計は，直接観測が難しいピコ秒以下の短い光パルスの幅や形状を観測するツールである。パルスを2分岐させ，一方のパルスの遅延量を様々に変えた後，再び2つのパルスを合流させる。その際に，第二次高調波発生，二光子吸収といった光学非線形を介して受光することにより，2つのパルスの重なり具合に応じた出力を得る。遅延量に対する出力をプロットすれば自己相関波形が得られ，これよりパルス幅を読み取ることができる。また，一方のパルスを途中で時間圧縮してから同様の出力を得れば相互相関波形が得られ，これより元のパルスの波形を調べることもできる。このような光相関計には，ミラーまでの距離を変えて光の往復時間を連続的に変えるような可変遅延線が必要になる。したがって，光相関計は一般にボックスサイズの装置になる。

これはSiフォトニクスとスローライトを利用することで，微小なチップにすることができる。その構成を図4に示す[12]。ここでは，PN接合フォトダイオードアレイ

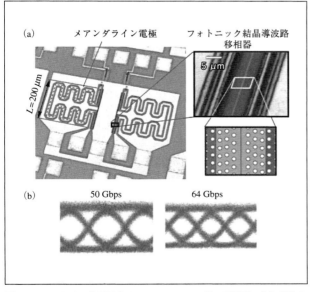

図3　スローライトを利用するSiマッハツェンダー変調器。(a) 製作した素子。(b) On-Off Keying変調のアイパターン。

第4章　注目！シリコンフォトニクスの展開

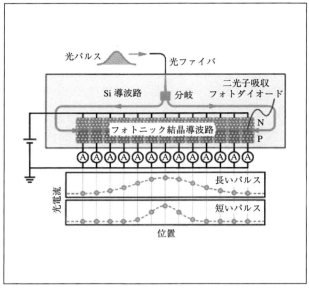

図4 二光子吸収フォトダイオード付きフォトニック結晶導波路のスローライトを利用した光相関計。

を形成したフォトニック結晶導波路を，二光子吸収フォトダイオード導波路として利用する。二光子吸収はn_g^2に比例して大きくなるので，波長1550 nm帯の光パルスでも，高効率に光電流を発生させることができる。この導波路に光パルスを二分岐させて，逆方向伝搬させると，2つのパルスはフォトニック結晶導波路内で重なって，パルス波形に応じた光電流を発生させ，自己相関波形を取得することができる。被測定パルスを分岐せずに一方のポートから入射し，時間圧縮したパルスを他方のポートから入射して，上と同様に逆方向伝搬させれば，相互相関波形を得ることもできる。

この構成は可変遅延線を用いないため，小さなチップで簡単に相関波形が取得できる。また，その感度も市販のボックス型の相関計と同等で，実用的なデバイスとなることが確認されている。

 まとめ

Siフォトニック結晶導波路におけるスローライトとその応用の状況を紹介した。Si半導体ファウンダリによって製作される光集積回路の中で，低損失にスローライト効果が利用できる状況となってきた。採り上げた3つの応用は実用となる可能性があるが，これら以外にも，光信号処理やセンサデバイスにも応用が検討されており，多彩な発展を期待したい。

参考文献
1) L. V. Hau, et al., Nature 397, 594 (1999).
2) M. Notomi, et al., Phys. Rev. Lett. 87, 253902 (2001).
3) T. Baba, Nature Photonics, 2, 465 (2008).
4) K. Hirotani, et al., Opt. Lett. 46, 4422 (2021).
5) H. Ito, et al., Optica 7, 47 (2020).
6) T. Tamanuki, et al., J. Lightwave Technol. 39, 904 (2020).
7) T. Baba, et al., IEEE J. Sel. Top. Quantum Electron. (2022, to be published).
8) S. Suyama, et al., Opt. Express 29, 30727 (2021).
9) C. V. Poulton, et al., IEEE J. Sel. Top. Quantum Electron. 25, 7700108 (2019).
10) C. Rogers, et al., Nature 590, 256 (2021).
11) Y. Hinakura, et al., IEEE J. Sel. Top. Quantum Electron. 27, 4900108 (2021).
12) K. Kondo and T. Baba, Optica 4, 1109 (2017).

■Slow-Light Generation in Silicon Photonic Crystal Waveguides and Its Applications
■Toshihiko Baba
■Professor, Department of Electrical and Computer Engineering, Yokohama National University

ババ　トシヒコ
所属：横浜国立大学　工学研究院　教授

集積型光周波数コム光源とシリコンフォトニクス

慶應義塾大学
田邉孝純

1 はじめに

　光周波数コム光源とは，周波数間隔が等しい櫛状のスペクトル形状を有する光であり，他のコヒーレント光源には見られない特徴的な性質を有する。特に，スペクトル領域において光周波数が正確に定まる性質，また時間領域において正確に繰り返し光パルス間隔が定まる性質は，光周波数コム光源の様々な用途への応用を可能とした。光周波数コム光源は，当初から精密分光の理学研究への利用が期待されてきた[1]。その一方で，多数の縦モードの光を活かした，波長多重光通信用光源，低ノイズマイクロ波源，LiDAR (Light Detection And Ranging) など，工学への応用も提案されてきた。これらの応用については，従来の光周波数コム光源では装置が余りにも大規模であるため，既存技術に対する優位性を打ち出せずにいた。しかし，この状況は大きく変わりつつある。

　近年，微小光共振器素子の性能の大幅な向上に伴い[2]，効率的に非線形光学効果を引き起こすことが可能となった。微小光共振器の持つ縦モードと近い周波数を持つ連続光を入力すると，四光波混合によって，別の縦モードに一致する周波数の光が発生する。これがカスケード的に起こることで光周波数コム状の光が生成され，適切な条件においては各縦モードの光の位相を同期（モード同期）させることも可能となる。これが微小光共振器（マイクロ共振器）を用いた光周波数コム，いわゆるマイクロコムであり，近年盛んに研究されている光源技術である[3]。

　微小光共振器のサイズは非常に小さいため，マイクロコムを用いることで，高い繰り返し周波数を得ると同時に，装置全体の超小型化が可能となる。これによって，先に挙げた波長多重光通信や[4]，LiDAR用の光源[5]，更には，低ノイズマイクロ波源やフィルタ[6]などの応用が，より現実的なものとなりつつある。

　本稿では，シリコン（Si）フォトニクスと親和性の高いことで注目されている，シリコンナイトライド（SiN）マイクロリング共振器を用いた光周波数コムの基礎と，その光通信への応用について紹介したい。

2 マイクロコムの発生原理とプラットフォーム

　本章ではマイクロコム発生の原理と，マイクロコムの発生のために欠かせない微小光共振器のパラメーターについて解説する。

　マイクロコム発生の原理を説明するため，直径$114\,\mu m$のSiNマイクロリング共振器を用いて発生させた光周波数コムのスペクトルを図1に示す。ここに用いた共振器は，自由スペクトル領域（FSR：Free Spectral Range）が400 GHzとほぼ等間隔な縦モードを有する。1550 nm付近の縦モードに一致する波長を持つ連続光により共振器を励起すると，微小光共振器の高いQ値と小さなモード体積Vのおかげで，共振器内に光が強く閉じ込められ，効率的に非線形光学効果が得られる。共振器の縦モードはスペクトル上に等間隔で存在するため，それぞれの縦モードで，四光波混合のエネルギー保存および運動量保存が成り立つ。その結果，縮退四光波混合と非縮退四光

第4章　注目！シリコンフォトニクスの展開

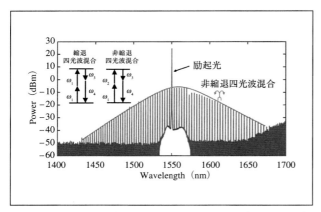

図1 SiNマイクロリング共振器で生成した光周波数コム（ソリトンコム）。

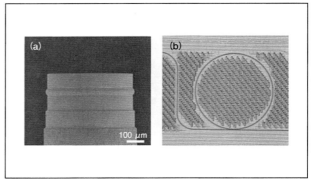

図2 （a）MgF$_2$微小光共振器（b）SiNマイクロリング共振器。

波混合が連続的に生じるため，光周波数コムが発生する。

　すなわち，マイクロコムの発生には，等しいスペクトル間隔において縦モードを有し，十分に高いQ値と小さなVを持つ微小光共振器が必要となる。さらに，四光波混合の発生が可能な三次の非線形光学材料を用いる必要がある。

　Siフォトニクスとの融合を目指すのであれば，Siチップ上において直接光コムを発生させたいところであるが，これは容易ではない。例えば，Q/Vが高いSiフォトニック結晶微小光共振器を用いた場合，素子が小さくFSRが広すぎるうえ，フォトニック結晶特有の強い分散によってFSRが等間隔でなくなり，四光波混合光を得ることはできない。一方，Siマイクロリング共振器では，適切なFSRおよび分散を得ることは可能ではあるが，通信波長帯において，Siの二光子吸収による非線形吸収がQ値を低下させてしまうため，やはり四光波混合は得られない。つまり，通信波長帯においてマイクロコムを発生させるにはSi以外のプラットフォームを用いる必要がある。

　初期のマイクロコム発生においては，SiO$_2$によるトロイド型の共振器が用いられた[3, 7]。その後，図2（a）に示すMgF$_2$によるウィスパリングギャラリーモード（WGM：Whispering Gallery Mode）微小光共振器が用いられるようになる[8, 9]。この共振器はQ値が非常に高く，多少サイズが大きくとも四光波混合が得られるため，10 GHz程度のFSRを持つマイクロコムを得ることが可能である。しかし，光の入出力にはテーパ光ファイバーやプリズムによる光結合が用いられるため，必ずしも集積性は高くない。そこで近年，集積性の優れた微小光共振器プラットフォームとしてSiNマイクロリング共振器が普及し始めた（図2（b））[10]。これらの材料はバンドギャップが広く多光子吸収が抑えられるため，効率的な四光波混合が得られる。特にSiNは既存の半導体製造技術との相性が良く，Siフォトニクスとの融合が期待される。

3 SiNマイクロリングによる光コム発生

　図3にSiNマイクロリング共振器を用いたマイクロコム発生のセットアップを示す。用いた共振器のFSRは400 GHzであり，Q値は約10^6である。これは導波路の伝搬損失としては0.22 dB/cmに対応する。単側波帯（SSB：Single Side Band）変調器を用いることで，連続波（CW：Continues Wave）レーザーの波長を，約10 GHz程度の範囲内において高速に掃引できるようにしている。図1に示すソリトンコムと呼ばれる状態を得るためには，熱光

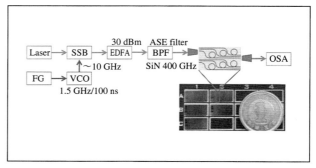

図3 SiNチップと，ソリトンコム発生のための実験セットアップ。

138

学効果による波長シフトを抑えるため，励起CWレーザーの波長を高速に掃引することが必要となる[11]。この例では，SSB変調器の入力に信号発生器（FG：Function Generator）と，電圧制御発振器（VCO：Voltage-controlled Oscillator）を用いることで，約1.5 GHz/100 nsの波長掃引速度を実現している。入力光はEDFA（Erbium-Doped Fiber Amplifier）により増幅され，自然放出増幅光（ASE：Amplified Spontaneous Emission）を除去するためバンドパスフィルター（BPF：Band-Pass Filter）に通したのち，SiNチップへと結合する。出力光は光スペクトルアナライザー（OSA：Optical Spectrum Analyzer）により観測する。

入力光の波長を，微小光共振器の共振モードに沿って短波長側から長波長側に掃引すると，図4のようなスペクトルが観測される。入力光が共振器モードに結合を始めると，まず図4（a）に示すようなスペクトルが観測される。これはチューリングパターン（TP：Turing Pattern）コムと呼ばれる。時間領域では正弦波状に周期的に変調を受けた光が出力される。この例では8 FSR間隔でコム状スペクトルが得られるが，この間隔は共振器の分散などのパラメーターによって決定される[12]。

更に波長掃引を続け，共振器に光が強く入射すると，図4（b）や図4（c）のようなスペクトルが観測されるようになる。この状態を変調不安定（MI：Modulation Instability）コムと呼ぶ。図4（b），図4（c）における違いは励起光の波長であり，図4（c）の方が共振器の共鳴波長に近い。MIコムでは各縦モードの位相はランダムであり，時間領域波形は乱雑なカオス状態を取る。直感的には，励起波長が共振器の共鳴波長に近づき，より多くの光が共振器と結合するようになるため，非線形光学効果が強く作用しすぎることで，共振器の内部状態が安定状態からカオス状態へと遷移してしまうと理解できる。スペクトルの変化としては，TPコムの成長したそれぞれの縦モードから，四光波混合によって1 FSR間隔でのサブコムが生成し，これがスペクトル上で連鎖的に起こることにより，図4（b）の状態となる[13]。

更に波長掃引を続けると，その関係は逆転し，当初共振器の共鳴波長の短波長側に位置した励起光の波長は，長波長側に位置するようになる。この際，図1に示す各縦モードの位相が同期（モードロック）し，ソリトンコ

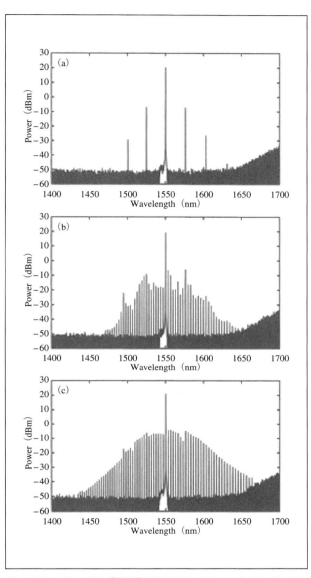

図4 SiNマイクロリング共振器で得られるマイクロコムのスペクトル。(a) チューリングパターンコム。(b) MIコム（励起光波長と共鳴波長のデチューニングが大きい場合）。(c) MIコム（デチューニングが小さい場合）。

ムと呼ばれる状態が得られることが知られている[12]。ソリトンコムは，時間領域では単一または複数のソリトンパルスがマイクロリング共振器内を周回している状態であり，ノイズが非常に低くなるため，様々な応用に適している。光通信やLiDAR応用等にはこのソリトンコムの状態が利用されることが多い。

4 SiNマイクロリングによる光伝送実験

生成したマイクロコムを利用し，波長多重光通信を想定した光伝送を試みる。一般に，光通信に用いられる半導体レーザーは，温度コントローラー（TEC：Thermo Electric Controller）の消費電力も含め，1台あたり2 W程度である。仮に25 GHz間隔でCバンド帯をカバーする場合には160 chが必要であり，光源のみで320 Wもの電力が必要となってしまう。消費電力の問題に加え，所望する波長のレーザーを個々に作製する必要もあるため，チャネル数の増大に伴い，歩留まりが低くなる懸念もある。これらを1台のマイクロコム光源に置き換えかえた場合を想定してみると，励起波長にEDFA（消費電力約60 W）を用いても消費電力はシステム全体で70 W程度で済み，大幅な消費電力の削減を期待することができる。また，得られる光コムの波長同士の間隔は一定であることが保障されるため，作製の歩留まりの問題もない。

まず，共振器の共振波長をITU-T勧告の波長グリッド（100 GHz）に一致できるか確認する必要があるため，TECを用いて，FSRが100 GHzのSiNマイクロリング共振器の温度を制御した。その結果を図5（a），（b）に示す。ここで用いた共振器は2.5 GHz/Kの温度チューニング性を示し，共振波長を所望のグリッドに一致できることが分かった。

最後に，WDM伝送実験を行った結果を図6に紹介する。図1に示すソリトンコムの縦モードを切り出し，10 Gb/sの強度変調直接検波（IM-DD：Intensity Modulation-Direct Detection）方式により変調し，40 kmのシングルモードファイバーを伝送させた。前方誤り訂正（FEC：Forward Error Correction）が不要となる，$10^{-7} \sim 10^{-9}$以下のビットエラーレート（BER：Bit Error Rate）が実現された様子が見て取れる。Beyond 5G（6G）で要求されている低遅延性能を実現するためには，FECを用いず伝送することが必要とされ，10^{-10}程度のBERレベルを実現する意義は大きい。なお，これらの結果の詳細については参考文献14）を参照されたい。

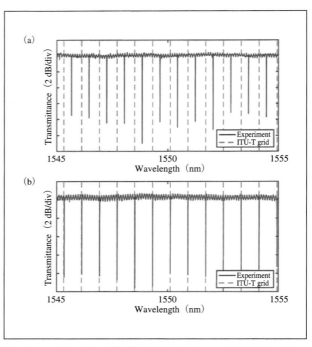

図5 SiNマイクロリング共振器の共振波長をITU-T勧告グリッドに一致させた際のスペクトルの様子。(a) チップ温度24.4℃。(b) チップ温度48.0℃。

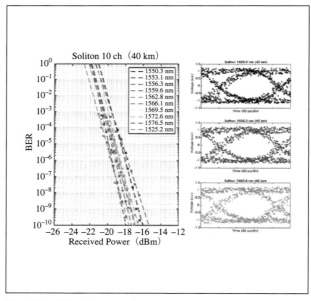

図6 図1に示すソリトンコムを，10 Gb/sのIM-DD方式で伝送した結果。左図は受光パワーに対する各波長チャネルでのBER。右図は代表的なチャネルでのアイパターン。

5 展望

図6にて紹介した光伝送実験は，SiNチップ上で発生した光周波数コムをチップの外に取り出し，外部で波長選択や強度変調を行った．しかし，今後はこれらをSiNチップとSiチップ上にて行い集積することで，さらなる小型化を目指している．異種材料の接合にはフォトニックワイヤーボンディングや[15]，マルチレイヤー接続などが挙げられるが[16]，最もシンプルな方法として，導波路端を同一平面内で接合させることが考えられる．この際，接合個所でのアライメントの誤差を低減させるには，導波路モードを十分広げたのち接合すればよい．ここで，逆テーパ導波路構造を採用した場合のシミュレーション結果を紹介したい．図7(a)にチップ同士の接合部分の様子を示す．1.6 μmのSiN導波路は300 nm幅まで，440 nm幅のSi導波路は180 nmまで狭窄させたのち，接合させている．この構造にTE光が伝搬する際の様子を，図7(b)に示す．適切な設計パラメーターを用いた場合，約95％の透過率が得られることがわかる．しかし，x方向に0.9 μmずれた場合では，透過率はおよそ60％まで低下する．また，SiチップとSiNチップに1 μm程度の空気ギャップが生じると，透過率が66％に低下してしまうため，実際に接合させる場合には屈折率整合溶液を用いる必要がある．

SiチップとSiNチップのハイブリット集積ができれば，SiNチップにてマイクロコムを発生し，Siチップ上でそのマイクロコムの波長の合分波と強度変調が可能となるだろう．これにより次世代の光通信用トランスミッターの開発など，多くの応用が拓けると期待できる．

6 まとめ

本稿では，SiNマイクロリング共振器を用いたマイクロコムの発生とその光伝送実験について示した．現在までに，10 GbpsのIM-DD方式で，40 kmファイバー伝送後に10^{-9}を下回るBERが達成されている．また，今後の展望として，逆テーパ導波路構造を用いたSiNチップとSiチップのハイブリッド集積も紹介した．これらが実現できれば，大容量伝送システムを光源も含めた小型化の実現が期待でき，データセンター等で大いに活躍することだろう．

謝辞

本稿をまとめるにあたり，小職の研究室の学生および卒業生に感謝申し上げます．特に木暮蒼真君，大塚民貴君，藤井瞬君，菅野凌君には，SiNマイクロリングにおける光周波数コム発生研究とSi-SiNのハイブリット集積の研究に尽力頂き感謝いたします．

参考文献

1) T. Udem, R. Holzwarth, and T. W. Hänsch, "Optical frequency metrology," Nature **416**, 233-237 (2002).
2) K. J. Vahala, "Optical microcavities," Nature **424**, 839-846 (2003).
3) P. Del'Haye, A. Schliesser, O. Arcizet, T. Wilken, R. Holzwarth, and T. J. Kippenberg, "Optical frequency comb generation from a monolithic microresonator," Nature **450**, 1214-1217 (2007).
4) P. Marin-Palomo, J. N. Kemal, M. Karpov, A. Kordts, J. Pfeifle, M. H. P. Pfeiffer, P. Trocha, S. Wolf, V. Brasch, M. H. Anderson, R. Rosenberger, K. Vijayan, W. Freude, T. J. Kippenberg, and C. Koos, "Microresonator-based solitons for massively parallel coherent optical communications," Nature **546**, 274-279 (2017).
5) P. Trocha, M. Karpov, D. Ganin, M. H. P. Pfeiffer, A. Kordts, S. Wolf, J. Krockenberger, P. Marin-Palomo, C. Weimann, S. Randel, W. Freude, T. J. Kippenberg, and C. Koos, "Ultrafast optical ranging using microresonator soliton frequency combs," Science **359**, 887-891 (2018).
6) W. Liang, D. Eliyahu, V. S. Ilchenko, A. A. Savchenkov, A. B. Matsko, D. Seidel, and L. Maleki, "High spectral purity Kerr frequency comb

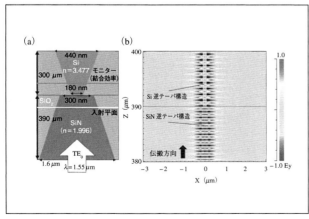

図7 (a) Si-SiNの導波路接合．逆テーパ構造を用いて接合させる．Siの膜厚は220 nm，SiNの膜厚は800 nmとした．(b) FDTD計算結果．

radio frequency photonic oscillator," Nat. Commun. **6**, 7957 (2015).

7) D. Armani, T. J. Kippenberg, S. Spillane, and K. J. Vahala, "Ultra-high-Q toroid microcavity on a chip," Nature **421**, 925-928 (2003).

8) I. S. Grudinin, A. B. Matsko, A. A. Savchenkov, D. Strekalov, V. S. Ilchenko, L. Maleki, "Ultra high-Q crystalline microcavities," Opt. Commun. **265**, 33-38, (2006).

9) W. Liang, A. A. Savchenkov, A. B. Matsko, V. S. Ilchenko, D. Seidel, and L. Maleki, "Generation of near-infrared frequency combs from a MgF$_2$ whispering gallery mode resonator," Opt. Lett. **36**, 2290-2292 (2011).

10) M. H. P. Pfeiffer, A. Kordts, V. Brasch, M. Zervas, M. Geiselmann, J. D. Jost, and T. J. Kippenberg, "Photonic Damascene process for integrated high-Q microresonator based nonlinear photonics," Optica **3**, 20-25 (2016).

11) J. R. Stone, T. C. Briles, T. E. Drake, D. T. Spencer, D. R. Carlson, S. A. Diddams, and S. B. Papp, "Thermal and nonlinear dissipative-soliton dynamics in Kerr microresonator frequency combs," Phys. Rev. Lett. **121**, 063902 (2018).

12) T. Herr, K. Hartinger, J. Riemensberger, C. Wang, E. Gavartin, R. Holzwarth, M. Gorodetsky, and T. J. Kippenberg, "Universal formation dynamics and noise of Kerr-frequency combs in microresonators," Nat. Photonics **6**, 480-487 (2012).

13) T. Herr, V. Brasch, J. Jost, C. Wang, N. Kondratiev, M. Gorodetsky, and T. J. Kippenberg, "Temporal solitons in optical microresonators," Nat. Photonics **8**, 145-152 (2014).

14) S. Fujii, S. Tanaka, T. Ohtsuka, S. Kogure, K. Wada, H. Kumazaki, S. Tasaka, Y. Hashimoto, Y. Kobayashi, T. Araki, K. Furusawa, N. Sekine, S. Kawanishi, and T. Tanabe "Dissipative Kerr soliton microcombs for FEC-free optical communications over 100 channels," Opt. Express **30**, 1351-1364 (2022).

15) N. Lindenmann, G. Balthasar, D. Hillerkuss, R. Schmogrow, M. Jordan, J. Leuthold, W. Freude, and C. Koos, "Photonic wire bonding: a novel concept for chip-scale interconnects," Opt. Express **20**, 17667-17677 (2012).

16) Y. Huang, J. Song, X. Luo, T.-Y. Liow, and G.-Q. Lo, "CMOS compatible monolithic multi-layer Si$_3$N$_4$-on-SOI platform for low-loss high performance silicon photonics dense integration," Opt. Express **22**, 21859-21865 (2014).

■ **Integrated optical frequency comb and silicon photonics**
■ Takasumi Tanabe
■ Department of Electronics and Electrical Engineering, Faculty of Science and Technology, Keio University

タナベ タカスミ
所属：慶應義塾大学　理工学部　電気情報工学科

異種基板接合とシリコンフォトニクス

東京工業大学
西山伸彦

1 はじめに

　シリコンフォトニクスは，CMOS互換プロセス，大口径ウェハを利用可能等の利点から，従来の化合物半導体に比べ，光集積回路の回路規模を大規模化することが可能である。回路規模を大きくすれば，様々な機能が実現可能であるが，シリコン単一材料では実現できないものとして，光源および増幅器などの光利得を必要とする機能がある。光源だけであれば，外から光を導入すればよいという考え方もあるが，増幅器は，回路内に導入しなければ，その構造は複雑となる。その欠点を補う方法として提案されているのが，異種材料集積技術を利用し，シリコンプラットフォーム上にIII-V族半導体を形成する異種材料集積光集積回路である。

　近年，この取り組みは海外機関も含め多く取り組まれており，部分的には実用化もされているが，今後更なる研究開発が必要な技術である。また，単一材料の欠点を補うだけでなく，III-V族半導体とシリコンのそれぞれの物性の良さを組み合わせ変調器の動作特性を向上させる[1]，シリコンの集積性を利用して，長い共振器を実現し，狭い発振線幅のレーザを実現する[2]など，単一材料で実現可能な素子性能を上回る特性が得られることが分かってきている。

　本稿では，特に光集積回路の実現のための異種材料集積技術を概説し，それを利用した素子の特性や，具体的なアプリケーションとしての超広帯域光トランシーバ，LiDAR（(Light Detection and Ranging)，そして機能可変光集積回路などを含む将来展開について述べる。

2 異種材料集積技術

　ある物体と物体をくっつけても，貼り付くことはない。ただし，糊を使えば，貼り付くことを我々は知っている。このように何か中間材を利用して接合することを間接接合と呼ぶ。一方で，物体表面をある特殊な状態にすることで，中間材なしで，接合することも可能であり，これを直接接合（Direct Bonding）と呼ぶ。実際には，非常に薄い中間層を用いる場合でも直接接合とカテゴライズする場合もあり，厳密な分類はむつかしいが，一般的な解釈を基に，話を進めていく。異種材料集積は，決して新しい技術ではなく，すでに様々な用途において，製品技術として利用されている。しかし，それらの製品において主な興味は，機械的に十分な強度があることや，電気的に接続されていることである。それらの技術を光集積回路に用いる場合，大きな違いは，光学的な損失，そして半導体結晶に対する光学的なダメージを考慮しなければならないことであり，この部分での研究開発はいまだ十分ではない。具体的に言えば，想定をしている光集積回路では，シリコンプラットフォーム上の導波路とIII-V族半導体の光利得部は，一体として光のモードを形成する。そのため，接合界面は，光の伝搬方向に対して常に平行に存在するため，たとえ薄くとも金属などが界面に存在する，もしくは界面が接合のダメージによって粗くなっていれば，結果として大きな導波路損失となることになる。また，接合のためのプロセスで結晶内部にまでダメージが伝播していれば，当然光利得の量や信頼性などに劣化が生じることになるのである。以下は，その観

第4章　注目！シリコンフォトニクスの展開

図1　親水化接合による大口径基板への小片接合

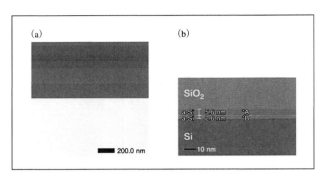

図2　異種材料接合界面の電子顕微鏡写真 (a) 表面活性化接合による InP/SOI接合[5] ⓒ、(b) アモルファスSi薄膜を介した表面活性化接合によるSiO$_2$/Si接合[6] ⓒ (2020) The Japan Society of Applied Physics

点から光集積回路に適用可能な技術のみに絞って記載する。その他の技術については，他の文献などを参照いただきたい[3]。

　直接接合として最も利用されている技術は親水化接合であろう。親水化接合は，プラズマ照射やオゾン照射等の親水化処理を半導体基板に対して行うことで，OH基を表面に付与し，その状態で弱い接合を形成した後，加圧加熱を行うことによって，水分子を脱離させ，結果として酸素原子を媒介とする強固な接合を形成する方法である。親水化処理は様々な方法で行えることもあり，広く利用されている。手軽な反面，水分子の脱離をいかに行うかがポイントとなり，脱離が不十分であると界面に水分が残りボイドの原因となる。特にウェハ同士の接合では，問題となりやすい。そのため，界面に溝を形成したり，水を吸収しやすいSiO$_2$を界面に形成するといった工夫が行われることが多い。大気中でも接合が可能であるため，接合装置の機械的な工夫は可能で，筆者らは，Direct Transfer Bonding（DTB）という方法によって[4]，図1のような任意の場所に小片を接合するようなことも実現している。

　上述した親水化接合は，加熱工程が必要であるが，表面活性化接合と呼ばれる方法では，加熱も必要としない。高真空チャンバに導入した基板の表面に高速原子ビーム（Fast Atom Beam）やイオンビームを照射することによって，表面原子の結合手を露出させる。これは，エネルギーとしては活性の状態になっているため，表面活性化と呼ばれるゆえんである。この状態で同様に活性化された他の基板を接触させれば，結合手同士が容易に手をつなぐため，接合することになる。ここには加熱工程は必要とせず，室温でも接合が可能である。図2 (a) にはこの方法で接合したInP/SOI基板の電子顕微鏡写真を示すが[5]，実際は，きれいに整列した結晶同士が接合するわけではなく，薄いアモルファスの様相を示した層によって接合される。結果，異なる格子定数を持つ接合においても，歪をその界面に留め，離れた層には歪を伝搬させない。実際にSOI基板上に接合したInPにおいて，X線回折により結晶構造を分析しても接合による歪の変化はほとんど観測されない。表面活性化接合は，結合手が他の基板が接合するまで露出していることが必要なため，容易に結合手の状態が変化する材料，例えばSiO$_2$のような材料では，利用することが困難である。その解決方法として，極薄いアモルファスSiなどをチャンバ内でスパッタし，それを接合界面として接合することも可能である（図2 (b)）[6]。

　間接接合においては，糊剤を利用して接合することが可能である。ただし，糊剤が光を吸収するような材質であっては利用できないため，慎重に材料を選ぶ必要がある。筆者らはベンゾシクロブテン（BCB）を利用している。この方法を使う利点は，1 nm以下の表面粗さを必要とする直接接合と違い表面に凹凸がある基板でも接合が可能なことである。プロセスとしては，スピンコートして前駆体を基板表面に塗布し，接合後，加熱処理を行い固化させる。ここで，固化の段階でシンナーなどの成分が気化するため，条件によっては界面にボイドが残る。これを解決するため，接合前にある程度加熱し，部分固化を行うことがポイントである。

3 異種材料接合を利用した光集積回路特性

次に上述した異種材料接合を利用した光素子, 集積回路の作製法について述べる. まず, SOI基板側には導波路やインプラントなどのフロントエンド加工, III-V族半導体側も結晶成長を行い, 両基板を接合する. 接合を行った後は, III-V族半導体の基板を取り除く. 実験ベースでは, ウェットエッチングにより取り除くことが多いが, 将来に向けては, エピタキシャルリフトオフやSOI基板の作製で用いられているスマートカットプロセスなどが利用可能であり, 実際にそのような試みも行われている. 異種材料を集積されているとはいえ, 形成される凹凸は, 数μm以下であるため, その後は一般的な半導体プロセスと同様に進めていけばよい.

光集積回路における設計におけるポイントは, 異種材料集積された部分とSi導波路の部分をつなぐ構造である. この二つの部分はモード形状が大きく異なるため, 何の工夫もなく接続すると境界での大きなモード不整合が起こり結合効率が低くなる. そのため, 断熱的なモード変化の誘引を目的にテーパー構図を導入する必要がある. 筆者らは2段テーパー構造を用いて, 高い結合効率を実現することに成功している[7].

図3には, 一例として, 図2(a)の接合を用いたGaInAsP 5層量子井戸を有するハイブリッドレーザの特性を示す. 室温連続発振は達成されており, 問題なく動作が可能である. この接合方法を用いて導波路に二つのリング共振器構造を導入し, さらに導波路上に導入したマイクロヒーターにより, 共振波長を変化させ, レーザ発振波長を可変できる波長可変レーザも実現しており, 50 nmを超える単一モード波長可変幅を達成している[8].

次に図2(b)の接合を利用したレーザの特性を図4に示す. この場合, SiO_2および空気を導波路のクラッド層として, 極薄膜(〜300 nm程度)のGaInAsP/InP層をコアとするメンブレンレーザ構造を有している. この構造は, 光が通常のレーザに比べコア層に3倍程度強く光が閉じこまるため, 結果としてレーザの動作電流を下げることができると同時に, 少ない消費電力で高速変調を実現することが可能である[9]. またIII-V族半導体表面に回折格子が形成されており, 強い結合係数を有するため,

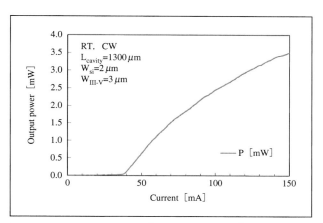

図3 SOI基板上GaInAsPハイブリッドレーザの特性[5] © (2020) The Japan Society of Applied Physics

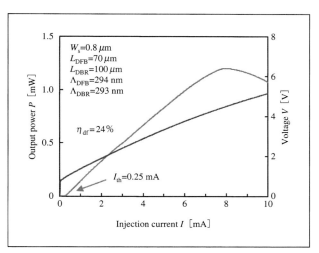

図4 Si基板上メンブレン半導体レーザの特性

安定した単一モード動作を実現可能である.

本稿では, 紙面分量の関係からレーザのみの紹介とするが, 同様の異種材料集積構造を利用することで光増幅器や受光器も実現することができる. このような構造では, 素子寿命が気になるところである. 本格的な寿命試験は今後の検討とはなるが, 初期的な検討では, 顕著な短素子寿命は観測されず, 大きな問題はないと予想される.

4 アプリケーションと今後の展開

これまでに述べたような技術や素子は, 大規模な光集積回路を従来に比べ高性能かつ安価に展開できる可能性を秘めている. いくつかの例を挙げてその展開を考える.

第4章　注目！シリコンフォトニクスの展開

やはり一番のアプリケーションとして想定されるのは光通信に向けた光トランシーバである。特に近年のコロナ禍に端を発した生活様式の変化によるインターネット需要の引き上げ，メタバースに向けた開発の加速，さらに2030年代に想定される6Gネットワークの登場など，通信容量増大の要素は様々に出てきている。筆者らの試算では2030年代には毎秒10Tビット級トランシーバ登場への要求が強まると考えており，その解決技術として，異種材料集積を利用した光集積回路およびそれを利用した光トランシーバがある。冒頭に記述したように異種材料を組み合わせることで従来の単一材料を利用した光素子以上の性能を発揮することができ，また，多くの機能をワンチップ化することができるため，結果としてこれと組み合わせた電気回路の消費電力も大きく削減することにつながり，低消費電力かつ広帯域な光トランシーバを実現可能である。

また，光通信以外のアプリケーションとして，LiDARのための光集積回路としても利用が考えられる。LiDARは，光レーダーともよばれるが，将来の自動車・モビリティのための必須デバイスである。近年はソリッドステートLiDARと呼ばれる機械部品を持たないLiDARの研究開発が様々な機関で行われているが，大規模光集積回路をこれに利用することが提案されている。特にLiDARは，光源を確実に必要とするため，異種材料集積技術を利用することで，ワンチップLiDARの実現が可能である。

この他にも様々な光集積回路の利用方法があると考えられるが，CMOSファウンダリを利用して大量生産を行うためには，大きなマーケットが必要である。しかし実際は多くのアプリケーションで，そのために十分なマーケットは期待できないのが正直なところである。これを解決するために，筆者らは再構成可能光集積回路もしくは光FPGA（Field Programable Gate Array）を提案している[10]。近年，複数の機関からの提案が出始めているが，受動素子のみの組み合わせである。それに対して増幅器をコアとする能動素子を組み込んだ光FPGAを異種材料集積光集積回路技術で実現できれば，信号源，受光，増幅，非線形特性を持つことが可能となり，多くのアプリケーションで必要な性能を一つの回路で実現することができ，まさにCMOSファウンダリの大量生産技術を活かすことができると考えている。そのための要素技術として，

同じ能動素子を導波路の経路設計で組み合わせ光源と増幅器として機能させることによる波長変換動作[11]，磁性材料と組み合わせた干渉計による不揮発性スイッチ[12]などを実現している。

5　おわりに

本稿では，シリコンフォトニクスに向けた異種材料集積技術の概要と，それを利用した素子特性やアプリケーションについて述べた。この技術によってIII-V族半導体にとどまらずシリコンという良質なプラットフォームに適材適所な様々な材料を集積することが可能であり，光集積回路が新たなステージへと進化しつつある。

参考文献

1) J.-H. Han, F. Boeuf, J. Fujikawa, S. Takahashi, S. Takagi, and M. Takenaka: Nature Photonics **11**, 486 (2017).
2) T. Komjenovic, D. Huang, P. Pintus, M. A. Tran, M. L. Davenport, and J. E. Bowers: Proc. of IEEE, 106, 2246 (2018).
3) 西山伸彦：応用物理, 87, 5 (2018).
4) N. Nishiyama, K. Ohira, L. Bai, Y. Kurita, H. Furuyama, M. Inamura, T. Abe, T. Mitarai, K. Morita, and S. Arai: CSW2019 (2019) MoP-D-13.
5) Y. Wang, K. Nagasaka, T. Mitarai, Y. Ohiso, T. Amemiya, and N. Nishiyama: Japanese Journal of Applied Physics, **59**, 5 (2020).
6) W. Fang, N. Takahashi, T. Ohiso, T. Amemiya, and N. Nishiyama: Jpn. J. Appl. Phys., **59**, 060905 (2020).
7) J. Suzuki, F. Tachibana, K. Nagasaka, M. S. A. Eissa, L. Bai, T. Mitarai, T. Amemiya, N. Nishiyama and S. Arai: Jpn. J. Appl. Phys., **57**, 094101 (2018).
8) T. Hiratani, N. Fujiwara, T. Kikuchi, N. Inoue, T. Ishikawa, T. Nitta, M. Eissa, Y. Oiso, N. Nishiyama, and H. Yagi: International Semiconductor Laser Conference 2021 (2021) MP2.1.
9) T. Tomiyasu, T. Hiratani, D. Inoue, N. Nakamura, K. Fukuda, T. Uryu, T. Amemiya, N. Nishiyama, and S. Arai: Appl. Phys. Exp. 11, 012704 (2018).
10) N. Nishiyama, S. Arai, "On-Silicon Membrane and Hybrid Lasers for Intra/Inter-chip Connections," ISPEC 2015 (2015).
11) T. Murai, Y. Shoji, N. Nishiyama, and T. Mizumoto: Opt. Express, 28, 31675 (2020).
12) 槇原 豊，菊地 健彦，平谷 拓生，藤原 直樹，井上 尚子，新田 俊之，モータズ エイッサ，御手洗 拓矢，大礒 義孝，雨宮 智宏，八木 英樹，西山 伸彦：第68回春季応用物理学会，(2020) 16p-Z10-9.

■**Heterogeneous Material Integration for Silicon Photonics**

■Nobuhiko Nishiyama

■Tokyo Institute of Technology

ニシヤマ　ノブヒコ
所属：東京工業大学

シリコンフォトニクスにおけるフォトニック結晶共振器技術の展開

京都大学
浅野　卓，野田　進

1 はじめに

近年，シリコンを用いた細線光導波路や2次元フォトニック結晶などの光回路によるチップ上での光制御技術を用いて，光を用いた情報伝送・情報処理の適用範囲を押し広げ，また従来の電子回路が不得意とする部分を乗り越えようとする動きが盛んである。シリコン細線光導波路をベースとした技術によって，変調器やスイッチ，波長分岐素子などが実現されたほか，異種材料光源や受光素子の集積も可能になっており，チップ間，ボード間，ラック間等の様々なレベルで光インターコネクトを容易に実装できる光電変換デバイスなどとして活用されつつある。一方，2次元フォトニック結晶[1~3]をベースとした技術では，低群速度の導波路[4]や波長程度の大きさでかつ光閉じ込めの非常に強い（=Q値の大きい）微小光共振器[5]といった細線導波路にはない機能を提供できる。

我々はこのような多様な可能性を持つフォトニック結晶技術に関して，特に微小共振器の光閉じ込め性能の向上[5~10]や，光の動的操作[11~16]を研究してきた。これまでにシリコン製の2次元フォトニック結晶スラブ（薄板）を用いて，9.2 nsという世界最高の光保持時間[5]をもつ光通信波長の微小共振器を実現したほか，離れた共振器同士を導波路を用いて強結合させる技術[13]等を開発した。そしてこのような系の状態を動的に変化させることで，光を制御するという独自の概念を提唱し，短光パルスの長寿命共振器への高効率導入[11]，任意タイミングでの共振器間光転送[15]，光時間発展の反転[16]などの原理

実証に成功している。これらはチップ上での光（量子）情報バッファリング，光の時間反転による分散補償等の新奇かつ有用な光機能の実現につながる技術である。我々はその他にもチップ内光源となりうる微小共振器シリコンラマンレーザの実現[17]，2光子吸収抑制によるハイパワー動作や非線形光変換および色素中心によるスピンメモリーへの応用などが期待されるシリコンカーバイド製低損失フォトニック結晶の実現[18,19]，漏れモード可視化法[20]や機械学習を活用したフォトニック結晶共振器の構造最適化手法の開発[21,22]などの多様な展開も行ってきた。本稿では，紙面の都合から，微小共振器の光保持寿命の向上と動的光操作に関連した技術に絞りつつ，その概要を説明する。

2 2次元フォトニック結晶共振器の性能向上

図1（a）に示すような誘電率の高いスラブに2次元の屈折率周期構造を導入した構造は2次元フォトニック結晶スラブと呼ばれ，適切な設計により面内方向の光の伝搬を禁止するフォトニックバンドギャップを形成することができる。また図1（b）のようにこの構造に線状に欠陥を導入すると，それに沿って光の伝搬が可能になり，導波路が形成できる。さらに図1（c）のように局所的に欠陥を導入すると，欠陥領域に光が閉じ込められ，共振器を形成できる。これらの導波路や共振器を適切に結合させることで様々な光機能回路の実現が可能となる[1~3]。

これらの構造では，SOI（silicon on insulator）等の犠牲層を含む基板のトップ層にフォトニック結晶パターンを

第4章 注目!シリコンフォトニクスの展開

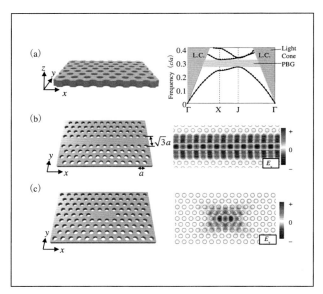

図1 2次元フォトニック結晶スラブと欠陥導波路,共振器の模式図。
(a) 2次元フォトニック結晶スラブの構造およびそのバンド構造。
(b) 線欠陥導波路の構造およびその伝搬モードの一例。(c) 点欠陥共振器の構造及び共振モードの一例。

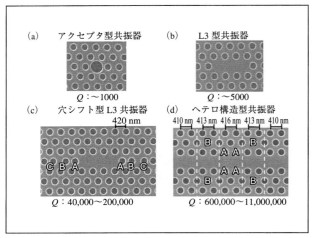

図2 2次元フォトニック結晶スラブ型共振器の発展。いずれも厚み200 nm程度のSi薄板(スラブ)に空気穴を配列するとことで共振器が構成されている。A,B,C等は位置を微調整した空気孔を示す。

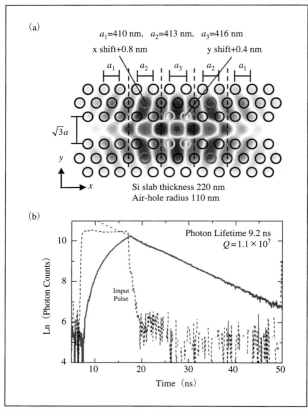

図3 波長の3乗程度の体積をもつ共振器の中で世界最高のQ値を実現したヘテロ構造共振器。(a) 共振器構造の詳細。理論計算による共振器体積は1.5×(媒室内波長)³程度。(b) 共振器光子寿命測定結果。寿命9.2 nsが得られており,共振波長が1560 nm程度であることから,そのQ値は1100万となる。

形成し,最後にパターン下部の犠牲層を取り除くことで,スラブ層の上下に空気層が存在する構造を実現できる。この手法を用いて形成した微小共振器(ナノ共振器)は,フォトニックバンドギャップによって面内方向に光を閉じ込めつつ,スラブ層と空気層との屈折率差に基づく全反射によって上下方向に光を閉じ込めることで,2次元構造でありながら3次元的に光を閉じ込めることが可能となる。これにより,波長程度の微小なモード体積と強い光閉じ込めを両立可能となり,光と物質の相互作用の増大や,集積度の高い光情報の保持等の実現が期待される。このような光ナノ共振器において,その光閉じ込めの強さ(Q値)は主に,共振器の構造設計で決まる放射損失,作製時の構造揺らぎによって決まる散乱損失,材料やその表面における光吸収で決まる吸収損失の3つによって支配される[8]。我々は2次元フォトニック結晶ナノ共振器のQ値を向上させるべく,設計および作製の両面から検討と続けてきた。図2(a)に示すようにフォトニック結晶共振器の提案が行われたころの共振器Q値は1000程度[1]であったが,現在では図3に示すように1100万を超える高いQ値(光子寿命9.2 nsに相当,モード体積は1.5×媒質内波長の3乗程度)が実現できるようにな

っている[5]。Q値向上の第一のポイントは，実空間における電磁界の急激な変化を避けることで，全反射条件を満たさない放射成分の発生を低減することである[6]。その具体的な実現方法として図2(c)の穴シフト法[6]や図2(d)のヘテロ構造型共振器[7]，および漏れモード可視化法[20]が発案され，設計上の放射損失が大きく低減された。空気孔の微小なシフトによる放射損失低減に関しては，機械学習を活用して多数の空気穴の位置を調整する手法も提案・実証され[21, 22]，現在では設計上の放射損失は作製された共振器の損失の数%以下となっている[23]。散乱損失の低減に関しては，電子ビーム露光の条件およびプラズマエッチングによる穴形状転写条件の最適化を行い，光通信波長帯域で動作するSi製の共振器においては空気穴半径および位置の揺らぎを標準偏差で0.4 nm程度以下に抑制できるようになっている[5, 10, 23]。吸収損失に関しては表面の影響が大きく，表面酸化膜の形成とその除去を繰り返すことにより，共振器のQ値が向上することが判明している[5]。現在得られている最大Q値の共振器では，散乱損失および吸収損失が同程度の寄与を持っていると考えられ[5]，今後さらなる作製手法の改良による向上が期待される。

3 離れた共振器間での強結合状態の実現

前節で述べた微小かつ光閉じ込め時間の長い共振器は光と物質の相互作用の場および光量子情報保持の場として有用である。しかし，単一の共振器で実現できる機能は限られており，さらなる発展のためには複数の共振器間で光を自在にやり取りすることが必要となる。2つの共振器を光波長程度まで近接させれば，エバネッセント光による結合が生じうるが，そのような近接下では個々の共振器を独立に制御することが困難であり複雑な機能は実現しにくい。また，導波路を介して共振器と共振器を結合させることも可能であるが，通常のやり方ではモード数の多い導波路へと光が散逸してしまうため，共振器同士の直接結合と同様の光のやり取りはできない。我々はこの課題を検討した結果，適切な設計を行うことで導波路を介して離れた共振器同士を実効的に直接結合できることを解明し，かつその結合強度を共振器の損失

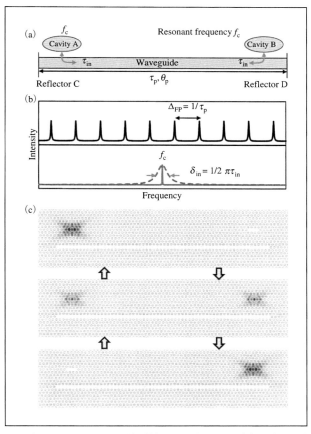

図4　離れた共振器間での強結合状態での形成の理論。(a) 結合系の模式図。両端を閉じた導波路に2つの共振器が結合している。(b) 2つの共振器が実効的に直接結合している状況を形成するための条件。(c) 結合により共振器間の光のやり取りが生じている状況のシミュレーション結果。(文献13) より編集し転載。)

レートよりも十分強くした強結合状態を形成することに成功した[13]。この手法では，図4(a)に示すように両端を閉じてモードを離散化した導波路を用い，かつ図4(b)に示すように導波路の離散モードが，共振器と導波路の結合レートによる周波数幅の範囲に入らないようにする。また，二つの共振器の波長は一致させる。この状況では，導波路モードが非共鳴的に強制振動され，これによって共振器間の結合は生じるが，エネルギー保存則を満たさないため光は導波モードに散逸せず，図4(c)の理論計算結果に示すように，実効的に共振器同士が直接結合している状態が形成できる[13]。ただしこの理論計算では共振器自体の損失は無視されている。

本原理の実証のため我々は，図5(a)に示すように

第4章 注目！シリコンフォトニクスの展開

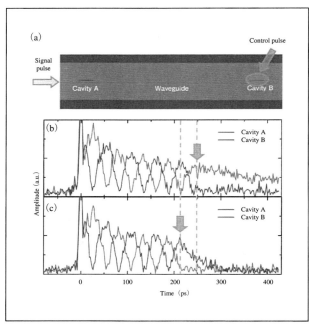

図5 離れた共振器間での強結合状態の形成およびその動的制御の実験結果。(a) 作製された結合系の電子顕微鏡写真と，実験方法の模式的説明。共振器間距離は80 μm。(b)，(c) 共振器AおよびB内部の電界振幅の大きさの時間変化の測定結果。200 ps以降に共振器Bに制御光を照射して光のやり取りを停止させている。(b) 共振器Aに光が存在するタイミングで停止，(c) 共振器Bに光が存在するタイミングで停止。（文献13）より編集し転載。）

SOI基板を用いてヘテロ構造共振器2つ（共振器AおよびB）と導波路からなる結合系（共振器間距離80 μm）を作製した。この結合系に波長1540 mm程度の光パルスを導入して時間分解測定を行った結果，図5(b)，(c)に示すように共振器光子寿命よりも十分に速く，共振器間で光をやり取りする状態，すなわち強結合状態（光ラビ振動）が実現できていることを確認した[13]。次にこの共振器結合系に光を保持している間に，系の状態を変化させること光を動的に制御することを試みた。具体的には光ラビ振動が継続している間に，波長770 nm程度，時間幅4 ps程度の制御用光パルスを共振器Bに照射してバンド間吸収によりキャリアを生成し，そのキャリアプラズマシフトを用いて共振器Bの波長を素早く短波長側に0.5 nm程度シフトさせた。これにより2つの共振器に波長差が生じるため，光ラビ振動は停止する。図5(b)の場合は光が共振器Aに存在する時刻にBをシフトさせたため，光は共振器Aにとどまっている。図5(c)の場合は光が共振器Bに存在する時刻にBをシフトさせたため，光は共振器Bにとどまっているが，Bに発生させたキャリアによる光吸収によりその強度が70 ps程度で減衰している。これらの結果は，波長の数十倍も離れた共振器間で強結合が形成可能であることを実証し，また離れているがゆえに個別の共振器の制御が可能になり，それによって光の動的操作が可能になることを実証した結果であり，高度な光機能実現への重要な一歩といえる。

4　3共振器結合系の断熱遷移に基づく光転送

前節で示した技術は，制御されたタイミングでの共振器間の光情報の転送等につながるものであるが，(a) 制御されていない状態では常に光のやり取りが生じている，(b) 制御タイミングをラビ振動の周期に一致させる必要がある，(c) 制御にもちいたキャリアによる光吸収の影響を強く受けるといった課題があった。そこで我々は，これらの課題を解消できる3つの共振器を用いた新たな共振器間光転送手法を考案した[14]。本手法では図6(a)に示すように光保持用の共振器AとBが，真ん中の制御用共振器Cとそれぞれ導波路を介して結合している系を用いる。図6(b)に示すように初期状態（$t=0$）では，共振器の共鳴周波数はC，A，Bの順に並んでおり，共振器CがA，Bと十分に離れているため個々の共振器はほぼ独立している。ここで，共振器Cの周波数を時間的に変化させることを考える。その際，Cの変化速度がある程度遅く，常に結合系としての固有状態が形成される状況，すなわち断熱条件[24]が満たされているとする。この条件下では，まず共振器CがAに近づくと両者に反交差が生じ，また共振器CがBに近づいた際にも反交差が生じる結果，図6(b)の実線で示すような3つの連続的に変化する固有モードが生じる。このうち，真ん中のモードは初期状態（I）ではほぼ共振器Aであり，中間状態（II）では3つの重ね合わせ状態となり，終状態（III）ではほぼ共振器Bになっている。そのため，初期状態で共振器Aに光を導入し，断熱条件を満たす速度で共振器Cの周波数を変化させると，共振器Cの制御状況の詳細によらず，最終的には光が共振器Bに転送される[14]。よって図5の手法よりも制御条件についてロバストな光転

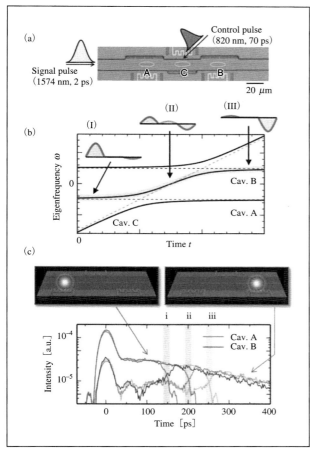

図6 3共振器結合系の断熱変化に基づく共振器間光転送。(a) 結合系の光学顕微鏡写真および実験方法の模式的説明，(b) 共振器Cの周波数変化に伴う結合系の固有モードの変化を示した図，(c) 光転送実験の結果。縦軸は電界振幅の大きさ。（文献15）より編集を経て転載。）

送が可能になる。またCに光が分布するのはCがABを横切る時間だけであり，かつそこでは固有モードが空間的に奇モードに近い状態となるため共振器Cの重ね合わせの振幅は小さい。そのため共振器Cに周波数制御のためのキャリアを注入したとしても，それによる光吸収がAからBに転送される光に与える影響は小さくなる。実験結果[15]を図6 (c) に示す。同図i, ii, iiiは異なるタイミングで制御用の光パルスを共振器Cに照射した際の実験結果であり，いずれのタイミングにおいても高い効率で共振器AからBに光が転送されていることが分かる。これにより制御条件がロバストでかつ損失の少ない任意タイミングでの光転送が実現できたといえる。また，紙面の都合で詳細は省くが，本共振器結合系を用いた光の時間発展の反転も実現されており[16]，分散補償等への活用が期待されている。このように，制御用共振器と光保持用共振器を分ける手法は，様々な光制御に利用可能な高い自由度をもつ。

5 電気制御光制御による共振器間光転送

第3節および4節では，離れた共振器間での強結合の実現とそれによって可能になった高度な光の動的操作について述べた。この手法における実用上の大きな問題として，制御に外部からの短波長光パルスの照射が必要という点が挙げられる。このような信号光と同期した短波長制御光パルスの生成にはフォトニック結晶チップと比較して遥かに大きい外部光学系が必要なだけでなく，複数の制御箇所を複雑なタイミングで制御することは非常に困難であり，系の拡張性が妨げられてしまう。そのため，波長制御機構をフォトニック結晶チップ内に組み込むことが望ましい。その有力な手法の一つとして，図7 (a) に示すように面内p-i-n構造を形成し，そのi層領域に制御用共振器を配置することで，電気パルスによる波長制御を行う方法が考えられる[25]。

ただし，このような構造の形成には，p, n領域へのイオン打ち込みや活性化アニール，電極形成などのプロセスが必要になり，作製プロセスの複雑化によって共振器表面が汚染されて光吸収損失が増大し，光保持時間が低下することが懸念される。また，そもそも図5や図6で実現された光保持寿命はそれぞれ380 psおよび200 ps程度であり，単体共振器で実現されている数ns程度の光保持寿命と開きがあった。その理由の一つは，共振器間の結合強度を大きくするためには，結合用導波路を共振器に近づける必要があり，その結果共振器の電磁界分布が最適なものから変化してしまうため放射損失を抑制しにくいという点にあった。我々は，これに関して機械学習を活用した構造最適化手法[21,22]を用いることで，結合強度増大と放射損失抑制を同時に達成できる構造を設計し，また前者に関しては適切な保護膜を用いることでプロセス中の表面汚染を低減することに成功した。その結果，図7 (a) のような共振器Cに電気的制御機構を導入（i

第4章　注目！シリコンフォトニクスの展開

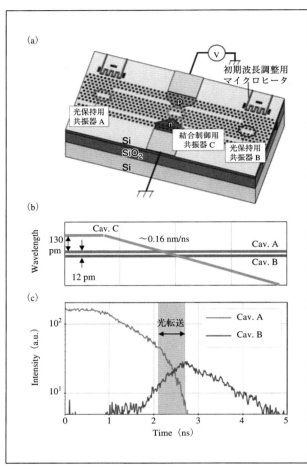

図7　電気制御光転送の実証。(a) 電気的に共振波長を制御する機構を導入した共振器結合系の模式図。(b) 電気パルスによる共振器Cの波長変化と，共振器A，Bの相対的な波長の関係。(c) 時間分解測定された共振器AおよびBからの放射光強度。

層幅4.5 μm，p，n領域のドーピング密度3×10^{19} cm^{-3}）したQ値と結合強度の高い3共振器結合系を実現することに成功した[26]。これにより図7(b)，(c)に示すように，電気パルスを印加することで共振器AからBへの光転送を行うことに成功し，その間の光保持寿命も2 ns弱と従来の結果と比較して大幅に増大した。最適条件下で光転送にかかる時間は0.75 ns程度，転送効率は76％程度であったが，i層幅の縮小，共振器結合構造の改善，そして作製プロセスの改善により，今後さらなる高速・高効率化が期待できる。さらに，本構造を複数個形成して結合することにより，光パルス列をそのまま保持して，任意のタイミングで取り出すことのできる光バッファメモリーを実現できれば，光情報ネットワークのノードにおける遅延やエネルギー消費の低減に貢献できると期待される。

6　まとめ

2次元フォトニック結晶技術の展開について，微小共振器のQ値の向上，離れた共振器間の強結合の形成，系に光を保持している間に系の状態を変化させることによる光の動的操作の実証，そして系の状態の電気的制御と長い光保持時寿命を両立した共振器結合系による共振器間光転送の実証について紹介した。今後これらの技術が発展することにより，これらはチップ上での光（量子）情報バッファリング，光の時間反転による分散補償等の，新奇かつ有用な光機能の実現につながることが期待される。またシリコンカーバイド系フォトニック結晶の進展と合わせて考えると，今後スピン-光子変換デバイスなどの光量子情報チップへの展開も期待される。

参考文献

1) S. Noda, A. Chutinan, M. Imada, "Trapping and emission of photons by a single defect in a photonic bandgap structure," *Nature* **407**, pp. 608-610 (2000).
2) S. Noda, "Recent progresses and future prospects of two- and three-dimensional photonic crystals," *J. Light. Technol.* **24**, pp. 4554-4567 (2006).
3) T. Asano, S. Noda, "Photonic Crystal Devices in Silicon Photonics," *Proc. IEEE* **106**, pp. 1-13 (2018).
4) T. Baba, "Slow light in photonic crystals," *Nat. Photonics* **2**, pp. 465-473 (2008).
5) T. Asano, Y. Ochi, Y. Takahashi, K. Kishimoto, and S. Noda, "Photonic crystal nanocavity with a Q factor exceeding eleven million," Optics Express, vol. 25, no. 3, pp. 1769-1777 (2017).
6) Y. Akahane, T. Asano, B. Song, S. Noda, "High-Q photonic nanocavity in a two-dimensional photonic crystal," *Nature* **425**, pp. 944-947 (2003).
7) B.-S. Song, S. Noda, T. Asano, Y. Akahane, "Ultra-high-Q photonic double-heterostructure nanocavity," *Nat. Mater.* **4**, pp. 207-210 (2005).
8) T. Asano, B.-S. Song, S. Noda, "Analysis of the experimental Q factors (～ 1 million) of photonic crystal nanocavities," *Opt. Express* **14**, pp. 1996-2002 (2006).
9) Y. Takahashi, H. Hagino, Y. Tanaka, B.-S. Song, T. Asano, S. Noda, "High-Q nanocavity with a 2-ns photon lifetime," *Opt. Express* **15**, pp. 17206-17213 (2007)
10) H. Sekoguchi, Y. Takahashi, T. Asano, S. Noda, "Photonic crystal

nanocavity with a Q-factor of ～9 million," *Opt. Express* **22**, pp. 916-924 (2014).

11) Y. Tanaka, J. Upham, T. Nagashima, T. Sugiya, T. Asano, S. Noda, "Dynamic control of the Q factor in a photonic crystal nanocavity," *Nat. Mater.* **6**, pp. 862-865 (2007).

12) J. Upham, Y. Tanaka, T. Asano, S. Noda, "On-the-Fly Wavelength Conversion of Photons by Dynamic Control of Photonic Waveguides," *Appl. Phys. Express* **3**, pp. 062001-1-3 (2010).

13) Y. Sato, Y. Tanaka, J. Upham, Y. Takahashi, T. Asano, and S. Noda, "Strong coupling between distant photonic nanocavities and its dynamic control," *Nature Photonics* **6**, pp. 56-61 (2012).

14) R. Konoike, Y. Sato, Y. Tanaka, T. Asano, and S. Noda, "Adiabatic transfer scheme of light between strongly coupled photonic crystal nanocavities," Physical Review **B87**, pp. 165138-1-6 (2013).

15) R. Konoike, H. Nakagawa, M. Nakadai, T. Asano, Y. Tanaka, and S. Noda, "On-demand transfer of trapped photons on a chip," Science Advances **2**, pp. e1501690-1-5 (2016).

16) R. Konoike, T. Asano, S. Noda, "On-chip dynamic time reversal of light in a coupled-cavity system," *APL Photonics* **4**, pp. 030806-1-6 (2019).

17) Y. Takahashi, Y. Inui, M. Chihara, T. Asano, R. Terawaki, S. Noda, "A micrometre-scale Raman silicon laser with a microwatt threshold," *Nature* **498**, pp. 470-474 (2013).

18) B.-S. Song, S. Yamada, T. Asano, S. Noda, "Demonstration of two-dimensional photonic crystals based on silicon carbide," *Opt. Express* **19**, pp. 11084-11089 (2011).

19) B.-S. Song, T. Asano, S. Jeon, H. Kim, C. Chen, D. D. Kang, S. Noda, "Ultrahigh-Q photonic crystal nanocavities based on 4H silicon carbide," *Optica* **6**, pp. 991-995 (2019).

20) T. Nakamura, Y. Takahashi, Y. Tanaka, T. Asano, S. Noda, "Improvement in the quality factors for photonic crystal nanocavities via visualization of the leaky components," *Opt. Express* **24**, pp. 9541-9549 (2016).

21) T. Asano and S. Noda, "Optimization of photonic crystal nanocavities based on deep learning," *Optics Express* **26**, pp. 32704-32717 (2018).

22) T. Asano and S. Noda, "Iterative optimization of photonic crystal nanocavity designs by using deep neural networks," *Nanophotonics* **8**, pp. 2243-2256 (2019).

23) M. Nakadai, K. Tanaka, T. Asano, Y. Takahashi, S. Noda, "Statistical evaluation of Q factors of fabricated photonic crystal nanocavities designed by using a deep neural network," *Appl. Phys. Express* **13**, pp. 012002-1-5 (2020).

24) C. Zener, "Non-adiabatic crossing of energy levels," Proceedings of the Royal Society of London. Series A, Containing Papers of a Mathematical and Physical Character **137**, pp. 696-702 (1932).

25) T. Tanabe, K. Nishiguchi, E. Kuramochi, and M. Notomi, "Low power and fast electro-optic silicon modulator with lateral p-i-n embedded photonic crystal nanocavity," *Optics Express* **17**, pp. 22505-22513 (2009).

26) M. Nakadai, T. Asano, S. Noda, "Electrically controlled on-demand photon transfer between high-Q photonic crystal nanocavities on a silicon chip," *Nature Photonics* **16**, pp. 113-118 (2022) (published online 20 Dec. 2021).

■**Development of photonic crystal nanocavity technologies in silicon photonics**
■①Takashi Asano ②Susumu Noda
■Department of electronic science and technology, Kyoto University

①アサノ　タカシ　②ノダ　ススム
所属：京都大学　大学院工学研究科　電子工学専攻

第4章 注目！シリコンフォトニクスの展開

ハイブリッド集積シリコン量子フォトニクス

慶應義塾大学 　東京大学
太田泰友 　　岩本　敏，荒川泰彦

1 はじめに

　量子情報処理の分野では量子コンピューティングに対する期待が大きく膨らんでおり，超伝導回路やシリコン中電子スピンを基礎とした量子計算デバイスがとりわけ注目を集めている。特に超伝導量子コンピューターは2019年のGoogleによる量子超越性を実証したとする主張[1]を中心に，その著しい進展が広く認知されている。一方，光を用いた量子計算においても，ガウシアンボソンサンプリングのスキームで2020年に中国科学技術大学が量子優位性の実証を報告している[2]。古典コンピューター富岳を用いても6億年かかる計算を200秒で実行したとされている。同実験は，非線形光学効果により生成した量子光を特殊なバルク光学素子により干渉させ，多数の単一光子検出器で測定する形で行われた。つまり，光学定盤の上にバルク光学素子を多数並べて構築した光回路が用いられている。論文でも語られていることではあるが，このような量子光回路を集積光回路上に実装することができれば，計算機のスケーラビリティー，機能性，安定性を飛躍的に高められる可能性がある。

　本特集で議論されているシリコンフォトニクスは，集積量子光回路を実装する舞台として非常に優れている。CMOSプロセスを用いることで，大規模な回路を緻密に形成することができる。様々なパッシブ素子がすでに開発されており，高機能な光回路と外部インターフェースが利用できる。また，電子回路との一体集積[3]も実証されており，測定とフィードフォワードが重要となる量子

プロトコルにも対応できる可能性がある。これらの利点は，CMOSプロセスの特徴を最大限活用し得られるものである。近年では，シリコンフォトニクス回路を用いることで，光チップ間量子テレポーテーション[4]や都市間量子鍵配送[5]，高次元の量子もつれ生成[6]などが実証されている。その進展の詳細については複数の解説論文で紹介されている[7〜10]。

　しかし，このシリコン"量子"フォトニクス回路はいくつかの根本的な課題も有している。一つには，決定論的に動作する単一光子源の実装が困難であることが知られている。現状では非線形光学効果に基づく確率的な量子光源が利用されているものの，この場合には，系にスケーラビリティーがなく多数の光子を扱った量子情報処理の実現が実質的に不可能となる。また，非線形量子ゲートの実現に必要な単一光子レベルでの非線形光学効果を実現することも極めて困難である。さらには高速かつ低損失で動作する光変調器の集積も難しい。量子デバイスに重要な極低温においては，さらにその実現が難しくなる。また，光と強く相互作用し優れた特性を有する量子メモリの導入も容易ではないうえ，高効率な単一光子検出器の実現も簡単ではない。

　実は，上記のいずれの課題も，CMOSプロセスの利用を前提とし，同プロセスに適合する材料の利用を前提とした場合に生じるものである。一方，材料の制約なく見渡せば，個々の光量子デバイスは急速に進展している。例えば，現在最も優れた固体単一光子源はInAs/GaAs量子ドットを用いて実現されており[11]，高い光子生成効率と高い単一光子純度とが両立されつつある。また，同構

造を微小共振器と組み合わせることで単一光子レベル非線形光学効果が実現可能であることも明らかにされている[12]。$BaTiO_3$を用いた変調器は低温で高速に動作する[13]ことが示されている他，$LiNbO_3$でも高速・低損失な変調器の開発が進んでいる[14]。また，良く知られているように，ダイヤモンド中の色中心は素性のよいスピンメモリとなることが示されており，Si－空孔中心を用いて量子暗号通信を長距離化した実験も報告されている[15]。さらには超伝導ナノワイヤを用いることで，理想に近しい集積型の単一光子検出器が実現できることも分かっている[16]。

　以上を鑑みると，シリコン量子フォトニクスのさらなる発展にはハイブリッド集積が重要になると思われる。つまり，光集積プラットフォームとして優れたシリコンフォトニクスを活用しつつ，回路上に様々な材料からなる優れた量子デバイスを融合するアプローチが有用になる可能性がある。古典的な光情報処理と異なり，量子技術を有用なものにするためには理想に極めて近い特性を示すデバイスを組み合わせることが必要となる。この要求を満たすためには，ハイブリッド集積はむしろ必然になるとも考えられる。本稿では，そのようなハイブリッド集積シリコン量子フォトニクスの実現に向けた研究について，最近の我々の取り組みを中心に紹介する。

2 ハイブリッド光量子集積技術

　シリコンフォトニクスの利点を享受するためにはCMOSプロセス技術の利用が必要となる。しかし，同プロセスを異種材料の混載集積と両立させることは容易ではない。シリコンフォトニクス回路の規模が大きくなればなるほどより精緻なプロセスが求められ，異種材料を導入するハードルは高くなる。異種材料はシリコンプロセスから見れば汚染要因だからである。さらに，量子技術で求められるデバイス性能を実現するためには，個々の要素デバイス作製においても相当の工夫が求められる。

　表1に主要な異種材料集積技術を比較した。代表的な手法であるウェハ融着や直接エピタキシャル成長はモノリシックなデバイス作製を可能にするため非常に魅力的である。これまでにウェハ融着を基礎として量子ドット単

表1　ハイブリッド集積手法の比較

手法	高密度集積	高品質加工	複数材料の混載	量産	製造コスト
フリップチップ	×	◎	◎	×	×
ウェハ融着，直接成長	◎	難しい	さらに難しい	◎	◎
μマニピュレーション	△	◎	◎	×	×
転写プリント	○	◎	○	○	○

一光子源をSiN導波路へ集積した例も報告されている[17]。しかし，既存のCMOSプロセスの利用を最優先する場合には光回路作製後にこれらのプロセスを行う必要があり，多大な制約の中で高品質な量子デバイスを作製することは極めて困難であると思われる。さらに，複数の異種材料を導入する場合には，融着や成長プロセスとデバイス作製を繰り返す必要があり，よりデバイス性能の担保が難しくなる。また，固体量子デバイスには大きな特性バラツキがつきものであり，モノリシックな加工プロセスではその回避が難しい。

　ピックアンドプレース手法を用いれば，モノリシック加工ではなくなるものの上記の異種材料集積における課題の多くを解決できる可能性がある。代表的なアプローチはフリップチップボンディングであり，加工済みデバイスをシリコンフォトニクス回路に後載せの形で搭載することができる。事前に所望の特性を有するデバイス選別することで，特性ばらつきの問題は解決可能である。シリコンプロセスとは別にデバイス加工を行うため，量子応用に資する高性能デバイスの実現も期待できる。しかし，複数の異種材料デバイスを高密度に集積することが難しく，ナノフォトニクス構造の集積が求められる量子応用には適さない。より柔軟な方法として，マイクロマニピュレーション法が挙げられる。これは極細プローブの先端に素子を吸いつけて光回路に設置する手法であり，ナノフォトニクス構造をシリコンフォトニクス回路の狙った位置に設置することができる。また集積プロセスは容易に繰り返しが可能であり，多様なデバイスの混

載集積が可能である。同手法を用いてナノワイヤ[18]やナノビーム構造[19]に埋め込まれた量子ドット単一光子源集積も実証されている。しかし，操作自由度が高すぎるため，多くの場合では熟練の作業者により手作業で集積が行われている。操作の自動化が極めて難しく量産性が非常に乏しいと言える。

転写プリント法[20,21]はピックアンドプレース集積技術でありながら，高密度集積と自動化に対応することのできるバランスの取れた手法である。同手法は，平面的な透明粘弾性ゴムを用いたピックアンドプレース操作を基礎としており，適切に操作自由度を落とすことで自動化が容易となっている[22]。また，ナノメートルスケールでの位置合わせ精度が実現されており，多数の素子の一括転写も可能である。我々は同手法を光量子デバイス集積に対して先駆的に応用し，量子ドット単一光子源の集積などを実証してきた[23~27]。それらの詳細は次節で解説する。なお，光量子デバイス間を近接して繋ぐ手法としてはフォトニックワイヤボンディングも挙げられる[28]。ただ，量子応用に許される範囲で光学損失を押さえることが課題になると思われる。以上の議論に関連した解説論文としては，文献29, 30）が挙げられる。

3 転写プリント法によるハイブリッド光量子集積

転写プリント法を用いたハイブリッド集積の概要を，量子ドット単一光子源のシリコンフォトニクス回路上集積を例として図1に示す。図1（a）はInAs/GaAs量子ドットを埋め込んだ多数のフォトニック結晶ナノビーム共振器がGaAs基板上に中空構造として作製されている様子を示している。一般に，ナノビーム共振器は精密に調整された電子線リソグラフィーにより作製される。事前に光学測定を行うことで集積に適した光源を転写前に特定することができる。集積対象となる光源は，ポリジメチルシロキサン（PDMS）により形成された透明粘弾性ゴムによりピックアップされている。これはゴムをターゲット素子に貼り付け急速に引きはがすことで実行できる。その後，同光源をシリコン光回路上へ移動し，所望の位置に設置される。PDMSゴムをゆっくりと引きはがすことで光源のみを光回路上に残すことができ，ハイブ

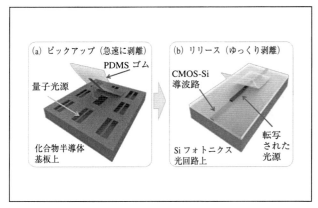

図1　転写プリント集積の概要

リッド集積が完了する。転写プロセスは主にファンデルワールス力を介して行われており材料系を選ばない。集積対象となる素子が引きはがし可能でさえあれば，ハイブリッド集積が実行可能である。転写操作は光学顕微鏡下で実行しており，我々の装置では±50 nm程度の精度で転写することが可能である。

図2（a）に作製した光源の光学顕微鏡像を示す。ガラス埋め込みシリコン導波路上にGaAsナノビーム共振器が設置されている。転写時の破損を防ぐためナノビームは周囲が保護構造で囲われている。作製した構造はヘリウム温度まで冷却し光学実験により評価した。冷却に際して光源が滑って位置ずれが発生したり亀裂が入ったりするという事象は観測されなかった。転写しただけでも光源は十分強固に回路上に貼りついていると考えられる。

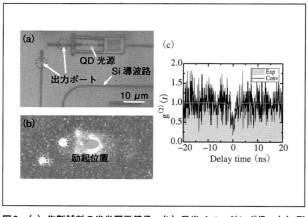

図2　（a）作製試料の光学顕微鏡像，（b）発光イメージング像，（c）測定した強度相関関数

図2(b)に強励起下で測定した発光イメージを示す。測定では，GaAsバンドギャップを励振し，InAs量子ドットの発光のみを捉えるバンドパスフィルターを用いている。注目すべきは，導波路終端部に設けられたグレーティングポートから強い光出射が見られている点である。本構造ではナノビーム共振器から放出された光は強く埋め込みシリコン導波路に結合するように光学設計されている。図2(b)の実験からは，転写プリント集積においても設計に沿って精密に光学構造が作製されていることが示唆される。またその他の実験から，共振器内部にある単一量子ドットに着目すると，その発光の70％が下部導波路に結合していることが分かった。これは，ウェハ融着などで作製されたハイブリッド集積単一光子源の導波路結合効率よりも高く，転写プリント集積の優位性を示す結果となっている。図2(c)では，注目した単一量子ドット発光に対して量子相関測定を行った結果を示す。測定した強度相関関数はアンチバンチングを示しており，量子ドットから単一光子が放出されていることが分かった。これは，転写したナノビーム構造が十分に冷却されており，量子ドットの量子性がきちんと発現していることを示している。つまり，転写集積されたナノビーム構造はヘリウム温度に冷却されたシリコン光回路とよく熱的に結合していることが分かった。これは量子応用にとって重要な知見と言える。以上の実験から，転写プリント集積は量子応用に求められる高い質の光学構造形成を十分堅牢に構築可能な上，回路との良好な光学・熱的結合を実現できることが分かった。

4 まとめ・展望

本稿では，シリコンフォトニクスの利点を生かした集積量子フォトニクスについて最近の進展を紹介するとともに，そのさらなる発展のための一つの方向性としてハイブリッド集積シリコン量子フォトニクスを紹介した。また，様々なハイブリッド集積技術を比較し，量子技術に応用に適した手法として転写プリント法について我々の研究成果を中心に議論をした。最近では他グループからも転写プリント法を用いた光源開発の報告がなされており，同手法を光量子技術研究は今後さらに発展してい

くと考えられる。

すでに論じたように光量子技術の成功には光集積技術の発展が欠かせない。人類は未だ，理想的な単一光子源を確実かつ決定論的に生成する技術を有さない。このような光源は多くの量子プロトコルで存在が仮定されているものであり，その必要性は自明である。生成した光子を確実に所望の光モードに届けるためには，シリコンフォトニクスなどのナノフォトニクス構造の利用が必須となるとみられる。また，スクイズド光を用いた連続量量子情報処理においても優れた光源の実現などにおいて光集積が重要になると思われる[31, 32]。いずれの場合も，高度なハイブリッド光量子集積が活躍する可能性が大いにある。

また，その他の光量子情報処理デバイスにおいても，ハイブリッド集積が本質的に必要になると予想される。代表例はマイクロ波と光波を繋ぐ量子トランスデューサーである。様々な波長変換材料と単一量子レベルでの光学相互作用を実現しつつ変換された光子を所望のモードに送り込むためには高度なハイブリッド集積ナノ光構造の利用が重要になると思われる。さらには，全光量子中継[33]や光子損失に対するエラー訂正のためにクラスター状態を生成する上でも様々な光機能素子と量子光源の一体集積が重要になる[34]。このように俯瞰してみれば，多様な材料からなる様々なデバイスを自在にハイブリッド集積する技術こそ，光量子技術にとって本質的に必要な開発であると言えるかもしれない。

謝辞

本研究の一部は，科研費特別推進研究（15H05700），科研費補助金（19K05300），JSTさきがけ（JPMJPR1863），NEDOにより遂行された。本研究の遂行にあたって有益なご議論を頂いた勝見亮太，長田有登，玉田晃均，角田雅弘，渡邉克之，石田悟己，西岡政雄，守谷頼，町田友樹各氏に深く感謝する。

参考文献
1) F. Arute et al., Nature 574, 505 (2019).
2) H.-S. Zhong et al., Science (80-.). 370, 1460 (2020).
3) A. H. Atabaki et al., Nature 556, 349 (2018).
4) D. Llewellyn et al., Nat. Phys. 16, 148 (2020).

第4章　注目！シリコンフォトニクスの展開

5) D. Bunandar et al., Phys. Rev. X 8, 021009 (2018).
6) J. Wang et al., Science (80-.). 360, 285 (2018).
7) J. W. Silverstone et al., IEEE J. Sel. Top. Quantum Electron. 22, 390 (2016).
8) J. Wang et al., Nat. Photonics 14, 273 (2020).
9) N. C. Harris et al., Nanophotonics 5, 456 (2016).
10) J. C. Adcock et al., IEEE J. Sel. Top. Quantum Electron. 27, 6700224 (2021).
11) N. Tomm et al., Nat. Nanotechnol. 16, 399 (2021).
12) R. Uppu et al., Nat. Nanotechnol. 16, 1308 (2021).
13) F. Eltes et al., Nat. Mater. 19, 1164 (2020).
14) C. Wang et al., Nature 562, 101 (2018).
15) M. K. Bhaskar et al., Nature 580, (2020).
16) I. Esmaeil Zadeh et al., Appl. Phys. Lett. 118, 190502 (2021).
17) M. Davanco et al., Nat. Commun. 8, 889 (2017).
18) I. E. Zadeh et al., Nano Lett. 16, 2289 (2016).
19) J.-H. Kim et al., Nano Lett. 17, 7394 (2017).
20) E. Menard et al., Appl. Phys. Lett. 84, 5398 (2004).
21) M. A. Meitl et al., Nat. Mater. 5, 33 (2006).
22) J. McPhillimy et al., ACS Appl. Nano Mater. 3, 10326 (2020).
23) R. Katsumi, Y. Ota et al., Optica 5, 691 (2018).
24) R. Katsumi, Y. Ota et al., APL Photonics 4, 036105 (2019).
25) A. Osada, Y. Ota et al., Phys. Rev. Appl. 11, 024071 (2019).
26) R. Katsumi, Y. Ota et al., Appl. Phys. Lett. 116, 041103 (2020).
27) R. Katsumi, Y. Ota et al., Opt. Express 29, 37117 (2021).

28) M. R. Billah et al., Optica 5, 876 (2018).
29) J.-H. Kim et al., Optica 7, 291 (2020).
30) A. W. Elshaari et al., Nat. Photonics 14, 285 (2020).
31) J. M. Arrazola et al., Nature 591, 54 (2021).
32) S. Takeda et al., APL Photonics 4, 060902 (2019).
33) K. Azuma et al., Nat. Commun. 6, 10171 (2015).
34) Y. Zhan et al., Phys. Rev. Lett. 125, 223601 (2020).

■**Hybrid-integrated silicon quantum photonics**
■①Yasutomo Ota　②Satoshi Iwamoto　③Yasuhiko Arakawa
■①Keio University　②③The University of Tokyo

①オオタ　ヤストモ
所属：慶應義塾大学
②イワモト　サトシ　③アラカワ　ヤスヒコ
所属：東京大学

IOWN構想とシリコンフォトニクス

NTT先端集積デバイス研究所
松尾慎治

1 はじめに

　ネットワークに接続されたデバイス数は増加を続けており，集められた膨大なデータを有効利用する様々な試みが行われている。このような試みの一つとしてNTTではIOWN（Innovative Optical and Wireless Network）構想を提唱している[1]。これは，あらゆる情報を基に個と全体との最適化を図り，多様性を受容できる豊かな社会を創るため，光を中心とした革新的技術を活用し，これまでのインフラの限界を超えた高速大容量通信ならびに膨大な計算リソース等を提供可能な端末を含むネットワーク・情報処理基盤するという構想である。この構想の実現に向けて，IOWNを支える基盤技術である光および無線デバイスの高速・大容量化は必須である。同時に，データセンターで消費される膨大な電力が社会的な問題になってきていることから，持続可能な社会の実現のためには情報機器の低消費電力化も欠かすことができない。さらには，多くの人々がこのプラットフォームを利用できるようにするため低コスト化も重要な課題である。

　このような背景のもと，シリコンフォトニクス技術を用いた光集積回路に注目が集まっている。光集積回路は個別素子をファイバーアセンブリする従来の光モジュールと比較して，複数の光デバイスを低損失な光導波路や光フィルタで接続することによりアセンブリコストの大幅な低減が可能になるためである。この際，シリコンフォトニクスは，シリコンCMOS技術を利用して高性能な光フィルタや光変調器等を大口径基板で高い歩留まり・

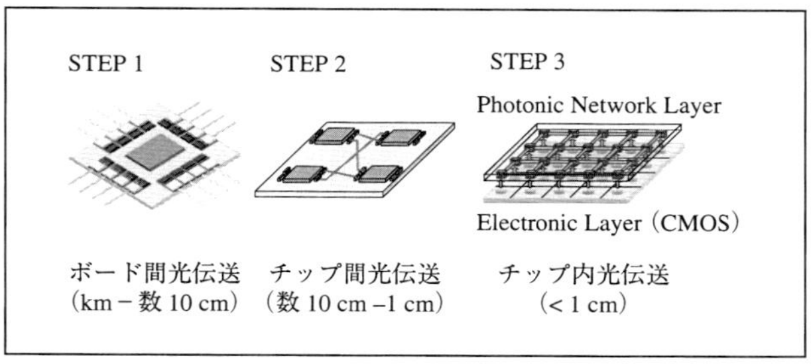

図1　IOWN構想における光インターコネクションの短距離化

均一性で作製可能であることから基盤技術となると考えられる。

　図1は，IOWN構想における光デバイス開発の流れを示している[2]。伝送速度の高速化と低消費電力化の要求から光インターコネクションの方が電気と比較して有利となる伝送距離が短距離化することから，チップ間やチップ内で光技術が適用されると考えている。この際，伝送距離が短くなるほど集積されるデバイス数は増加するため高密度集積が重要となる。そのため，小型の光フィルタや曲率半径の小さい曲線導波路の利用が重要になることから光閉じ込めの強いシリコン導波路を用いたシリコンフォトニクス技術の重要性が大きくなると考えられる。一方で，レーザや高効率な変調器の作製にはIII-V族化合物半導体の利用が必要なため，NTTではシリコンフォトニクスデバイスとIII-V族化合物半導体の高密度異種材料集積について研究を進めている。本稿では，我々が検討しているメンブレン半導体光デバイスの構造，異種材料集積方法について述べる。その後，作製した素子の特性について紹介する。

2 メンブレン光デバイスの構造

図2(a)にメンブレン半導体光デバイス，図2(b)に通常の半導体光デバイスの構造を示す。メンブレン光デバイスの特長は膜厚250 nm程度の半導体層が低屈折率材料に上下を挟まれていることである。これにより右図に示すように活性層に強く光が閉じ込められるため高効率な直接変調レーザや光変調器の実現が期待される。このような薄膜でpn接合を構成するために横方向pn接合を用いている。一方，図2(b)に示す通常の半導体光デバイスの場合は，基本的にInP層で活性層は囲われていることから，右図に示すように活性層を囲むInP層にも光のモードが広がっており活性層の光閉じ込め係数は低下する。pn接合はエピタキシャル成長を用いて縦方向に形成される。

メンブレン光デバイスはSi導波路との集積も適している。図3はSi導波路上にメンブレン光デバイスを集積した時の構造を示している。この例では，Si導波路の膜厚は220 nm，Si導波路とメンブレン光デバイスの間のSiO$_2$膜の膜厚は100 nmとしている。図3右図はSi導波路幅を変化させた場合にそれぞれのコア層の光閉じ込め係数の変化を計算した結果である。図に示すように，Si導波路幅を変化させることで光閉じ込め係数を自由に制御できることがわかる。これは，メンブレン光デバイスがSi導

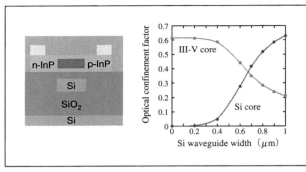

図3 Si導波路上メンブレン光デバイスの構造と各コア層の光閉じ込め係数のSi導波路幅依存性

波路と同程度の屈折率・膜厚であるためである。III-V族コアへの光閉じ込めが大きい場合には，直接変調レーザや変調器の高効率化に対して優位であり，Si導波路への光閉じ込めが大きい場合には，変調器のバイアス用の高出力レーザの作製などに適している。このような特長は，短い単純なテーパー構造で光をSi導波路とIII-V族導波路の間で受け渡しできることになるため，高密度にIII-V族光半導体とSiフォトニクス回路が集積された光集積回路を作製する際に有利である。

3 異種材料集積プロセス

次に異種材料集積プロセスにおけるメンブレン光デバイスの特長を説明する[3,4]。通常，InP系光半導体デバイスは異なるバンドギャップを持つ材料を再成長技術を用いて複数組み合わせることで高性能な光デバイスを作製する。例えばコア層をInPで囲んだ埋め込みヘテロ構造や，変調器とレーザの集積などが挙げられる。したがって，シリコン基板上でInP系半導体が再成長できればInP基板上光デバイスと同様に高性能でコンパクトな光デバイスをシリコンフォトニクスデバイスと組み合わせて作製できる。一般にSi上にInP系半導体を直接成長することは格子定数と熱膨張係数の違いにより困難であるが，直接接合を用いることにより格子定数差の問題は回避できるため熱膨張係数の課題を解決できればSi上でInP系半導体が成長可能となる。この問題の解決のためにはInP層の薄膜化が重要であることからメンブレン光デバイスは再成長を適用できるという作製上の特長を持つ[4]。

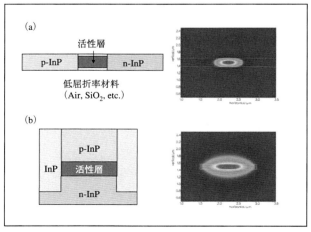

図2 (a) メンブレン半導体光デバイスの構造と光モード分布，(b) 通常の半導体光デバイスの構造とモード分布

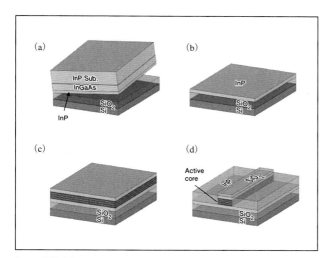

図4 直接接合と再成長を組み合わせた作製フロー

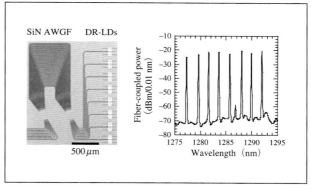

図5 熱酸化膜付きSi基板上に作製したDRレーザアレイとSiN-AWGフィルタの素子写真と8 ch同時動作時の出力スペクトル

図4に直接接合および再成長に関する成長の手順について示す。まず，InP基板上に犠牲層となるInGaAs層とSiO$_2$上のテンプレートとして用いるInP層を成長する。その後，熱酸化膜付きSi基板に直接接合を行う（図4(a)）。InP基板とInGaAs犠牲層を除去することによりSi基板上InPテンプレートを作製する（図4(b)）。そして，図4(c)に示すように活性層となるMQW層の成長，図4(d)に示すようにコア層をSiO$_2$によりパターン化した後にエッチングによりコア層以外のMQW層を除去し，InPの埋め込み再成長を行う。その後，Zn熱拡散とSiイオン注入によりpn領域を形成，電極工程を行う。

4 直接変調メンブレンレーザ

図5は熱酸化膜付きシリコン基板上に作製した直接変調メンブレンレーザアレイの素子写真を示す[5]。活性層上のInP層にグレーティングを作製することにより異なる波長で発振するレーザアレイを作製した。活性層の長さは80 μmとし，活性層上のInP層に均一の回折格子を形成した。埋め込み活性層の前後には埋め込み再成長で製膜したInP層を用いてチャネル導波路を形成し，前側出力導波路と後側DBR（Distributed Bragg Reflector）を作製した。DBRの中心波長をDFBの中心波長からわずかにシフトさせることによりDFBのストップバンドの長波側あるいは短波側のどちらかの波長を選択してシングルモード発振を得るDR（Distributed Reflector）レーザとして動作させている。前側出力導波路はInPチャネル導波路の先端を100 nmまで細くすることにより幅900 nm，厚み450 nmのSiN導波路導波路と接続している。波長多重光の合波にはアレイ導波路を40本用いたAWG（Arrayed Waveguide Grating）フィルタを用いた。図5右図は，AWGフィルタのある一本の出力導波路から出射され光ファイバに入射した光出力である。8つのDRレーザを同時に駆動しており合波され一つの出力導波路から出力されていることがわかる。

図6は8チャンネルを56G PAM4信号で変調した時のアイ波形を示している[5]。動作電流は図中に示しているが発振波長が長波長側になるほどバイアス電流が増加している。これは，作製したAWGフィルタの波長間隔とDRレーザの発振波長がわずかにずれてしまったためバイアス電流により発振波長を調整したためである。図に示されるように線形及び非線系の等価処理を行って明瞭

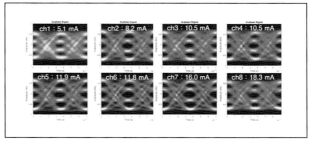

図6 8 ch×56 Gbit/s PAM4動作時のアイ波形

161

なアイ波形を得た。トータルで400 Gbit/sのスループットを持つWDM送信機となっており，このスループットを8 chのレーザへのバイアス電流とバイアス電圧から計算される消費電力で割ったエネルギーコストは403 fJ/bitとなった。前述したように波長調整のためにバイアス電流を用いていることから面発光レーザと比較するとやや大きな値となっているが，今後作製精度を上げることにより低消費エネルギー動作が可能になる。今回，AWGフィルタはSiN導波路を用いて作製したが，Si導波路で合波回路を作製すれば，よりコンパクトな光集積回路が作製可能である。一方で，Si導波路は屈折率が高く光閉じ込めも強いため作製誤差マージンが小さいという課題もありSiNとは相補的な関係にある。このためどちらの光フィルタを使用するかは，サイズ面での要求条件により決定される。

5 直接変調フォトニック結晶レーザ

チップ内インターコネクションに光技術を用いるためにはさらなる低消費エネルギー動作する光デバイスが必要となり，送信素子自体の1ビット当たりの動作エネルギーは7 fJ/bitと予測されている[6]。この極めて小さな消費エネルギーを実現するためには前章のメンブレンレーザの活性層長を波長オーダーの数μmまで短くする必要がある。このような短い共振器長の導波路レーザを実現するために，我々は二次元フォトニック結晶共振器が波長オーダーの共振器長で100万を超えるQ値が得られることに着目してフォトニック結晶レーザの検討を行っている[3, 7, 8]。図7（a）はInP基板上に作製したフォトニック結晶レーザの鳥瞰SEM像および断面SEM像を示す。前章のメンブレンレーザと同様に熱伝導率の大きなInPによる埋め込みヘテロ構造（BH）を用いることで発熱による活性層の温度上昇を抑制している。この構造は熱伝導の点だけでなくInPは活性層よりもバンドギャップが大きいためにキャリア閉じ込めの点でも有効である。フォトニック結晶共振器のQ値を劣化させないために図に示すように平坦な埋め込み構造の実現が必須である。我々はこの構造を波長サイズの埋め込みヘテロ構造を用いていることからLEAPレーザ（λ-scale embedded active region PhC laser）と呼んでいる。図7（b）は10 Gbit/s NRZ信号を変調したときにアイ波形である。この実験に用いたレーザはしきい値電流4.8 μAであり，バイアス電流を25 μAで動作させており，エネルギーコストは4.4 fJ/bitとなる。これはチップ内インターコネクションに適用可能な値である[8]。

したがって，超低しきい値動作するLEAPレーザをシリコンフォトニクスと融合させることはチップ内インターコネクション実現のためには非常に重要である。そこで，Si導波路を用いてLEAPレーザとメンブレン受光素子を光接続する一体集積型の光リンクの作製を行った[9]。作製方法はまずSOI（Silicon on Insulator）基板を用いてSi導波路を形成し，SiO_2で導波路を保護する。その後，直接接合のためにCMP（Chemical Mechanical Polisher）でSiO_2表面を平坦化する。この際，Si導波路上のSiO_2の厚さが変わるとLEAPレーザとSi導波路の光結合係数が変化してしまうので注意が必要である。この後のプロセスは前述のメンブレンレーザと同様である。作製したレーザの活性層の断面SEM像を図8に示す。レーザ活性層を作製する際の露光はSi上に作製したマーカーを用いて行っているためステッパーの位置合わせ精度で高精度にSi導波路とレーザ活性層の位置合わせができる。図9（a）はSi導波路上に集積したLEAPレーザの注入電流に対する受光素子での光電流を示している。作製したLEAPレーザの活性層は2.5×0.3×0.15 μm^3，受光素子のコア長は40 μmである。レーザと受光素子間のSi導波路長は300 μmである。図に示されるように，レーザはしきい値電流19.3 μAであり，微分効率5〜10％でE/O変換，光信号伝送，O/E変換が行われている。図9（b）はバイア

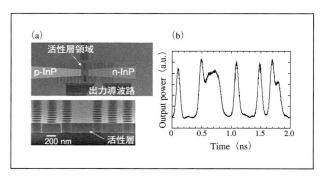

図7 （a）InP基板上LEAPレーザのSEM像 （b）動特性

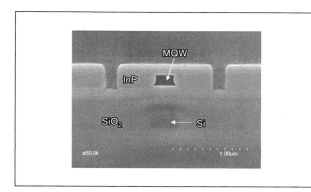

図8 Si導波路と集積されたLEAPレーザの断面SEM像

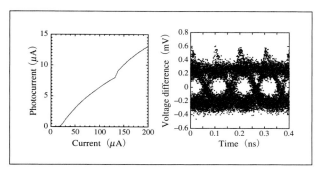

図9 一体集積された光リンクの入出力特性と動特性

ス電流150 μAで10 Gbit/s NRZ信号の変調を行った時の光リンクのアイ波形である。受光素子のバイアス電圧は−2 Vである。図に示されるように光リンクとしての動作の確認ができた。

 おわりに

本稿では，NTTで進めているIOWN構想を支える光デバイスについて述べた。低消費電力と低コストという二つの大きな課題をクリアするためにInP系光半導体デバイスとシリコンフォトニクス技術を高度に集積できる技術の開発が重要である。メンブレン構造は低消費電力な直接変調レーザを作製可能であることに加え，シリコン上の再成長が可能というメリットを持つため低コスト化にも有利である。今後は，大規模集積化を進めるとともに変調器や受光素子の集積も含めた高機能化も実現していき，極短距離から比較的長距離の光伝送にも適用の可能性を探る予定である。

参考文献

1) https://www.rd.ntt/iown/
2) 武田他，NTT技術ジャーナル, 2020. 8, 5 (2020).
3) S. Matsuo, and T. Kakitsuka, *Advances in Optics and Photonics* **10**, 567 (2018).
4) S. Matsuo, T. Fujii, K. Hasebe, T. Takeda, and T. Kakitsuka, *Optics Express* **22**, 12139 (2014).
5) H. Nishi, T. Fuji, N.-P. Diamantopoulos, K. Takeda, E. Kanno, T. Kakitsuka, T. Tsuchizawa, H. Fukuda, and S. Matsuo, J. of Lightwave Tech. 37, 266 (2019).
6) D. A. B. Miller, Proc. IEEE 97, 1166 (2009).
7) S. Matsuo, A. Shinya, T. Kakitsuka, K. Nozaki, T. Segawa, T. Sato, Y. Kawaguchi and M. Notomi, *Nature Photonics* **4**, 648 (2010).
8) K. Takeda, T. Sato, A. Shinya, K. Nozaki, W. Kobayashi, H. Taniyama, M. Notomi, K. Hasebe, T. Kakitsuka, and S. Matsuo, *Nature Photonics* **7**, 569 (2013).
9) K. Takeda, T. Tsurugaya, T. Fujii, A. Shinya, Y. Maeda, T. Tsuchizawa, H. Nishi, M. Notomi, T. Kakitsuka, and S. Matsuo Opt. Express 29, 26082 (2021).

■ **Si Photonics for IOWN Initiative**
■ Shinji Matsuo
■ NTT Device Technology Laboratories

マツオ　シンジ
所属：NTT先端集積デバイス研究所

第 5 章

Beyond 5G における
テラヘルツ通信への期待

第 5 章　Beyond 5Gにおけるテラヘルツ通信への期待

総論：Beyond 5Gに向けたテラヘルツ波無線通信の開発動向

(国研)情報通信研究機構
笠松章史

1　はじめに

　第5世代モバイル通信システム（5G）の商用サービスが開始され，技術開発の検討は5Gの次の世代である第6世代（6G）を含むBeyond 5G（B5G）へと移っている。5Gでは，従来システムに対する特徴的機能として「超高速・大容量」「超低遅延」「多数接続」の高度化が行われた。B5Gでは，これらの機能の更なる高度化が目指されており，その中の「超高速・大容量」については5Gに比べB5Gは10倍～100倍の性能が要求される見込みである。これを実現するための技術的手段の一つとして，100 GHz以上のミリ波やテラヘルツ波のような，従来よりも高い周波数を利用することが期待されている。無線通信のテラヘルツ波の利活用に向けた開発は今後本格的に進むと見られているが，本特集ではテラヘルツ無線通信の国際標準化動向やネットワーク・システムの全体像（構想）を紹介するとともに，その実現化技術（デバイス）に焦点をあて，さらに開発に不可欠な測定器も取り上げる。各論に先立ち，総論として，B5Gへの適用に向けたテラヘルツ通信の技術開発等の概要について述べる。

2　テラヘルツ無線通信の特徴

　「テラヘルツ波」は，いわゆる「電波」や「光」を総称した「電磁波」の中で，1 THzを中心とした周波数帯

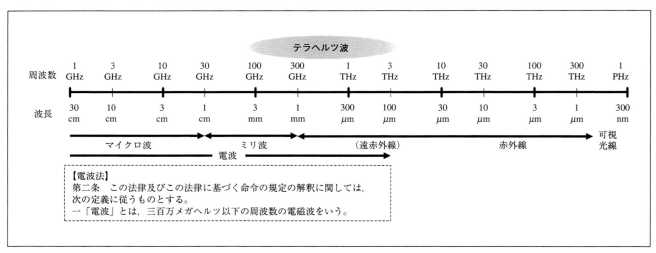

図1　テラヘルツ波と周波数の対応

の電磁波を指す。具体的な周波数の範囲についての定義には様々あるが，テラヘルツ波を無線通信に用いる電磁波として考えたときの定義としては，1 THzの1/10の周波数である100 GHzから，電波法の対象となる周波数の上限である3 THzまでを指すことが多い（図1）。

テラヘルツ波は，ミリ波（波長1〜10 mm，周波数30〜300 GHz）より低い周波数のいわゆる「電波」と，赤外線より高い周波数のいわゆる「光」の，狭間の周波数にあたり，電波と光それぞれで開発された技術や応用が直接的には適用できず，開発や利用が遅れていた周波数帯である。近年，電波および光の双方のデバイス技術の発展や，それらを組み合わせて活用する技術が向上したことによって，テラヘルツ波を扱うための技術や手段が確立されつつあり，未利用だったテラヘルツ波を利活用する機運が高まっている。テラヘルツ波の応用としては，計測やイメージングの分野での利用が先行して進んでいるが，最近になって無線通信への応用に関して急速に関心が高まっており，積極的に技術開発が進められている。

テラヘルツ波を無線通信に用いる最も大きな動機は，情報伝送レートの増大への期待である。最近のモバイル無線通信や無線LANのトレンドをみると，10 Gbit/s（毎秒10ギガビット）程度の伝送レートが実現されつつあり，B5Gに向けては100 Gbit/s以上が望まれることは自明である。無線通信の伝送レートを高めるための技術的な手段としては，1）通信に用いる周波数帯の幅（周波数帯域幅）を広げる，2）データ変復調の「多値」数を増やす，の2つが挙げられる。テラヘルツ波にかかる主な期待は，前者の広い周波数帯域幅を利用できる可能性である。無線通信に用いられる電波については，周波数帯ごとの用途の割り当てが国際的な規定に基づいて各国が法令で定めているが，現在までに周波数の割り当てが定められているのは275 GHz以下の周波数までである。275 GHz以上は確定的な周波数割り当てがされておらず，今後の調整次第で広い帯域が無線通信で利用できる可能性がある。

3 B5Gにおけるテラヘルツ無線通信への期待

B5Gや6Gについては，様々な組織や機関からロードマップや白書が公表されており，その中でテラヘルツ無線通信への期待が述べられている。

国内では，総務省にて「Beyond 5G推進戦略懇談会」が組織され，2020年6月に「Beyond 5G推進戦略―6Gへのロードマップ―」が発表されている[1]。その中で，5Gに比べ10〜100倍の「超高速・大容量」を実現するための技術的手段として，かつ我が国が強みを持つ分野としてテラヘルツ波の利用が挙げられている。この推進戦略を産学官の連携により強力かつ積極的に推進するため，2020年12月に「Beyond 5G推進コンソーシアム」が設立されている[2]。国内の通信事業者からは，ドコモが「ドコモ6Gホワイトペーパー」[3]，KDDIが「Beyond 5G/6Gホワイトペーパー」[4]，ソフトバンクが「Beyond 5G/6Gに向けた12の挑戦」[5]を発表している。いずれの発表においても，テラヘルツ波への周波数拡張について述べられている。製造業からは，NECが「Beyond 5Gホワイトペーパー」を発表しており，ミリ波やテラヘルツ波の高周波数の活用の必要性が記述されている[6]。

（国研）情報通信研究機構（NICT）でも2021年4月に「Beyond 5G/6Gホワイトペーパー」を公表した[7]。NICTが今後の国内外の研究機関等と連携しBeyond 5G/6Gの研究開発を加速するため，2030年頃に実現が期待されるBeyond 5G/6Gに関して，それぞれの技術が進展することにより実現することが想定される社会像・ユースケースや，それを実現するために必要な要素技術・研究開発ロードマップ，NICTの取り組みの方向性などをまとめている。この中で，電波技術と光技術の両面からのアプローチにより，テラヘルツ波を扱うための各種要素技術（半導体デバイス，電子回路技術，アンテナ技術，計測技術，信号源技術，A/D変換技術等）を成熟させる必要性や，実用化のため消費電力や小型化を実現する技術が必要である旨が記述されている。

さらに，国内ではテラヘルツ無線のための技術を早期に社会展開すること目指して2015年9月に「テラヘルツシステム応用推進協議会」が発足し，テラヘルツ無線の技術的な検討と国際標準化への提言等を実施している。同協議会において，2020年度から協議会内に6Gワーキンググループを設置された[8]。Beyond 5Gや6Gでテラヘルツ無線が重要な役割を果たすことを想定し，6Gが開始される10年後を見据えた議論を開始している。

海外では，フィンランドOulu大学が「6G Flagships」を主導し，6G関連の多くのホワイトペーパーを公表しており，テラヘルツ関連の内容も多く掲載されている[9]。韓国Samsungは6Gに向けたホワイトペーパー「The Next Hyper-Connected Experience」を公開し，テラヘルツ周波数帯の使用等によって1 Tbpsもの通信速度を視野に入れている[10]。

4 テラヘルツ波の通信利用についての標準化動向

電波の周波数割り当ての国際的な規則については，国際電気通信連合 無線通信部門（ITU-R：International Telecommunication Union Radiocommunication Sector）が発行する無線通信規則（RR：Radio Regulations）で定められている[11]。RRについては，3〜4年に一度開催される世界無線会議（WRC：World Radio Conference）で改正等が議論される。RRでは，275 GHz以上の周波数については正式な割り当てである「分配」（allocation）はまだ決まっていない。2019年に開催されたWRC-19の議題番号1.15として「275 GHz〜450 GHzで運用する陸上移動業務（LMS）応用と固定業務（FS）応用を使用する主管庁のために周波数帯を特定する検討」が行われた[12]。この結果，RRの脚注5.564Aが策定され，275〜296 GHz，306〜313 GHz，318〜333 GHz，356〜450 GHzが，LMSおよびFSの利用に「特定」（identification）された。「特定」とは，いわゆる周波数の正式な割り当てである「分配」とは異なり，「まだ未割当ではあるが事前的に利用している旨を表明する」という位置付けである。しかし，「特定」とはいえ，これまで受動業務のみに使用されていた275 GHz以上の極めて高い周波数帯が新たにLMS及びFSに使用するための周波数帯として合意されたことは，B5Gに向けてテラヘルツ帯を活用した超高速通信の実現に向けて大きな前進といえる。

100 GHz以上でLMSとFSに10 GHz幅以上の帯域が割り当てまたは特定されている周波数帯は，151.5〜164 GHz（12.5 GHz幅），209〜226 GHz（17 GHz幅），252〜296 GHz（44 GHz幅），315〜333 GHz（15 GHz幅），356〜450 GHz（94 GHz幅）である。B5Gにどの周波数帯が利用されるかは，実現する技術，既存システムとの兼ね合い，どのくらいの周波数帯幅が求められるか等の事項を勘案して検討されるものと思われる。

5 B5Gに向けたテラヘルツ波無線通信の技術開発

2011年から2015年にかけて実施された総務省電波資源拡大のための研究開発[13]「超高周波搬送波による数十ギガビット無線伝送技術の研究開発」によって世界に先駆けて能動電子デバイス（トランジスタ）を利用したテラヘルツ波無線通信技術の研究開発が本格的に開始された。一般的に高い周波数で最も優れた特性をもつInP（インジウム・リン）系半導体を用いた高電子移動度トランジスタ（High Electron Mobility Transistor, HEMT）の動作速度や雑音性能を改善して300 GHz帯での動作を可能とするとともに，これを集積して増幅器や変調器の半導体集積回路チップを作製する技術，さらに集積回路チップやアンテナその他の部品を組み合わせてモジュールとして一体化する技術など，テラヘルツ波を用いた無線通信を実現するための要素技術が開発された[14]。

さらに，総務省電波資源拡大のための研究開発では，2014年度より「テラヘルツ波デバイス基盤技術の研究開発」，さらに2019年度より「集積電子デバイスによる大容量映像の非圧縮低電力無線伝送技術の研究開発」として，シリコンCMOS（Complementary Metal-Oxide-Semiconductor）集積回路を用いた300 GHz帯フロントエンドの研究開発が実施されている。一般にシリコンCMOS技術で作製した増幅器で増幅できる信号周波数はおよそ250 GHz程度までである。従って，シリコンCMOS集積回路を用いた300 GHz無線送受信機開発では，一般的な無線装置で行われている送信機の最終段や受信機の初段で無線信号を増幅することができないため，信号の増幅は100〜150 GHzより低い周波数で行い，それをアンテナに一番近い部分で300 GHzに変換する方式を用いている。従来の一般的な変換回路では変換特性の歪みにより信号の線形性が損なわれてしまうが，この研究では信号の線形性を保ったまま周波数を変換する独自の回路が提案され，2値ASKより一度に多くの情報を送ることが可能な多値直交振幅変調（QAM：Quadrature Amplitude Modulation）を用いることが可能となり，100

Gbit/sを越える伝送速度が達成されている[15]。

NICTは，B5Gに向けたテラヘルツ無線通信に関する初めての委託研究として，2020年から「欧州との連携によるBeyond 5G先端技術の研究開発」（副題：大容量アプリケーション向けテラヘルツエンドトゥーエンド無線システム）を早稲田大学，ドイツBraunschweig工科大学等のチームに委託している[16]。本課題では，ミリ波やサブミリ波の周波数帯における無線のバックホール／フロントホールのリンクや275 GHz以上の新しい周波数の利用といった，100 Gbit/s以上の超高速アプリケーションを収容可能な5Gのモバイル技術をさらに進展させる先進的な光技術と無線技術を用いる通信システムとネットワークを研究課題としている。さらにNICTでは，総務省のBeyond 5G推進戦略の基本方針を踏まえたBeyond 5G研究開発促進事業　研究開発方針（令和3年1月）に基づき「Beyond 5G研究開発促進事業」を実施している[17]。この中で，開発目標（数値目標等）を具体的かつ明確に定めてハイレベルな研究開発成果の創出を目標とする「基幹課題」のうち「テラヘルツ帯を用いたBeyond 5G超高速大容量通信を実現する無線通信技術の研究開発」と「Beyond 5Gに向けたテラヘルツ帯を活用した端末拡張型無線通信システム実現のための研究開発」の2つがテラヘルツ関連である。開発目標について外部の自由な発想に委ねる「一般課題」についても，開発対象と具体的に開発する技術等の候補例にて，テラヘルツ関連技術（デバイス技術，送受信システム技術，無線伝送のためのシステムLSI技術，小型軽量送受信機の開発）が多く挙げられている。

この他の重要技術として，小型携帯端末に搭載できる可能性があるテラヘルツ帯小型アンテナとして岐阜大学のグループによる小型誘電体キューブアンテナの開発や，大阪大学による共鳴トンネルダイオードとシリコンフォトニック構造を用いたデバイスの小型集積化基盤技術等が挙げられる。また，B5Gでのテラヘルツ波の活用で重要となる計測技術についても計測器メーカーを中心に検討が進められているとともに，デバイス実装やモジュール化に必要となる各種誘電体材料や電波吸収材料についても研究開発が進められている。

6 おわりに

本稿では，B5Gに向けたテラヘルツ波無線通信開発の動向を述べた。テラヘルツ波による無線通信の特長を述べるとともに，近年のB5G関係の白書等と，その中でのテラヘルツ無線の位置付け，及び標準化動向と実現技術の研究開発動向を紹介した。テラヘルツ波を無線通信に用いる大きな利点は従来にない広い帯域を用いることができることであり，B5Gでの活用に向けて技術と法制の両面において引き続き取り組んでいく必要がある。

謝辞

本稿の一部には，総務省電波資源拡大のための研究開発（JPJ000254）の「テラヘルツ波デバイス基盤技術の研究開発」および「集積電子デバイスによる大容量映像の非圧縮低電力無線伝送技術の研究開発」による成果が含まれています。

参考文献

1) 総務省報道資料「Beyond 5G推進戦略―6Gへのロードマップ―」の公表 https://www.soumu.go.jp/menu_news/s-news/01kiban09_02000364.html
2) Beyond 5G推進コンソーシアム ウェブサイト https://b5g.jp/
3) ドコモ「6Gホワイトペーパー」https://www.nttdocomo.co.jp/corporate/technology/whitepaper_6g/
4) KDDI「Beyond 5G/6Gホワイトペーパー」https://www.kddi-research.jp/tech/whitepaper_b5g_6g/
5) ソフトバンク「Beyond 5G/6Gに向けた12の挑戦」https://www.softbank.jp/corp/news/press/sbkk/2021/20210714_01/
6) NEC「Beyond 5Gホワイトペーパー」https://jpn.nec.com/nsp/5g/beyond5g/index.html
7) NICT「Beyond 5G/6Gホワイトペーパー」https://www2.nict.go.jp/idi/
8) テラヘルツシステム応用推進協議会ウェブサイト，https://www.scat.or.jp/THz-conso/index.html
9) フィンランドOulu大学 6G Flagship関連のホワイトペーパー https://www.6gchannel.com/6g-white-papers/
10) Samsung「The Next Hyper-Connected Experience」https://research.samsung.com/next-generation-communications
11) Radio Regulations（https://www.itu.int/pub/R-REG-RR/en等から入手可）．
12) Resolution 767 (WRC-15), "Studies towards an identification for use by administrations for land-mobile and fixed services applications operating in the frequency range 275-450 GHz".
13) 総務省「電波資源拡大のための研究開発の実施」https://www.

tele.soumu.go.jp/j/sys/fees/purpose/kenkyu/

14) H. Song, T. Kosugi, H. Hamada, T. Tajima, A. El Moutaouaki, M. Yaita, K. Kawano, T. Takahashi, Y. Nakasha, N. Hara, K. Fujii, I. Watanabe, A. Kasamatsu, "Demonstraion of 20-Gbps Wireless Data Transmission at 300 GHz for KIOSK Instant Data Downloading Applications with InP MMICs," *Int. Microwave Symp.*, WEIF2, May. (2016).

15) S. Lee, S. Hara, T. Yoshida, S. Amakawa, R. Dong, A. Kasamatsu, J. Sato, and M. Fujishima, "An 80 Gb/s 300 GHz-Band Single-Chip CMOS Transceiver," IEEE J. Solid-State Circuits, vol. 54, no. 12, pp. 3577-3588, (2019).

16) NICT高度通信・放送研究開発委託研究「欧州との連携による Beyond 5G先端技術の研究開発」https://www.nict.go.jp/collabo/commission/k_196.html

17) NICT「Beyond 5G研究開発促進事業」https://www.nict.go.jp/collabo/commission/B5Gsokushin.html

■R&D activities of terahertz wireless communications towards Beyond 5G applications

■Akifumi Kasamatsu

■Director General, Koganei Frontier Research Center, Advanced ICT Research Institute, National Institute of Information and Communications Technology

カサマツ　アキフミ
所属：（国研）情報通信研究機構　未来ICT研究所　小金井フロンティア研究センター　研究センター長

テラヘルツスペクトラムの標準化動向

(国研)情報通信研究機構
小川博世

1 はじめに

国際電気通信連合無線通信部門（ITU-R）は，国際的にスペクトラム管理を行うための規則，及び無線システム間の国際的な電波干渉を防ぐための勧告等の制定を行う国際連合（UN）の専門機関である国際電気通信連合（ITU）の中の1つの部門である。特に，4年毎に開催される世界無線通信会議（WRC）で決定された無線通信規則（RR）見直しのための議題に関する研究が主管庁を中心として行われており，電波を使用する膨大な量のデバイスの世界的な普及状況の昨今では，国際的に重要な専門機関の1つと言える。

2015年版RRの3000 GHzまでの周波数分配表においては275 GHz以上の周波数帯には無線通信業務が分配されておらず，脚注5.565のみによって3つの受動業務の周波数帯のみが特定されていた（付録1，付録2）。一方，275 GHz以上の周波数帯で運用する短距離無線システムのIEEE802規格[1]が発行されたが，移動通信システム等の能動業務を全世界で運用・展開するための規制が明確でなく，受動業務を保護するための措置も規定されていなかった。そのため，275 GHz以上の周波数帯を使用する無線通信システムの利用拡大のためのRR改定が要望されていた。本稿では，ITU-Rで行われてきたRR改定のための取組み概要を紹介する。

2 WRC-19議題1.15

2.1 WRC-19議題1.15の成立

WRCにRR改定又は見直しのための議題を提案するためには，アジア・太平洋電気通信共同体（APT）のWRCに向けた準備会合（APG）に提案し，APT加盟国間で合意を得たAPT共同提案書（APC）の成立が必須である。APG15-4において，275－1000 GHzの周波数範囲内での陸上移動業務（LMS）応用と固定業務（FS）応用に周波数を特定する議題が日本から提案され，APG15-5においてACPとして成立した。WRC-15では，欧州郵便電気通信主管庁会議（CEPT）からも同様な議題が欧州共同提案書（ECP）として提案されたため，ACPとECPをマージした「決議767（WRC-15）に基づき275－450 GHzの周波数範囲で運用する陸上移動業務応用と固定業務応用へ主管庁の使用のために周波数帯の特定を検討」するWRC-19議題1.15が成立した[2]。

決議767（WRC-15）では，下記の項目について検討することがITU-Rへ要請されている。

①275 GHz以上の周波数で運用する陸上移動業務と固定業務のシステムの技術運用特性を特定すること，

②上記の研究結果を考慮に入れて陸上移動業務と固定業務のシステムのスペクトラム要求を研究すること，

③275－450 GHzの周波数範囲で陸上移動業務・固定業務と受動業務との共用両立性検討を可能とするためにこの周波数帯の伝搬モデルを研究すること，

④脚注5.565で特定された受動業務の保護を維持しながら，275－450 GHzの周波数範囲で運用する陸上移動業務・固定業務と受動業務との共用両立性検討を行うこと，

⑤上記項目による研究結果と脚注5.565で特定された受動業務の保護を考慮に入れて，陸上移動業務と固定業務のシステムによる使用のための候補周波数帯を特定すること。

2.2　WRC-19議題1.15の各作業部会（WP）における検討

WRC-19議題1.15は3つのWPが中心に検討を行った[3]。WP5Aでは，275－450 GHzの周波数範囲内で運用するLMS応用の技術運用特性とスペクトラム要求値の検討を行い，その結果はITU-RレポートM.2417として発行された[4]。WP5Cでは，275－450 GHzの周波数範囲内で運用するFS応用のための技術運用特性とスペクトラム要求値の検討を行い，その結果はITU-RレポートF.2416として発行された[5]。

WP1Aでは，上記WP5AからのLMS応用システムの技術運用特性とWP5CからのFS応用システムの技術運用特性，及びWP7C及びWP7Dから提供されたEESS（受動）センサーと電波天文業務（RAS）受信機の干渉閾値を用いてLMS/FS応用に特定できる帯域の検討を行い，特定候補周波数帯の結果はITU-RレポートSM.2450として発行された[6]。図1は干渉シナリオのイメージ図を示し，図1（a）ではLMS応用システムである近接無線通信システム（CPMS）の携帯移動端末と固定ステーションからのEESS（受動）センサーとRAS受信機への干渉経路を模式的に示している。なお，CPMSデバイスの利用は屋内も想定されているが，制約条件無しで特定可能な周波数帯を明確にするために，レポートSM.2450ではCPMSデバイスは全て屋外で使用されていることを前提としている。

図1（b）ではFS応用システムであるモバイルフロントホール／バックホールからの干渉経路を模式的に示している。特に，EESS（受動）センサーへの干渉評価では各リンクで使用するアンテナ仰角の影響が大きく，特にコニカルスキャンモード型地球探査衛星は地上から仰角

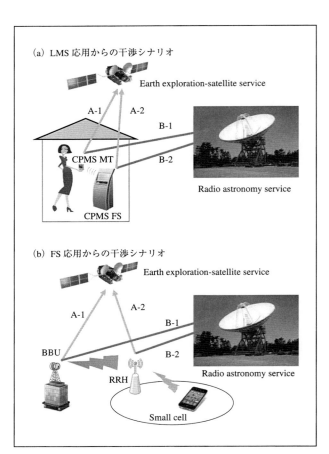

図1　レポートSM.2450で用いられたLMS/FS応用システムからの干渉シナリオ

25.7度の方向に見えるため，最悪ケースとしてFS用高利得アンテナがその方向にポインティングする場合も考慮されている。

図2及び図3では，それぞれ与干渉側のシステムに使用することを想定したアンテナの300 GHzにおける測定結果と勧告F.699[7]による計算値の比較を行っている。CPMSデバイスは10 cm以内程度の近接で使用することを想定しており，比較的ビーム幅が広いホーンアンテナが用いられている。図2にホーンアンテナの放射測定結果と勧告F.699の計算結果の比較を示す。フロントホール・バックホールは数100 m程度のリンク距離を想定しており，そのため高利得アンテナが用いられている。図3に高利得用カセグレンアンテナ放射測定結果と勧告F.699の計算結果を示す。このように，勧告F.699による特性は十分に各アンテナの測定結果を反映しており，

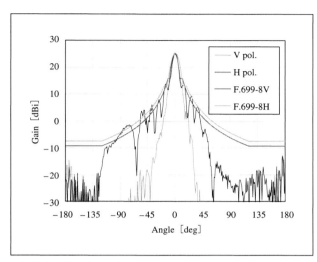

図2　300 GHzにおけるホーンアンテナの測定結果と勧告F.699による計算値との比較

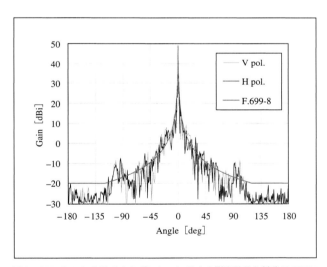

図3　300 GHzにおけるカセグレンアンテナの測定結果と勧告F.699による計算値との比較

300 GHz帯近辺でも干渉評価用アンテナ特性として適用することが可能と思われる。今後，勧告F.699の適用周波数範囲の改定が望まれる。

2.3　WRC-19議題1.15の結果

WRC-19は2019年10月28日から11月22日にエジプトのシャルムエルシェイクで開催され，163カ国から約3,300名（日本からは約90名）が参加した。WRC-19議題1.15では，WP1AによるレポートSM.2450の研究結果及び各地域会合からの共同提案書をベースに審議が行われ，RRの改定案が合意された。主な改定内容は，下記の通り。

(1) 周波数分配表の275－3000 GHzの行に，脚注5.564Aが追加された（付録1）。
(2) 脚注5.564Aでは，4つの周波数帯，275－296 GHz，306－313 GHz，318－333 GHz，356－450 GHzがEESS（受動）保護のための特定条件無しで特定された（付録3）。
(3) 脚注5.565は変更無し（付録2）。
(4) 決議731（Rev. WRC-12）に対して，296－306 GHz，313－318 GHz，333－356 GHzの各周波数帯においてEESS（受動）とLMS/FS応用が共用可能な特定条件を検討することをITU-Rに要請することが新たに追加された。
(5) 決議767（WRC-15）を削除。

3　275 GHz以上のスペクトラムの研究動向

3.1　WP1Aにおける研究動向

WRC-19議題1.15において責任グループとして主導的役割を果たしたWPであるが，2020－2023年のITU-Rの研究会期では担当するWRC-23議題が無く，通常研究を中心に審議が行われている。

275 GHz以上の分野では，2015年に発行された275－3000 GHzにおける能動業務の技術動向に関するレポートSM.2352[8]の改定作業が進められており，WRC-19の結果の反映，及び新たなユースケースの追加等の検討が行われている。さらに，WRC-27仮議題2.1（WRC-19において提案されたが，緊急性等が考慮され，WRC-27の1つの仮議題として決議812（WRC-19）に決議されている）の議論が徐々に進められている。WRC-27の仮議題2.1は231.5－275 GHz帯における無線標定業務への分配の検討及び275－700 GHzの周波数範囲内における無線標定業務への周波数特定の検討を行う議題である。仮議題であるために，まだ各主管庁の関心が低く，さらに無線標定業務のアプリケーション範囲をパッシブ型イメージングのみとするか，アクティブ型イメージングまでを

第5章　Beyond 5Gにおけるテラヘルツ通信への期待

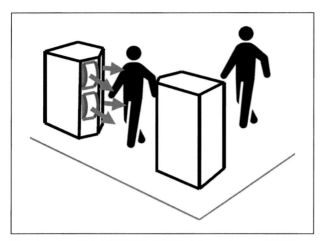

図4　275 GHz以上の周波数帯で運用するウォークスルー型ボディスキャナー

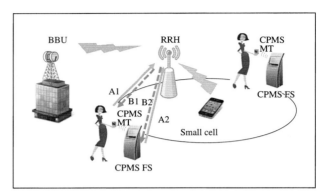

図5　252－296 GHzで運用するLMS/FS応用間の干渉シナリオ

含むかが，クリアになっておらず今後の議論が待たれる。ただし，レポートSM.2352の改定作業において図4に示すテラヘルツ波帯ウォークスルー型ボディスキャナーの実装例が追加されている。

3.2　WP5A及びWP5Cにおける研究動向

WRC-19でLMS/FS応用に特定できなかった296－306 GHz，313－318 GHz，333－356 GHzの3周波数帯をEESS（受動）保護の条件下で特定するための緩和技術と具体的な条件に関する新レポート作成に向けた作業が開始された。

さらに，252－296 GHz帯で運用するLMS/FS応用間の共存に関する新レポート作成に向けた作業も開始された。252－275 GHz帯は付録1の周波数分配表に示すようにすでにLMS/FSに分配されており，WRC-19でLMS/FS応用に特定された275－296 GHzと組み合わせることに

より44 GHzの連続帯域幅をLMS/FS応用に利用できる。図5に干渉シナリオを模式的に示す。BBU-RRHフロントホールとCPMSデバイス間の共存条件の検討が行われており，上記広帯域幅を使用するLMS/FS応用間の共用条件の明確化が期待される。

3.3　WP5Dにおける研究動向

2030年ごろに導入が期待される第6世代移動通信システム（IMT-2030 and Beyond）のための技術動向に関する新レポートの作成が開始された。さらに，このシステムの構想に関する新勧告の作成も開始された。2020年頃から導入され始めた第5世代移動通信システム（IMT-2020）に対しても約10年前にIMTシステムの将来技術に関するレポートM.2320[9]やIMT-2020 and Beyondに向けたシステム構想に関する勧告M.2083[10]の発行のための作業が開始されていた。現時点ではまだ作業文書を作成中であり，何ら合意されたテキストは完成していないが，高速大容量伝送に対する要望は各国共通であり，広帯域な周波数帯が要求されることが予想される。そのため，

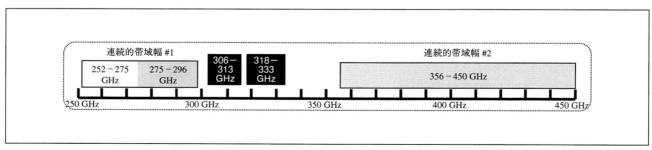

図6　移動通信システムのために連続的に広帯域幅が得られる周波数帯例

174

図6に示すような44 GHz帯域幅（#1）と94 GHz帯域幅（#2）が得られる周波数の議論も開始されている[11]。

4 むすび

　ITU-Rのテラヘルツスペクトラム研究はこれまで主に受動業務（地球探査衛星業務，宇宙科学業務，電波天文業務）が中心であったが，IEEE802規格の制定による能動業務のスペクトラム使用の要求の高まりを踏まえて，275－3000 GHzの周波数分配表に4周波数帯が能動業務であるLMS/FS応用にWRC-19において特定されたことは，今後全世界にシステムを展開する道が開けたと言える。また，2030年ごろに導入が期待されている第6世代移動通信システム（IMT-2030 and Beyond）にとってもこれら周波数帯は広帯域幅運用を可能とさせる点において貴重な周波数資源とも言える。今後のWRCにおける議題化とITU-Rにおける研究の重要性が益々高まることが予想される。

謝辞

　本成果の一部は総務省電波資源拡大のための研究開発による。

付録1　2020年版無線通信規則

　2015年版からの変更は，275－3000 GHzの行への脚注5.564Aの追加のみであり，他の周波数帯への各無線通信業務の変更は無い。

Region 1	Region 2	Region 3
248-250	AMATEUR	
	AMATEUR-SATELLITE	
	Radio astronomy	5.149
250-252	EARTH EXPLORATION-SATELLITE（passive）	
	RADIO ASTRONOMY	
	SPACE RESEARCH（passive）	5.340 5.563A
252-265	FIXED	
	MOBILE	
	MOBILE-SATELLITE（Earth-to-space）	
	RADIO ASTRONOMY	
	RADIONAVIGATION	
	RADIONAVIGATION-SATELLITE	5.149 5.554
265-275	FIXED	
	FIXED-SATELLITE（Earth-to-space）	
	MOBILE	
	RADIO ASTRONOMY	5.149 5.563A
275-3 000	(Not allocated) 5.564A 5.565	

付録2　脚注5.565

　275－1000 GHzの周波数範囲のうち，以下の周波数帯は，受動業務のアプリケーションのために主管庁により使用が特定されている。

－電波天文業務：275－323 GHz，327－371 GHz，388－424 GHz，426－442 GHz，453－510 GHz，623－711 GHz，795－909 GHz，926－945 GHz

－地球探査衛星業務（受動）及び宇宙研究業務（受動）：275－286 GHz，296－306 GHz，313－356 GHz，361－365 GHz，369－392 GHz，397－399 GHz，409－411 GHz，416－434 GHz，439－467 GHz，477－502 GHz，523－527 GHz，538－581 GHz，611－630 GHz，634－654 GHz，657－692 GHz，713－718 GHz，729－733 GHz，750－754 GHz，771－776 GHz，823－846 GHz，850－854 GHz，857－862 GHz，866－882 GHz，905－928 GHz，951－956 GHz，968－973 GHz，985－990 GHz

　受動業務による275－1000 GHzの周波数帯の使用は，能動業務によるこの周波数帯の使用を妨げてはならない。275－1000 GHzの周波数範囲を能動業務のために利用しようとする主管庁は，275－1000 GHzの周波数範囲の分配表が規定される日まで，これらの受動業務を有害な混信から保護するため，実行可能な全ての措置を執ることを要請される。

　1000－3000 GHzの周波数範囲における全ての周波数は，能動業務及び受動業務の双方に使用することができる（WRC-12）。

付録3　脚注5.564A

　275－450 GHzの周波数帯での固定及び陸上移動業務のアプリケーションの運用のために：

　275－296 GHz，306－313 GHz，318－333 GHz及び356－450 GHzの周波数帯は，地球探査衛星業務（受動）を保護するために特定の条件を必要としない陸上移動及び固定業務のアプリケーションを導入しようとする主管庁の使用のために特定される。

　296－306 GHz，313－318 GHz及び333－356 GHzの周波数帯は，地球探査衛星業務（受動）のアプリケーションの保護を確実にする特定の条件が，決議第731（Rev. WRC-19）に従って決定される場合にのみ，固定及び陸上

移動業務のアプリケーションに使用できる可能性がある。

　電波天文のアプリケーションが使用される275－450 GHzの一部の周波数帯では，陸上移動及び／又は固定業務のアプリケーションから電波天文のサイトを保護するため，決議第731（Rev. WRC-19）に従い個々の場合に応じて，特定の条件（最小離隔距離や回避角度など）が必要になる場合がある。

　陸上移動及び固定業務のアプリケーションによる上記の周波数帯の使用は，275－450 GHzの周波数帯の無線通信業務の他のアプリケーションによる使用を妨げるものではなく，また，優先権を確立するものでもない（WRC-19）。

参考文献

1) IEEE Std 802.15.3d[TM]-2017: IEEE Standard for High Data Rate Wireless Multi-Media Networks; Amendment 2: 100 Gb/s Wireless Switched Point-to-Point Physical Layer.
2) 小川博世，"275 GHz以上のスペクトラム研究と無線通信規則改定に向けた展望，"ITUジャーナル，Vol. 46, No. 6, pp. 26-30, (2016).
3) 小川博世，"テラヘルツ波帯の無線通信規則の改定と今後の展望，"ITUジャーナル，Vol. 51, No. 5, pp. 26-29, (2021).
4) Report ITU-R M.2417, Technical and operational characteristics of the land mobile service applications operating in the frequency range 275-450 GHz, (2017).
5) Report ITU-R F.2416, Technical and operational characteristics and applications of the point-to-point fixed service applications operating in the frequency band 275-450 GHz, (2017).
6) Report ITU-R SM.2450, Sharing and compatibility studies between land-mobile, fixed and passive services in the frequency range 275-450 GHz, (2019).
7) Recommendation ITU-R F.699, Reference radiation patterns for fixed wireless system antennas for use in coordination studies and interference assessment in the frequency range from 100 MHz to 86 GHz, (2018).
8) Report ITU-R SM.2352, Technology trends of active services in the frequency range 275-3 000 GHz, (2015).
9) Report ITU-R M.2320, Future technology trends of terrestrial IMT systems, (2014).
10) Recommendation ITU-R M.2083, IMT Vision –Framework and overall objectives of the future development of IMT for 2020 and beyond, (2015).
11) 小川博世，"Beyond 5G（6G）に向けて準備が進むテラヘルツ波帯規則，"電波技術協会報FORN, No. 337, pp. 6-9, (2020. 11).

■**Standardization activities on terahertz spectrum**
■Hiroyo Ogawa
■Guest Expert Researcher, Terahertz Technology Research Center, National Institute of Information and Communications Technology

オガワ　ヒロヨ
所属：（国研）情報通信研究機構　テラヘルツ研究センター客員研究員

CMOS集積回路を用いたサブテラヘルツトランシーバとその未来

広島大学
藤島　実

1 はじめに

　有線通信，無線通信ともにデータレートは年々増加している[1]。特に，無線通信のデータレートは，有線通信のデータレートの増加率をはるかに上回る約4年間で10倍の速度で増加し続けている。その結果，2020年には，無線通信のデータレートは，研究レベルではすでに毎秒100ギガビットに達した[2]。このまま無線通信のデータレートが伸び続ければ，2030年にはキャリアあたりの最大データレートが有線通信と無線通信で同等になると予測される。

　一方，2020年頃から第5世代通信，いわゆる5Gが世界的にスタートした。最近では，その次世代であるBeyond 5Gや6Gについての議論も始まっている。公開されているホワイトペーパー[3]によると，Beyond 5Gは，5Gよりもデータレートを向上させるだけでなく，高速通信の対象範囲を空や海，さらには宇宙にまで広げることを目指している。データレートの向上という面では，無線通信のキャリア周波数を高めることが期待されており，サブテラヘルツの領域に達しようとしている。図1は，サブテラヘルツ領域のひとつである300 GHz帯通信の主要な周波数である252 GHzから296 GHzまでの周波数の割り当てを示した。252 GHzから275 GHzまでは，これまでに移動体通信や陸上固定通信用に特定されていた。さらに，2019年の世界無線通信会議（WRC-19）では，275 GHzから296 GHzも通信用として特定された[4]。その結果，300 GHz帯の通信には，44 GHzの連続した周波

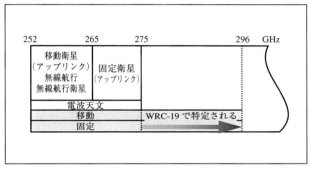

図1　300 GHz帯の通信に関連する周波数割り当て。従来は252 GHz〜275 GHzが通信用に特定されていたが，WRC-19では275 GHz〜296 GHzが初めて通信用に特定された。その結果，300 GHz帯の通信には，合計44 GHzの連続した周波数帯を使用することができる。

数帯を使用することができるようになった。この周波数帯を利用することにより，100 Gb/sを超える通信速度への期待が高まっている。しかし，周波数が高くなればなるほど，通信距離が短くなり，カバー範囲が狭くなるという懸念がある。

　本稿では，キャリア周波数が高くなることにより長距離通信が困難になると考えられる理由を明らかにしたうえで，究極の目標ともいえるサブテラヘルツ通信による超高速データレートと宇宙までのカバレッジ実現の可能性について議論する。そのうえで，CMOS集積回路によるサブテラヘルツの意義について述べたい。

2 周波数帯域と通信容量の関係

　シャノン–ハートレーの定理によると，通信容量はCは

第5章　Beyond 5Gにおけるテラヘルツ通信への期待

$$C = B\log_2\left(1+\frac{S}{N}\right) \quad (1)$$

で与えられる。ここでBは周波数帯域，Sは信号電力，そしてNは雑音電力である。無線通信の受信機に式(1)をあてはめると

$$C = B\log_2\left(1+\frac{P_r}{kTB\cdot\mathrm{NF}}\right) \quad (2)$$

となる。ただしP_rは受信電力，kはボルツマン定数，Tは絶対温度，NFは受信機の雑音指数である。ここで，周波数帯域Bは式中に2回登場する。Bが小さく$P_r \gg kTB\cdot\mathrm{NF}$のとき，式(2)は次のように近似できる。

$$C \simeq B\left(\log_2\frac{P_r}{B}-\log_2(kT\cdot\mathrm{NF})\right) \quad (3)$$

かっこ内の対数に含まれるBの変化は，かっこ外のBの変化に比べてCへの影響が少ないため，Bが小さい領域ではCはBにほぼ比例して増加する。これが，周波数帯域を広げるためにキャリア周波数を上げる動機となる。逆にBが大きく$P_r \ll kTB\cdot\mathrm{NF}$の場合，式(2)は

$$C \simeq \frac{P_r}{kT\cdot\mathrm{NF}\cdot\ln 2} \quad (4)$$

となり，通信容量は周波数帯に関係なく受信電力で決まる。つまり，周波数帯を広げて通信容量を増やすには，十分な受信電力が必要となる。

図2は，受信電力を0.1μW，1μW，10μWとしたときの，無線帯域幅に対する通信容量のグラフである[5]。マイクロ波通信に比べて受信電力が大きくなっているのは，周波数帯を1GHz以上の超広帯域を想定しているためである。図2から，受信電力が0.1μWの場合，周波数帯が10GHzを超える範囲では，通信容量の増加が飽和に近づくことがわかる。WRC-19では，300GHz帯だけでなく，356GHzから450GHzまでの400GHz帯も通信用に特定されている[4]。400GHz帯では，最大で94GHzの帯域幅が利用可能である。そのため，今後10年間は，最大100GHzの周波数帯が技術的なターゲットとなるであろう。300GHz帯で利用可能な44GHzの周波数帯域と，400GHz帯で利用可能な94GHzの周波数帯域では，十分な通信容量を確保するには約1μWの受信電力が必要となる。このように広帯域通信を実現するには大きな受信電力を必要とする点は，マイクロ波などを用いる従来の狭帯域通信との顕著な違いである。

図3は，受信電力が0.1μW，1μW，10μWのときの周波数帯域とS/N比の関係を示している[5]。また，図3にはQPSK，16QAM，64QAMに必要なS/N比を示している。100GHzの無線帯域幅では，QPSKでも1μWの受信電力が必要となる。さらに，16QAMや64QAMの通信を実現するためには，10μWの受信電力が必要となる。したが

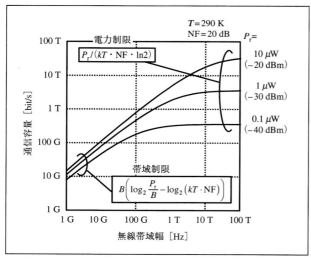

図2　無線帯域幅と通信容量の関係。受信電力が0.1μW，1μW，10μWの場合で計算している。いずれの場合も，帯域が非常に広くなると通信容量が飽和してしまう。

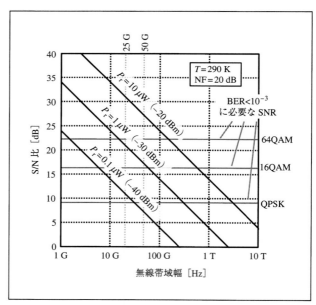

図3　無線帯域幅とS/N比の関係。受信電力が0.1μW，1μW，10μWの場合を示す。赤線は，QPSK，16QAM，64QAMの通信においてビット誤り率（BER）が10^{-3}以下になるSN比を示している。

って，サブテラヘルツ通信で期待される10 GHzを超える超広帯域通信を実現するためには，受信電力の増大が必要条件となる。このことが広帯域通信を長距離通信に用いる場合に不利な条件となる。

3 キャリア周波数と通信距離の関係

一般的に，キャリア周波数が高くなるほど，通信距離を伸ばすことが難しくなると言われてきた。一番大きな理由は，前項で述べたように，キャリア周波数を上げることで周波数帯域を拡大することによる。周波数帯域を広げるための受信電力の増加は，キャリア周波数とは関係なく必要である。一方，たとえ周波数帯域が変わらなくても，キャリア周波数を上げると通信距離が短くなると考えられているが本当にそうなのだろうか。これには大きく分けて2つの理由がある。1つは大気減衰，もう1つは伝搬損失である。ここでは，キャリア周波数の観点から送信可能距離を考えてみる。

図4は，ミリ波帯からテラヘルツ帯までの大気減衰のグラフである[6, 7]。周波数が高くなるにつれて大気減衰が大きくなっているが，1 kmで10 dBを超えると長距離通信が困難になるであろう。このレベルを超えるのは，60 GHz，183 GHz，325 GHz，そして360 GHz以上である。したがって，ミリ波帯を超える300 GHz以上の周波数帯を用いて，大気のある地上で長距離通信を行うことは容易ではない。一方，ミリ波帯であっても，上記の周波数を避けることで大気減衰を抑えることができる。特に，300 GHz帯で使用する252 GHz～296 GHzの大気減衰量は，0.3 dB/kmと小さい。図5は，200 GHzから500 GHzまでの周波数における送信可能な距離を示したものである。ここでは，大気中の減衰量が10 dBとなる距離を送信可能な距離と定義している。ただし，図5におけるグレーの箇所は，通信用に特定されていない周波数帯である。図5を見ると，天候が良い場合，300 GHz帯での送信可能な距離は約3 kmとなっている。60 GHz帯の17 dB/kmの大気減衰に比べれば，300 GHz帯であっても大気減衰ははるかに小さく，長距離通信に支障をきたすことはない。一方，400 GHz帯では，大気減衰のピークとなる周波数が含まれているため，一部の周波数では送信可能な距離は約50 mに制限されるようになる。

次に，送信電力に対する受信電力の割合である伝搬損失について考えてみる。フリスの伝達公式により伝搬損失は

$$\frac{P_r}{P_t} = G_t G_r \left(\frac{\lambda}{4\pi d}\right)^2 \tag{5}$$

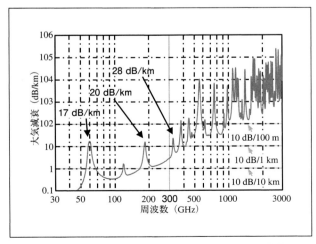

図4 30 GHzから3 THzまでの好天時の大気減衰。周波数が高くなるにつれ，全体的な減衰量は大きくなるが，大気減衰にはいくつかのピークがある。

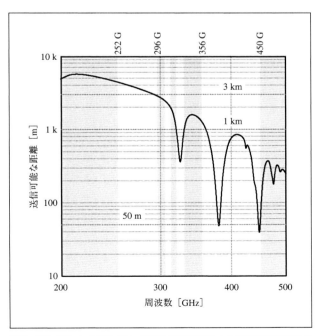

図5 200 GHzから500 GHzまでの無線通信による送信可能距離を示す。ここでは，大気減衰が10 dBになる距離を送信可能な距離と定義している。なおグレーで示した周波数帯は，通信には特定されていない。

で与えられる。ここでP_rは受信電力，P_tは送信電力，G_tとG_rはそれぞれ送信アンテナと受信アンテナの利得，λは波長，dは通信距離である。この式から，アンテナ利得が一定の条件ではP_rはλ^2に比例して小さくなることがわかる。つまり，アンテナ利得が変わらなければP_rは，周波数が高くなるにつれて急激に小さくなるのである。一方，アンテナの利得G_tは次式で与えられる。

$$G_I = \frac{4\pi}{\lambda^2} A_e \tag{6}$$

ここでA_eは実効アンテナ面積である。実効アンテナ面積が変わらない場合，アンテナの利得はλ^2に反比例して増加する。式(6)を式(5)に代入すると，

$$\frac{P_r}{P_t} = \frac{A_t A_r}{(\lambda d)^2} \tag{7}$$

が得られる。ここでA_tとA_rはそれぞれ送信アンテナと受信アンテナの実効面積である。これは，フリスの原著論文[8]に示されている式であり，実効アンテナ面積が一定の条件の下ではP_rはλ^2に反比例して増加することを意味している[9]。

一方，等価等方輻射電力EIRP（$=P_t \cdot G_t$）を式(5)に代入すると，

$$P_r = \text{EIRP} \cdot G_r \left(\frac{\lambda}{4\pi d}\right)^2 \tag{8}$$

が得られる。さらに，式(6)をG_rに適用すると，

$$P_r = \text{EIRP} \frac{\frac{A_r}{d^2}}{4\pi} = \text{EIRP} \frac{\Omega}{4\pi} \tag{9}$$

を得る。ここで，Ωは送信機から受信アンテナを臨む立体角である。式(9)から，P_rはEIRPとA_rとdで決まり，λには依存しないことがわかる。つまり，キャリア周波数と伝搬損失は本質的には無関係である。大きな受信電力を必要とする広帯域通信は送信可能な距離に影響を与えるが，無線帯域幅が同じで大気減衰が無視できるならば，キャリア周波数を上げても送信可能な距離は変わらない。

しかしながら，キャリア周波数を上げる最も重要な理由は無線帯域幅を広げることなので，ここでは比帯域（＝無線帯域幅／キャリア周波数）が一定であると仮定しよう。また，キャリア周波数をあげると送信電力を通常大きくしにくくなるために，ここではP_tはキャリア周波数に反比例，すなわちλに比例すると仮定する。もしA_tと

A_rが一定であればG_tはλ^2に反比例するので，EIRPはλに反比例する。A_rとdが一定であれば，Ωは変化しないのでP_rはλに反比例する。これは，比帯域が一定でアンテナ面積が変わらなければ，たとえ送信電力がλに比例して小さくなったとしてもS/N比を維持できることを意味している。つまり，キャリア周波数を上げて帯域を広げるためには，アンテナの実効面積を変えないことが重要である。ただし，キャリア周波数をあげて実効アンテナ面積を変えなければ，アンテナ利得は周波数の二乗に比例して増加することになる。

4 サブテラヘルツ通信とフェーズドアレイ

アンテナサイズが一定の場合，送信出力電力が波長に比例して減少しても（周波数に反比例して減少しても），受信電力は周波数に比例して増加する。この場合，式(6)により，アンテナの利得は波長の2乗に反比例して増加する。つまり，送信機の送信ビームが鋭くなり，受信機の受信範囲が狭くなる。高利得アンテナによるビームの鋭い通信を実現するには，ビーム制御（ビームステアリング）技術が重要である。電子的にビームステアリングするには，平面上に配置された給電アンテナと受電アンテナの位相を変化させることでビーム方向を制御するフェーズドアレイアンテナが用いられる。送信機にフェーズドアレイを使用し，各アンテナ素子に送信素子を並列に接続すると，アンテナ利得が向上するだけでなく，電力の空間的な組み合わせにより送信電力が増加する。一般に，周波数が高くなると高い送信電力を発生させることが難しくなるが，並列結合によって送信電力を補うことができる。表1は，0 dBmの送信機とアンテナ利得7 dBiのパッチアンテナを用いたフェーズドアレイ送信器

表1　並列フェーズドアレイ送信機の数に対する出力電力とアンテナ利得の関係（送信電力0 dBm（1 mW），アンテナ利得7 dBi/素子の場合）。

	総出力電力	アンテナ利得
4 並列（2×2）	6 dBm（4 mW）	13 dBi
64 並列（8×8）	18 dBm（64 mW）	25 dBi
1k 並列（32×32）	30 dBm（1 W）	38 dBi
16k 並列（128×128）	42 dBm（16 W）	50 dBi

の出力電力とアンテナ利得を示す。4（2×2）個の並列素子を用いる場合は出力電力，アンテナ利得とも限られるため近距離通信に限定されるであろうが，16k（128×128）個の並列素子を用いると，総出力電力は16 W，アンテナ利得は50 dBiと大きくなる[5]。このように多数の素子を並列に配置しても，300 GHz帯の波長は約1 mmなので，アンテナの大きさは約10 cm程度にしかならないことは注目に値する。

図6（a）は，この表で算出したフェーズドアレイアンテナの送信可能な距離を示している。一番小さい2×2素子の場合，送信可能な距離は約50 cmに制限されるが，64×64素子の場合，送信可能な距離は10 kmになる。これはおよそ地上から航空機までの距離に等しい。さらに128×128素子があれば伝送可能な距離は100 kmとなる。これは，地上と低軌道衛星までの距離に近づいている。このように長距離通信を実現するには，ビームステアリングにはどの程度の精度が必要であろうか。図6（b）は，フェーズドアレイの素子数とビーム半値幅の関係を示す。2×2素子ではビーム半値幅は25度と比較的広いが，64×64素子では0.8度，128×128素子では0.4度と素子数が多いほどビーム半値幅が狭くなる。長距離通信を実現するには，このような精密なビームステアリングが必要となる。高精密なフェーズドアレイシステムが実現できれば，サブテラヘルツであっても長距離通信は可能となるであろう。

5　300 GHz CMOSトランシーバ

精密なビーム制御が可能なトランシーバは，300 GHz帯通信の実用化の鍵となる。一方で，ビームの制御やデバイスの性能変動をバックグラウンドで補正するには，デジタル処理が不可欠である。デジタル処理はCMOS集積回路でしか実現できないため，サブテラヘルツフロントエンド回路をCMOS集積回路で実現することはトランシーバの集積化には重要である。一方，300 GHz帯のトランシーバをCMOS集積回路で実現しようとするとシリコンMOSFETの増幅可能な最高周波数f_{max}（ユニティゲイン周波数）が問題になる。一般に，シリコンMOSFETの高周波特性は，化合物半導体やSiGeに比べて劣っている[10〜15]。そのため，高出力の送信機を実現することは難しい。しかし，送信機をフェーズドアレイに組み込む場合，各送信機の出力電力が0 dBmであっても，図6に示すように長距離通信を実現することが可能である。そのため，特性の劣るCMOS集積回路であっても，0 dBm程度の送信機を実現することが重要である。ここでは，我々のグループが開発した送信電力が−1.6 dBm出力のワンチップ300 GHz帯CMOSトランシーバを紹介する。

図7は，IEEE規格802.15.3d[16]で提案された300 GHzのチャネル割り当ての一部を示している。ここでは，252.72 GHzから321.84 GHzまでを複数の周波数帯に割り当てている。例えば，2.16 GHz帯には32チャネルが割

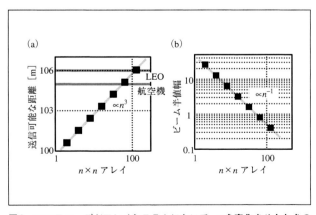

図6　n×nフェーズドアレイシステムにおいて，nを変化させたときの（a）送信可能な距離と（b）ビーム半値幅の関係。搬送波周波数は300 GHz，データレートは100 Gb/s（16QAM, 25 Gbaud），受信機のNFは10 dB，BERは10^{-3}と仮定している。

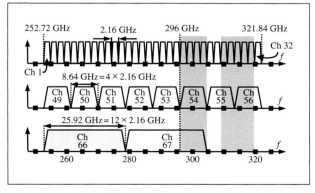

図7　IEEE 802.15.3dで提案された300 GHz通信用のチャネル割り当ての一部。252.72 GHz〜321.84 GHzが割り当てられているが，灰色の周波数帯は通信用に特定されていない。我々は，Ch 66を用いて，通信用に特定された周波数帯を使用するCMOSトランシーバを実装した。

第5章　Beyond 5Gにおけるテラヘルツ通信への期待

り当てられており，60 GHz帯の基本的なチャネル割り当てと同様である。しかし，この帯域のグレーアウトされた周波数帯の中には，通信用に規定されていないものがあり，実際には使用できない。私たちは，2.16 GHzの12倍の周波数帯を持つチャネル66を使ったトランシーバを試作した。

　300 GHz帯のトランシーバをCMOSで実現する際の問題点は，300 GHz帯のアンプを実現することが難しいことである。そのため，図8に示すように，通常のトランシーバで使用されている電力増幅器や低雑音増幅器を使用することができない[17～20]。また，300 GHz帯の局部発振器として基本波発振器を使用することもできない。このような制約のなかで，図9に示すアーキテクチャを用い300 GHz帯のCMOS送受信機を実現した[29, 30]。送信機では，最終段にミキサを用いるミキサラスト型のアーキテクチャを採用している[21～26]。1つのミキサの出力電力は小さいため，複数のミキサを電力結合することで出力電力を向上させている。また，受信側では，初段にミキサを使用するミキサファースト・アーキテクチャが採用されている[25, 27, 28]。ミキサファースト・アーキテクチャの場合，初段のミキサの性能が受信機の性能を左右する。そのため，ミキサには基本波ミキサを採用している。送信機と受信機にそれぞれ必要な電力結合には，ラットレース回路が使用されている。ラットレース回路には，差動ポートとコモンモードポートがあり，トランシーバはその両方を使用する。送信モードでは，図9に示すよう

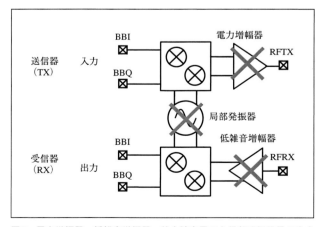

図8　電力増幅器，低雑音増幅器，基本波を用いた局部発振信号の生成ができないCMOSを使用することによる無線トランシーバの課題を模式的に示す。

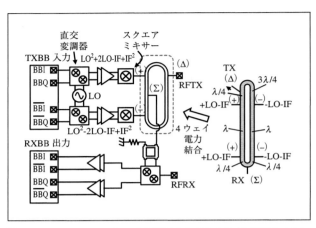

図9　IEEE 802.15.3dのCh 66を利用した300 GHz帯CMOSトランシーバの構成。送信機と受信機の統合にはラットレース回路が使われている。

に，ラットレース回路の差動ポートを使用する。送信機では，最終段はミキサで，周波数2逓倍器（ダブラー）と同様の動作をする。ミキサ（ダブラー）では，所望の信号に加えて不要な信号が発生するが不要な信号は送信信号から除去しなければならない。ミキサに入力される中間周波信号を差動にすると，ミキサの出力には所望の信号が差動信号として，不要な信号が同相信号として発生する。その結果，ラットレース回路の差動ポートから信号を取り出せば，所望の信号だけを取り出すことができる。

　一方，受信モードでは，図9のラットレース回路のコモンモードポートを使用する。受信モードでは，ベースバンド信号は入力されず，局部発振信号の半分の周波数の信号（図9ではLOと表記）がコモンモードのダブラー（ミキサ）に入力される。このダブラーは，送信モードでミキサとして動作していた回路と同じである。これにより，コモンモードの300 GHz帯局部発振信号（図9ではLO^{2}と表記）が生成される。その結果，ラットレース回路のコモンモードポートから，電力が増強された300 GHz帯局部発振信号を取り出すことができる。受信モードでは，この信号を90度ハイブリッドに入力して直交信号を生成し，これを基本波ミキサに入力する。

　図10は，試作した300 GHz CMOSトランシーバの顕微鏡写真である。この回路は，40 nmのバルクCMOSプロセスで製造された。顕微鏡写真の左半分に主要なブロックが示されているが，右半分にも同じブロックが含ま

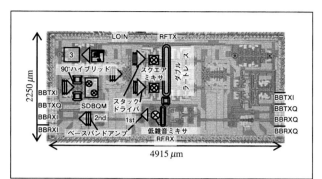

図10 IEEE 802.15.3dで提案されたCh 66を用いて，40 nmバルクCMOSプロセスで製造された80 Gb/sの300 GHz CMOSトランシーバのチップマイクログラフ．

れている．ラットレース回路は，ポート数を拡張したダブルラットレース回路を使用しており，4つのミキサ（ダブラー）の出力は電力結合されている．

図11は，無線通信実験の様子である．同一チップを使って，送信用と受信用の評価ボードを作成した．送信機には，任意波形発生器からのベースバンド信号が供給される．受信機で生成したベースバンド信号は，リアルタイムオシロスコープに送って信号解析を行った．その結果を左下の表に示す．チャネル66を用いた16QAMでは，通信距離3 cmで最大毎秒20 Gシンボルが得られた．このときのデータレートは80 Gb/sで，送信出力は−1.6 dBmである．出力電力0 dBmに近い300 GHz帯トランシーバを実現できたことで，CMOS集積回路を用いたフェーズドアレイシステムへの一歩を踏み出すことができた

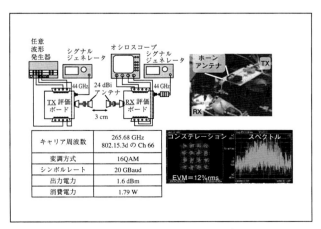

図11 80 Gb/sの300 GHz帯CMOSトランシーバとIEEE 802.15.3d Ch 66を用いた無線通信実験．16QAM, 20 Gbaudで80 Gb/sを実現．

と考えている．

6 結論

マグネトロンの発明により，高出力のマイクロ波の発生が可能となり[31]，その結果，1920年以降，マイクロ波を用いた無線通信の研究が大きく進展した．また，低損失の光ファイバの発明[32]により，1970年以降，光ファイバを用いた有線通信の研究が大きく進展した．有線通信のデータレートは無線通信よりもはるかに高く，大量のデジタルデータを送信することが可能である．しかし，接続線を使わずに通信ができる無線通信は，光通信の登場で終わったわけではない．一方，今回取り上げたサブテラヘルツ通信は，光通信の進歩が始まった1970年から50年後の2020年から花開くと考えている．サブテラヘルツ通信が有線通信と同等の速度を実現し，無線通信のように回線を介さずに通信できるようになっても，マイクロ波通信や光通信は私たちの生活の中に残り続けるだろう．サブテラヘルツ通信は，データレートが高いだけでなく，これまで高速通信ができなかった空，海，宇宙までカバー範囲が広がることを期待する．

謝辞

本研究には，総務省の「電波資源の拡大に向けた研究開発（JPJ000254）」および科研費JP18H03781の成果が含まれている．また，情報通信研究機構（NICT），パナソニック，ザインエレクトロニクス，名古屋工業大学，東京理科大学，広島大学の支援に感謝する．

参考文献

1) T. Kürner, I. Kallfass, K. Ajito, A. Kasamatsu, D. Britz and S. Priebe "What's next? Wireless Communication beyond 60 GHz," Tutorial of IEEE 802.15 IG THz, IEEE 802 Plenary, July (2012). [https://mentor.ieee.org/802.15/dcn/12/15-12-0320-02-0thz-what-s-next-wireless-communication-beyond-60-ghz-tutorial-ig-thz.pdf].
2) K. K. Tokgoz et al "A 120 Gb/s 16QAM CMOS millimeter-wave wireless transceiver," ISSCC Dig. Tech. Papers (2018) 168.
3) "White Paper 5G Evolution and 6G", NTT DOCOMO, INC., Jan. (2020) [www.nttdocomo.co.jp/english/binary/pdf/corporate/technology/whitepaper_6g/DOCOMO_6G_White_PaperEN_20200124.pdf].
4) "Sharing and compatibility studies between land-mobile, fixed and passive services in the frequency range 275-450 GHz," Report ITU-R SM.2450-0, June (2019) [www.itu.int/pub/R-REP-SM.2450-2019].

第5章　Beyond 5Gにおけるテラヘルツ通信への期待

5) M. Fujishima, "Future of 300 GHz band wireless communications and their enabler, CMOS transceiver technologies," Jpn. J. Appl. Phys. 60 (2021) SB0803.

6) Baron P., Mendrok J., Kasai Y., Ochiai S., Seta T., Sagi K., Suzuki K., Sagawa H. and Urban J. 2008 AMATERASU: model for atmospheric terahertz radiation analysis and simulation J. Natl. Inst. Inf. Commun. Technol. 55 109 〔www.nict.go.jp/publication/shuppan/kihou-journal/journal-vol55no1/07-04.pdf〕.

7) 2016 Attenuation by Atmospheric Gases Recommendation ITU-R P. 676-11 〔www.itu.int/dms_pubrec/itu-r/rec/p/R-REC-P.676-11-201609-I!!PDF-E.pdf〕.

8) H. T. Friis, "A Note on a Simple Transmission Formula," Proc. the IRE 34 (1946) 254.

9) Fujishima M. 2018 Key Technologies for THz wireless link by Silicon CMOS integrated circuits Photonics 5 (2018) 50.

10) W. R. Deal, A. Zamora, K. Leong, P. H. Liu, W. Yoshida, J. Zhou, M. Lange, B. Gorospe, K. Nguyen and X. B. Mei, "A 670 GHz low noise amplifier with <10 dB packaged noise figure," IEEE Microwave Wirel. Compon. Lett. 26 (2016) 837.

11) I. Kallfass, F. Boes, T. Messinger, J. Antes, A. Inam, U. Lewark, A. Tessmann and R. Henneberger, "64 Gbit/s transmission over 850 m fixed wireless link at 240 GHz carrier frequency," J. Infrared Millim. Terahertz Waves 36 (2015) 221.

12) A. Fox et al, "Advanced heterojunction bipolar transistor for half-THz SiGe BiCMOS technology," IEEE Electron Device Lett. 36 (2015) 642.

13) N. Sarmah, J. Grzyb, K. Statnikov, S. Malz, P. R. Vazquez, W. Förster, B. Heinemann and U. R. Pfeiffer, "A fully integrated 240 GHz directconversion quadrature transmitter and receiver chipset in SiGe technology," IEEE Trans. Microwave Theory Tech. 64 (2016) 562.

14) I. Kallfass et al, "Towards MMIC-based 300 GHz indoor wireless communication systems," IEICE Trans. Electron. E98-C (2015) 1081.

15) S. Kim, J. Yun, D. Yoon, M. Kim, J. -S. Rieh, M. Urteaga and S. Jeon, "300 GHz integrated heterodyne receiver and transmitter with on-chip fundamental local oscillator and mixers," IEEE Trans. Terahertz Sci. Technol. 5 (2015) 92.

16) IEEE Standard for High Data Rate Wireless Multi-Media Networks, Amendment 2: 100 Gb/s Wireless Switched Point-to-Point Physical Layer, IEEE Computer Society sponsored by the LAN/MAN Standards Committee 〔https://standards.ieee.org/standard/802_15_3d-2017.html〕 (2017).

17) S. Hu, Y. -Z. Xiong, B. Zhang, L. Wang, T. -G. Lim, M. Je and M. Madihian, "A SiGe BiCMOS transmitter/receiver chipset with on-chip SIW antennas for terahertz applications," IEEE J. Solid-State Circuits 47 (2012) 2654.

18) S. Kang, S. V. Thyagarajan and A. M. Niknejad, "A 240 GHz fully integrated wideband QPSK transmitter in 65 nm CMOS," IEEE J. Solid-State Circuits 50 (2015) 2256.

19) J. -D. Park, S. Kang, S. V. Thyagarajan, E. Alon and A. M. Niknejad, "A 260 GHz fully integrated CMOS transceiver for wireless chip-to-chip communication," Symp. VLSI Circuits, (2012) 48.

20) D. Lopez-Diaz, I. Kallfass, A. Tessmann, A. Leuther, S. Wagner, M. Schlechtweg and O. Ambacher, "A subharmonic chipset for gigabit communication around 240 GHz," IEEE MTT-S Int. Microw. Symp. (2012) 1.

21) K. Katayama et al, "A 300 GHz CMOS transmitter With 32-QAM 17.5 Gb/s/ch capability over six channels," IEEE J. Solid-State Circuits 51 (2016) 3037.

22) K. Katayama et al, "20.1 A 300 GHz 40 nm CMOS transmitter with 32-QAM 7.5 Gb/s/ch capability over 6 channels," ISSCC Dig. Tech. Papers (2016) 342.

23) K. Katayama et al., "A 300 GHz CMOS Transmitter With 32-QAM 17.5 Gb/s/ch Capability Over Six Channels," IEEE Journal of Solid-State Circuits 51 (2016) 3037.

24) I. Abdo et al, "A 300 GHz wireless transceiver in 65 nm CMOS for IEEE802.15.3d using push-push subharmonic mixer," IEEE/MTT-S Int. Microwave Symp. (2020) 623.

25) M. Fujishima, "Future of 300-GHz-band wireless communications and their enabler, CMOS transceiver technologies," Ext. Abstr. Solid State Devices and Materials (2020) 207.

26) K. Takano et al, "17.9 A 105 Gb/s 300 GHz CMOS transmitter," ISSCC Dig. Tech. Papers (2017) 308.

27) S. Hara, K. Katayama, K. Takano, R. Dong, I. Watanabe, N. Sekine, A. Kasamatsu, T. Yoshida, S. Amakawa and M. Fujishima, "A 32 Gbit/s 16QAM CMOS receiver in 300 GHz band," IEEE Int. Microwave Symp. (2017) 1.

28) S. Hara, K. Katayama, K. Takano, R. Dong, I. Watanabe, N. Sekine, A. Kasamatsu, T. Yoshida, S. Amakawa and M. Fujishima, "32-Gbit/s CMOS Receivers in 300-GHz Band," IEICE Trans. Electron. E101-C (2018) 464.

29) S. Lee et al., "9.5 An 80 Gb/s 300 GHz-Band Single-Chip CMOS Transceiver," ISSCC Dig. Tech. Papers (2019) 170.

30) S. Lee et al, "An 80 Gb/s 300 GHz-band single-chip CMOS transceiver," IEEE J. Solid-State Circuits 54 (2019) 3577.

31) J. Goerth, "Early magnetron development especially in Germany," 2010 International Conference on the Origins and Evolution of the Cavity Magnetron (2010) 17.

32) K. C. Kao and G. A. Hockham, "Dielectric-fbre surface waveguides for optical frequencies," Proc. the Institution of Electrical Engineers-London 113 (1966) 1151.

■ Sub-Terahertz Transceivers Using CMOS Integrated Circuits and Their Future
■ Minoru Fujishima
■ Hiroshima University, Graduate School of Advanced Science and Engineering, Professor

フジシマ　ミノル
所属：広島大学　先進理工系科学研究科　教授

Beyond 5G テラヘルツ無線通信用小型誘電体アンテナの開発

岐阜大学
久武信太郎

1 はじめに

本特集タイトルのとおり，テラヘルツ通信はBeyond 5Gにおいて大きな期待を受けている。2021年10月現在，世界各地で関連技術の開発競争が激化しているが，その多くは300 GHz帯を対象としたものである。300 GHz帯無線は，バックホールやフロントホールなどの固定点間のアプリケーション，ボード間通信，Kioskダウンロードアプリケーションなど様々なシーンでの利用が検討されており，最近では，100 Gb/s以上のデータレートを目指した集積回路や電力増幅器，送受信システムなどの要素技術のデモンストレーションが盛んに行われている[1～4]。もちろん，アンテナも重要なキーデバイスであり，様々なタイプの300 GHz帯アンテナが提案されている[5～9]。

無線通信において，アンテナ利得は非常に重要なパラメータである。送受信どちらのアンテナであっても，アンテナ利得を高くすることで，受信電力を高くすることができる。従って，線型性が高く低雑音な電力増幅器の開発と同様に，広帯域で利得の高いアンテナの開発は重要である。小さなアンテナで大きなアンテナ利得を実現するには，位相も含めた電磁界の空間分布を考慮する必要がある。一般に，アンテナ利得とアンテナ実効面積の比は一定であり，また物理的なアンテナ開口面積が小さくなるとアンテナ実効面積も小さくなる傾向から，小さなアンテナのアンテナ利得は小さくなる。

本稿では，波長オーダの大きさの誘電体キューブが300 GHz帯アンテナとして働くことを紹介する[10～13]。誘電体キューブアンテナ（Dielectric Cuboid Antenna：DCA）の物理的な開口面寸法は1.2 mm×1.2 mm，アンテナの長さは1.3 mmと微小ながら，およそ15 dBi程度の利得が実現された。本稿では，開発のDCAを送受信アンテナとして用いた300 GHz無線通信のデモンストレーションについても紹介する。

2 誘電体キューブアンテナ

図1に開発したDCAを示す。大きさを比較するために，我々が実験室での300 GHz帯無線通信に頻繁に利用するダイアゴナルホーンアンテナも示す。開発したDCAは，テフロン材を切削して作製している。物理的なアンテナ開口面寸法はおよそ1.2 mm×1.2 mmで，アンテナの長さはおよそ1.3 mmである。DCAには長さ1.0 mmの突起を配しており，これをWR-3.4の導波管に装着する構造

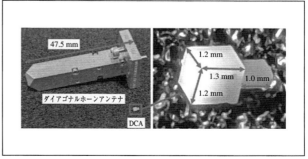

図1 開発した誘電体キューブアンテナ（DCA）。

第5章　Beyond 5Gにおけるテラヘルツ通信への期待

となっている。

図2に実測したアンテナ近傍界の振幅分布と位相分布を示す。比較のために図2（a）には，導波管を開放した状態での電場の空間分布を，図2（b）には，導波管にDCAを装着したときの電場の空間分布をそれぞれ示している。電場の空間分布の測定は，我々がこれまでに開発してきた電気光学センシングの手法[14]を用いている。導波管をオープンとしても電波は放射されるが，もちろん開口からの回折によりビームは広がりながら伝搬していく。一方，導波管にDCAを挿入することで，近傍界の広がりは抑えられ，指向性が向上していることがわかる。

アンテナ近傍界の振幅と位相の空間分布が求まれば，計算によりアンテナの放射パターンを知ることができる。図3に実測のアンテナ近傍界から求めた放射パターンとシミュレーションにより求めた放射パターンの比較を示す。シミュレーションにはCST Microwave Studioを用いた。実測されたE面の放射パターンはシミュレーション結果とよく一致している。一方，H面の放射パターンは，実測の方が狭くなっているが，これは，測定に用いた電気光学センサの感度の到来方向依存が原因と考えられる。

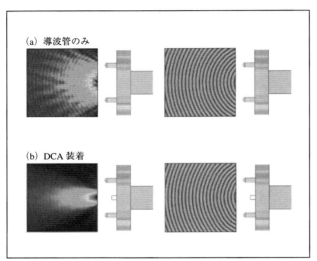

図2　実測により可視化された放射電場の空間分布。導波管部分はシミュレーションに用いるCADデータで，図は実測とCGの合成である。周波数は300 GHz。

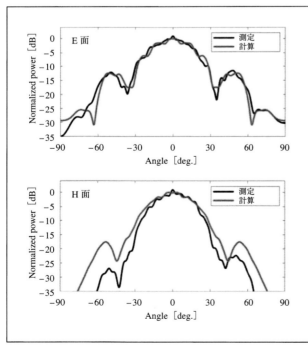

図3　DCAの放射パターン。

3　テラヘルツ無線伝送への応用

図4にテラヘルツ無線伝送システムを示す。送信機側は光技術に基づいており，受信側は電気技術に基づいている。1550 nmのレーザ光を電気光学位相変調器（EOM）により位相変調することで光周波数コムを生成する。変調周波数は25 GHzである。生成された光周波数コムから，無線伝送のキャリア周波数に相当するモード間隔の2波長成分を光フィルタにより切り出す。本実験では，

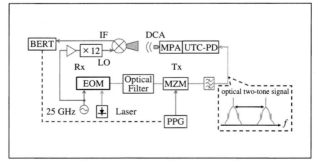

図4　テラヘルツ無線伝送実験系。EOM：electrooptic modulator，MZM：Mach-Zehnder modulator，UTC-PD：uni-traveling-carrier photodiode，MPA：Medium-Power Amplifier，BERT：Bit Error Rate Tester，PPG：pulse pattern generator。

キャリア周波数を300 GHzとするため，±6次のコム成分を切り出した（12×25 GHz＝300 GHz）。切り出された2波長成分は，マッハツェンダー変調器（MZM）により，17.5 Gb/sの疑似ランダムビット列（15段）で強度変調される。強度変調された光波は，単一走行キャリアフォトダイオード（uni-traveling-carrier photodiode：UTC-PD）により，振幅変調された300 GHz電波に変換される。UTC-PDからの出力は−15 dBm程度で，増幅器（MPA）によりおよそ1 dBmまで増幅された。一方，受信側では，25 GHzの電気信号を12逓倍することにより300 GHzのローカル信号を発生させ，300 GHz帯ミキサによりIF帯（ゼロIF）に周波数変換している。ここで，本実験ではDCAのデモンストレーションを主眼としているため，同一のシンセサイザで発生させた25 GHz信号を送信機側と受信機側で用いている。受信された信号のビット誤り率（BER）はテクトロニクス社製のBSA175Cにより測定した。

本実験では，アンテナを付け替えた3つの伝送試験を行った。試験の様子を図5に示す。実験Ⅰでは送信（Tx）側，受信（Rx）側でそれぞれ矩形ホーンアンテナとダイアゴナルホーンアンテナを用いて伝送試験を行った。このとき得られた伝送距離とBERとの関係を基準とし，アンテナ利得の低下分を補償する伝送距離短縮率を基準特性に乗じて得られる計算値と，実験Ⅱ，実験Ⅲで得られる実験値とを比較する。なお，実験ⅡではTx側のみでDCAを，実験ⅢではTx，Rxの両方でDCAを用いた。実験Ⅰで用いた矩形ホーンアンテナとダイアゴナルホーンアンテナのアンテナ利得はそれぞれ24.87±0.01 dBi，22.71±0.03 dBiであった。実験Ⅱにおいて，Tx側で用いたDCAのアンテナ利得は15.06±0.06 dBiであった。Rxは実験Ⅰと同じダイアゴナルホーンアンテナである。なお，DCAのアンテナ利得は図5に示すようにフランジ付き導波管に差し込んだ状況で測定されているため，多少なりともフランジによる効果も含まれていると考えられる。実験Ⅲでは，送受信間の距離（伝送距離）が短くなり，送受信間での多重反射が問題となるため，図5（c）に示すように，フランジ部に吸収材を配置した。吸収材配置の状況で測定されたアンテナ利得は，送受信それぞれで用いられたDCAで14.72±0.09 dBi，14.53±0.07 dBiであった。アンテナ利得が吸収材配置により低下した原因は，フランジ効果の低減とDCAからしみ出している電場の減衰が考えられる。これら各伝送試験で用いたアンテナの利得，実験Ⅰを基準としたときのアンテナ利得の差に相当する増加リンクロス（ΔL）を表1にまとめている。なお，上述のアンテナ利得は少数2桁の精度で求めているが，基準となるアンテナ利得を2アンテナ法により決めており，各アンテナ利得の確度は基準としたアンテナ利得の確度に影響を受ける。

伝送品質は，アンテナによる帯域制限によっても影響を受ける。図6に各伝送試験において受信された信号のスペクトルを示す。上述の通り，伝送レートは17.5 Gb/s

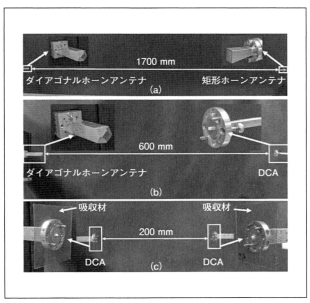

図5 3つの伝送実験の様子。(a) 実験Ⅰ：Tx：矩形ホーンアンテナ，Rx：ダイアゴナルホーンアンテナ，(b) 実験Ⅱ：Tx：DCA，Rx：ダイアゴナルホーンアンテナ，(c) 実験Ⅲ：Tx：DCA，Rx：DCA。

表1 各伝送試験で用いたアンテナとΔL。

	Tx アンテナ	Rx アンテナ	ΔL（dB）
実験Ⅰ	矩形ホーン 24.87±0.01 dBi	ダイアゴナルホーン 22.71±0.03 dBi	−
実験Ⅱ	DCA 15.06±0.06 dBi	ダイアゴナルホーン 22.71±0.03 dBi	9.81
実験Ⅲ	DCA 吸収体付 14.72±0.09 dBi	DCA 吸収体付 14.53±0.07 dBi	18.33

第5章　Beyond 5Gにおけるテラヘルツ通信への期待

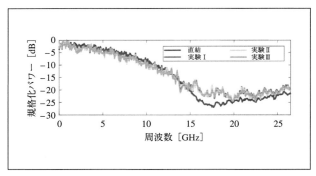

図6 受信信号のスペクトル。スペクトルは同じBERとなる条件で測定している。データレートは17.5 Gb/s。

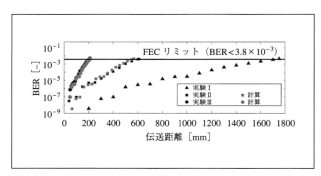

図7 ビット誤り率（BER）と伝送距離との関係。

である。図6に示すとおり，アンテナの違いによる受信信号の帯域狭窄化などは見られないことから，本比較では，伝送品質は受信パワーのみに影響を受けると仮定した。

図7に得られたBERと伝送距離との関係を示す。図中黒塗りの三角印，四角印，丸印で表したプロットは，それぞれ実験Ⅰ，実験Ⅱ，実験Ⅲで得られた実験値である。一方，グレーの四角印，丸印で表したプロットは，それぞれ実験Ⅰの特性からΔLとフリスの伝搬公式を用いて推定されたものである。すなわち，ΔLを補償するに必要な距離短縮率をフリスの公式から求め，これを実験Ⅰの特性に乗じたものである。例えば，実験Ⅱにおける9.81 dBのΔLを補償するには伝送距離をおよそ0.32倍とする必要がある。実験Ⅱ，実験Ⅲともに，赤塗と黒塗のプロットは良い一致を示しており，2アンテナ法により求めたホーンアンテナの利得を基準として決めたDCAのアンテナ利得は概ね正しいことを示唆している。

Kiosk端末には大型で比較的利得の高いダイアゴナルホーンアンテナとMPAを搭載することが可能なため，

市販の部材のみで600 mm程度の伝送距離を実現した実験ⅡはKiosk端末と携帯端末との間の高速無線伝送シナリオとして現実離れというわけではないだろう。物理的寸法が小さく，シンプルな構造のDCAは，Beyond 5G時代の携帯端末用アンテナの1つとして有望と考えられる。

4　まとめ

小型の誘電体キューブがアンテナとして動作することを紹介した。開発したアンテナ（DCA）の物理的なアンテナ開口面の寸法はおよそ1.2 mm×1.2 mmで，アンテナの長さはおよそ1.3 mmである。DCAに長さ1.0 mmの突起を配し，これをWR-3.4の導波管（フランジ付き）に装着した状態でアンテナ利得を測定したところ，おおよそ15 dBi程度となった。また，300 GHz帯無線伝送実験に開発のDCAを適用したところ，ホーンアンテナとの利得差から推定されたBER特性と一致する実験結果を得た。今後，開発のDCAをモバイル端末へ導入するための研究を推進する。

謝辞

開発の誘電体小型アンテナは，トムスク工科大学，情報通信研究機構，ソフトバンク㈱との共同研究により開発されました。トムスク工科大学のO. V. Minin教授，I. V. Minin教授，情報通信研究機構の菅野敦史氏，関根徳彦氏，笠松章史氏，ソフトバンク㈱の中島潤一氏に謝意を表します。また，誘電体小型アンテナの作製と通信実験に尽力頂いた大学院生の山田一樹氏，佐村雄斗氏に感謝いたします。

参考文献

1) T. Kürner, "THz Communications – A Candidate for a 6G Radio?," in The 22nd International Symposium on Wireless Personal Multimedia Communications (WPMC-2019) November 24-27, Lisbon, Portugal. (2019).

2) I. Dan et al., "A 300 GHz MMIC-Based Quadrature Receiver for Wireless Terahertz Communications," in 42nd International Conference on Infrared, Millimeter, and Terahertz Waves (IRMMW-THz), 27 Aug.-1 Sept. (2017).

3) B. Schoch et al., "300 GHz Broadband Power Amplifier with 508 GHz Gain-Bandwidth Product and 8 dBm Output Power," in 2019 IEEE MTT-S International Microwave Symposium (IMS), June 2-7,

2019, Boston, MA, pp. 1249-1252, (2019).

4）I. Dan et al., "A Terahertz Wireless Communication Link Using a Superheterodyne Approach," IEEE Trans. THz Sci. Technol. 10, pp. 32-43, (2020).

5）J. Xu et al., "270-GHz LTCC-Integrated High Gain Cavity-Backed Fresnel Zone Plate Lens Antenna," IEEE Trans. Antennas Propagat. 61, 1679-1687, (2013).

6）J. Xu et al., "270-GHz LTCC-Integrated Strip-Loaded Linearly Polarized Radial Line Slot Array Antenna," IEEE Trans. Antennas Propagat. 61, 1794-1801, (2013).

7）T. Tajima et al., "300-GHz Step-Profiled Corrugated Horn Antennas Integrated in LTCC," IEEE Trans. Antennas Propagat. 62, 5437-5444, (2014).

8）B. Zhang et al., "Metallic 3-D Printed Antennas for Millimeter- and Submillimeter Wave Applications," IEEE Trans. THz Sci. Technol. 6, 592-600 (2016).

9）H. Yi et al., "3-D Printed Millimeter-Wave and Terahertz Lenses with Fixed and Frequency Scanned Beam," IEEE Trans. Antennas Propagat. 64, 442-449 (2016).

10）Y. Samura et al., "Characterization of Mesoscopic Dielectric Cuboid Antenna at Millimeter-Wave Band," Antennas Wirel. Propag. Lett. 18, 1828-1832 (2019).

11）Y. Samura et al., "High-gain and Low-Profile Dielectric Cuboid Antenna at J-Band," in 2020 14th European Conference on Antennas and Propagation (EuCAP), March 15-20, Copenhagen, Denmark, 1-4.

(2020).

12）K. Yamada et al., "Short-range Wireless Transmitter Using Mesoscopic Dielectric Cuboid Antenna in 300-GHz Band," in 2020 50th European Microwave Conference (EuMC), January 12-14, 2021, Utrecht, Netherlands, 195-198 (2021).

13）K. Yamada et al., "Short-range Wireless Transmission in the 300 GHz Band Using Low-profile Wavelength-scaled Dielectric Cuboid Antennas." Front. Comms. Net 2: 702968 (2021).

14）S. Hisatake, et al., "Visualization of the spatial-temporal evolution of continuous electromagnetic waves in the terahertz range based on photonics technology," Optica, Vol. 1, Issue 6, pp. 365-371, (2014).

■**Low-Profile Dielectric Cuboid Antennas for Beyond 5G Terahertz Wireless Communications**

■Shintaro Hisatake

■Faculty of Engineering, Gifu University

ヒサタケ　シンタロウ
所属：岐阜大学　工学部

第5章　Beyond 5Gにおけるテラヘルツ通信への期待

テラヘルツ通信システム・ネットワーク

早稲田大学
川 西 哲 也

1　テラヘルツ通信への期待

第5世代移動通信システム（5G）ではミリ波が新たな伝送媒体として注目を集めている。これまでのマイクロ波帯と組み合わせて，高速大容量，低遅延，多接続を実現し，幅広い分野で活用されることが期待されている[1]。第4世代移動体通信システム（4G）以前のシステムにおいても複数の周波数帯を用いるケースはあるが，同じマイクロ波帯に属するバンドを複数束ねて高速伝送を実現するといったものが中心であった。日本国内で用いられている4G向けの周波数帯域は低いもので700 MHz，高いもので3.6 GHzである。一方，5Gでは28 GHz帯のミリ波もあわせて用いられる。これまでも周波数の比較的低い800 MHz/700 MHz帯の回折性の高さを生かしたセル構成がなされていたが，5Gにおいてはミリ波帯とマイクロ波帯の周波数差がこれまでの移動通信システムで用いられていたバンド間と比べると格段に大きい。ユーザとの接続に大きく性質の異なる伝送媒体を本格的に組み合わせて活用するという点が5Gのこれまでのない大きな特徴であるといえ，多種多様な伝送媒体を組み合わせて，効率的にサービスを提供するという機能は将来のネットワークでは必須となる要素であろう。

電波資源逼迫の課題を解決するためには，小さなサイズのセルを多数使用することが必要である[2]。日本を含む東アジアでは，基地局をつなぐモバイルバックホール（MBH）や，リモートアンテナユニットをつなぐモバイルフロントホール（MFH）に，光ファイバが広く使われ

てきた。一方，需要の少ない郊外では，特に発展途上国において，従来型のマイクロ波帯固定無線接続が依然として使用されている[3〜5]。固定無線システムの伝送速度は光ファイバ通信に比べて低く，システム全体の性能を向上させるための大きなボトルネックとなっている。

最近では，固定無線のシェアが低下し，通信需要拡大に対応するために光ファイバの利用が世界的に拡大している。しかし，5Gでは，逆に光ファイバのシェアが東アジアにおいて2025年に低下し始めるという予測もある[6]。これは，5Gに必要な基地局やリモートアンテナユニットの数が爆発的に増加するため，光ファイバ伝送が普及している東アジアであっても，すべてを光ファイバのみで接続することが困難になることを示唆していると思われる。このような用途では，従来のマイクロ波帯を利用した固定無線のシェアが低下し，高速伝送が可能なミリ波帯もしくはテラヘルツ帯を利用したものが大きなシェアを占めるようになると考えられる。上記の予測では，周波数100 GHz以下の固定無線システムを対象としていたが，2030年以降は周波数100 GHz以上のテラヘルツ帯無線システムの利用が増えると考えられる。

他方，テラヘルツ帯無線では大気減衰の影響で伝送距離に限界があるため，図1に示すような光ファイバ通信と組み合わせた構成を用いる必要がある。つまり，より大容量のデータ通信サービスを多数のユーザに提供するためには，ユーザとネットワークをつなぐ無線区間ではマイクロ波とミリ波・テラヘルツ波の組み合わせが必要となるのと同じく，MBH/MFHにおいても光ファイバ，テラヘルツ波など多種多様な伝送媒体の組み合わせが不可

190

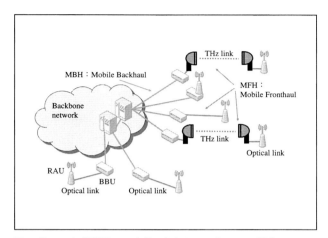

図1 光ファイバ通信とTHz無線からなるMBHとMFHの構成

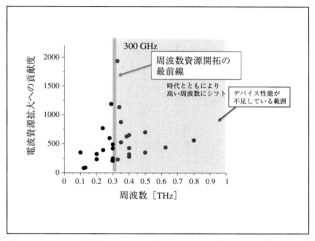

図2 テラヘルツ帯（0.1 THz以上）における無線伝送技術（論文などでの発表）の電波資源拡大への総合的な貢献度（搬送波周波数・周波数利用効率積）[2]

欠となってくることを意味している．セルサイズが小さくなるためにMBH/MFHで必要とされるリンクの距離も短いものが非常に多くなる．テラヘルツ帯無線はこのような短い距離での，高速伝送に適している．本稿では，テラヘルツ帯を用いた高速無線通信システムの研究開発の動向を紹介し，期待される応用分野について議論したい．

2 テラヘルツ帯無線システムの研究動向

電波資源の逼迫を緩和する手段は，(1)周波数利用効率の向上，(2)より高い周波数帯の利用に大別される．現在，ミリ波やテラヘルツ波は電波資源逼迫の程度が小さいため，マイクロ波帯などの低い周波数帯を使用するサービスをミリ波やテラヘルツ帯にシフトすることは，電波資源の拡大に有効な手段である．一方，無線システムの発展の歴史を振り返ると，新しい無線バンドの利用が始まると，その普及によって，まもなく周波数資源が逼迫し，新しいバンドでの周波数利用効率の向上などの対策が必要になるというプロセスが繰り返されてきた．

残された最後の電波帯域ともいえるテラヘルツ帯を長く有効利用するためには，研究の初期段階から周波数利用効率の向上とより高い周波数帯の開発を両立させることが重要である．周波数利用効率の向上と，より高いキャリア周波数の追求という2つの方向性への貢献度を示す指標として，搬送波周波数・周波数利用効率積（CFSE：Carrier Frequency Spectral Efficiency product）が定義されている[2]．

図2は近年報告されたテラヘルツ帯無線伝送システムの研究成果を対象に算出した電波資源の拡大に対する貢献度（CFSE）を示したものである．周波数利用効率は，帯域内の雑音指数や非線形性などの波形制御の精度，送信電力，アンテナ利得などに依存する．図2を見ると，周波数利用効率は，0.3 THz以下の周波数帯ではほぼ周波数に比例して増加するが，それ以上になると寄与度が急激に低下することがわかる．0.3 THz以下の周波数帯では，高度な変調方式を用いた伝送システムを構築することが可能であるが，それ以上の周波数帯では，制御性能や出力の大きさなどデバイス性能が不足していることを示しており，さらなるデバイス開発が求められている．この貢献度のピークは，周波数資源の活用に向けた技術開発の最前線であるといえる．

3 テラヘルツ周波数帯域

これまでテラヘルツ波は信号の生成・伝搬・検出が難しいために利用が限定的で，275 GHz以上の帯域は無線通信には割り当てられておらず，電波天文学や衛星観測などの電波を出さない受動業務にのみ特定されているという状態であった．テラヘルツ無線への関心の高まりを受けて，2019年の世界無線通信会議（WRC-19）では，

第5章　Beyond 5Gにおけるテラヘルツ通信への期待

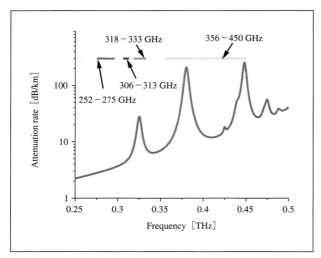

図3　テラヘルツ帯域における大気減衰と無線通信業務に特定された周波数帯域[10, 11]

275 GHzから450 GHzまでの範囲で4つの帯域：275－296 GHz（21 GHzの帯域幅），306－313 GHz（7 GHzの帯域幅），318－333 GHz（15 GHzの帯域幅），356－450 GHz（94 GHzの帯域幅）が無線通信用の帯域として特定された[7〜9]。

図3は，テラヘルツ帯（0.25－0.5 THz）における大気の減衰と，無線規則（RR）の脚注5.564に記載されている固定および陸上移動無線用に特定された周波数帯を示したものである[10, 11]。これらのうち最も低い周波数帯は，すでに特定されている直下の帯域（252－275 GHz）と合わせると，44 GHzの連続した帯域となる。一方で，電磁波防護のガイドラインは300 GHzまで示されており[12]，0.3 THzが研究開発だけでなく，電波利用のルール作りの最前線であることがわかる。図3に示した帯域はいずれも，マイクロ波などの周波帯に比べて非常に広い帯域を持っているが，帯域や大気減衰の大きさなどに違いがあるため，ユースケースごとに適切なバンドを組み合わせることが重要である。

4　テラヘルツ無線システムの設計例と課題

前述のように，テラヘルツ帯は膨大な帯域が利用できるが，一方で大気による減衰が大きいため，伝搬距離に限界がある。屋外で使用する場合は，降雨による減衰の影響も考慮しなければならない。以下では搬送波周波数300 GHzおよび500 GHzのテラヘルツ帯無線システムの基本性能を紹介する[13]。図4と図5に熱雑音（288.15 K）に対する信号雑音比（SNR）を示した。送受信に利得50 dBiのアンテナをもつ，送信電力は20 dBmの固定無線システムを想定した。帯域幅（BW）は100 GHzと2 GHzの2つの場合を考えた。熱雑音電力は，それぞれ，−64.00 dBm，80.99 dBmである。大気減衰係数は，300 GHzに対して5.24 dB/km，500 GHzに対して66.23 dB/kmである。5 mm/hの雨量での降雨減衰係数は，300 GHzと500 GHzに対して，それぞれ4.47 dB/kmと4.27 dB/km，50 mm/h

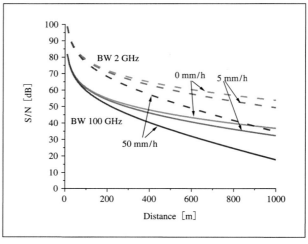

図4　300 GHz無線リンクのSNR[13]

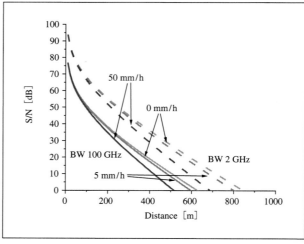

図5　500 GHz無線リンクのSNR[13]

では，それぞれ300 GHz，500 GHzで18.99 dB/km，17.83 dB/kmであり，降雨減衰はテラヘルツ帯では周波数にあまり依存しないことがわかる[14]。自由空間伝搬損失係数は，300 GHzに対して142.0 dB，500 GHzに対して146.4 dBである。このように，SNRの差の主要部分は大気の減衰によるものである。

ここで，例として4値位相変調（QPSK）を用いた伝送システムの性能を考える。受信器の雑音指数を15 dBと仮定すると[15]，QPSKの所要SNRは約10 dBであるので，必要なSNRマージンは25 dBとなる。理想的な変調及び復調がなされている場合を想定し，変調速度（ボーレート）は，信号BWに等しいとするとし，100 GHzのBWリンクの伝送容量は200 Gb/sになる。図4に示すように，軽い雨の条件下（5 mm/h）では300 GHz帯無線システムの伝送距離は1 km以上となるが，豪雨の条件下（50 mm/h）では800 mを下回る。搬送波周波数が500 GHzの場合，可能な伝送距離の上限は，弱雨と豪雨の条件に対して，それぞれ380 mと310 mとなる。

広い範囲をカバーするネットワークを実現するためには，光ファイバとテラヘルツ帯無線を統合した構成が必要となる[2]。これまでは，無線信号の波形を光ファイバで伝送するファイバ無線方式が開発されてきた。このようなシステムでは限られた電波資源を有効活用するために精度の高い変復調が用いられる。

これに対し，テラヘルツ帯では，テラヘルツの広帯域性を活かして，一般向けのデジタル伝送システムでも用いられる光信号波形を無線区間においても直接伝送する構成が考えられる。インフラ用途など，需要規模は限られているが重要なユースケースでは，低コストの汎用光送受信器に信号処理や変復調の機能をもたせることで，開発のスピードアップやコスト削減が期待できる。このようなシステムでは周波数利用効率と低コスト化のバランスをいかにとるかが重要な課題となるであろう。

テラヘルツ無線では直接波を用いた見通し環境による伝送が中心となるが，壁などによる反射を，メタマテリアルを用いて積極的に制御する手法の検討がなされている[16]。壁面や家具などの表面は周波数の低い電波に対しては平滑面として取り扱うことが可能であったが，数百 μm程度の表面粗さがあり，テラヘルツ帯では散乱の影響が無視できない。室内や構造物の多い都市部において多数のテラヘルツ無線装置が設置し伝送能力の最大化を目指すためには，主成分の反射波，屈折波に関するレイトレーシング法による追跡に加えて，微小な表面粗さによる散乱の影響も検討する必要がある[17, 18]。

5 テラヘルツ無線が拓く6Gの世界

5Gの次の世代の第6世代移動体通信システム（6G）では宇宙ステーションから海上，上空を含めた地球上どこでもつながる社会の実現可能性が議論されている。図6に示すように，テラヘルツはその中で大きな役割を果たすことが期待される[19]。上述の通り，陸上においては大気減衰の影響が大きく，伝送可能距離に制限があるが，上空に向けた通信では数10 km程度までの長距離伝送が可能となり，航空機やHAPS（高高度プラットホーム）と地上間の伝送手段として期待できる。また，テラヘルツ帯無線ではビットあたりの消費電力低減の可能性があり，データセンタ向け短距離通信が検討されている[2]。

身近なところでテラヘルツシステムの利用が広がるためには，テラヘルツ帯デバイスの新規開発に加えて，伝搬特性に関する詳細な研究，複数のテラヘルツ無線リンクの協調性制御などの多岐にわたる要素技術研究が必要となるが，他の伝送媒体と適切に組み合わせることで，テラヘルツ通信が6Gを支える重要なアイテムとなることを期待している。

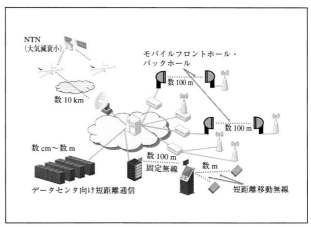

図6 テラヘルツがつなぐ6Gネットワーク[19]

謝辞

本稿は，（国研）情報通信研究機構　高度通信・放送研究開発委託研究（19601），Thor（TeraHertz end-to-end wireless systems supporting ultra high data Rate applications）project funded by Horizon 2020, the European Union's Framework Programme for Research and Innovation, under grant agreement No. 814523，（国研）情報通信研究機構 Beyond 5G研究開発促進事業委託研究テラヘルツ帯を用いたBeyond 5G超高速大容量通信を実現する無線通信技術の研究開発（課題番号003）およびBeyond 5Gに向けたテラヘルツ帯を活用した端末拡張型無線通信システム実現のための研究開発（課題番号004），総務省電波資源拡大のための研究開発（JPJ000254）における「無線・光相互変換による超高周波数帯大容量通信技術に関する研究開発」の一環として実施した研究開発により得られた成果を含む。また，一部は早稲田大学理工学術院総合研究所の支援を受けた。

参考文献

1) 5G PPP Architecture Working Group, View on 5G architecture (2016)
2) T. Kawanishi, "Wired and Wireless Seamless Access Systems for Public Infrastructure," Artech House (2020)
3) APT Survey Report on Fixed Wireless Systems, APT/AWG/REP-54, Sept. (2014)
4) APT Report on Fixed Wireless Systems in APT Region, APT/AWG/REP-65, Sept. (2016)
5) APT Report on Technologies of Fixed Wireless System to Provide Remote Connectivity, APT/AWG/REP-85, Sept. (2018)
6) Mobile backhaul options, Spectrum analysis and recommendations, GSMA (2018)
7) V. Petrov, T. Kurner and I. Hosako, "IEEE 802.15.3d: First Standardization Efforts for Sub-Terahertz Band Communications toward 6G," IEEE Communications Magazine, 58 (11), 28-33 (2020)
8) ITU Radio Regulations, footnote 5.564A
9) NICTニュース，No. 3 (2020)
10) P. Baron, J. Mendrok, Y. Kasai, S. Ochiai, T. Seta, K. Sagi, K. Suzuki, H. Sagawa, and J. Urban, AMATERASU: Model for Atmospheric TeraHertz Radiation Analysis and Simulation, Journal of the National Institute of Information and Communications Technology, 55 (1), 109-121 (2008)
11) J. Mendrok, P. Baron, and Y. Kasai, The AMATERASU Scattering Module, Journal of the National Institute of Information and Communications Technology, 55 (1), 123-133 (2008)
12) International Commission on Non-Ionizing Radiation Protection (ICNIRP), Guidelines for Limiting Exposure to Electromagnetic Fields (100 kHz to 300 GHz), HEALTH PHYS 118 (5), 483-524 (2020)
13) T. Kawanishi, K. Inagaki, A. Kanno, N. Yamamoto, T. Aiba, H. Yasuda, and T. Wakabayashi, "Terahertz and Photonics Seamless Short-Distance Links for Future Mobile Networks," Radio Science. 56, 2, e2020RS007156 (2021)
14) Recommendation ITU-R P. 838-3, Specific attenuation model for rain for use in prediction methods.
15) Report ITU-R SM. 2450-0 Sharing and compatibility studies between land-mobile, fixed and passive services in the frequency range 275-450 GHz.
16) 5Gの高度化と6G, NTTドコモホワイトペーパー（ver. 2.0），(2020)
17) T. Kawanishi, H. Ogura and Z. L. Wang, Scattering of an electromagnetic wave from a slightly random dielectric surface: Yoneda peak and Brewster angle in incoherent scattering, Waves Random Media, 7, 351 (1997)
18) T. Kawanishi, Brewster's Scattering Angle in Scattered Waves from Slightly Rough Metal Surfaces, Phys. Rev. Lett. 84, 2845 (2000)
19) 総務省　デジタル変革時代の電波政策懇談会　配付資料　資料5-1-4

■ **THz networks**

■ Tetsuya Kawanishi

■ Waseda University, Faculty of Science and Engineering, Professor

カワニシ　テツヤ
所属：早稲田大学　理工学術院　教授

共鳴トンネルダイオードとシリコンフォトニック構造が拓くテラヘルツ帯集積基盤技術の進展

大阪大学
冨士田誠之

1 はじめに

　光と電波の境界周波数であるおよそ0.1 THzから10 THzのテラヘルツ帯は，エレクトロニクスとフォトニクスの極限領域に位置し，そのデバイス開発は発展途上段階である[1]。一方，テラヘルツ帯の電磁波（テラヘルツ波）は，無線応用が進む電波と比較して，広帯域性を有するため，高速無線通信や高分解能センシングなどへの応用が期待されている。そのため，その利活用が第5世代移動通信システムの次世代Beyond 5Gあるいは6Gの鍵となると考えられている。しかしながら，現状のテラヘルツ応用システムの多くは，光電変換のためのレーザ光源や伝送路を形成するための導波管など，様々な個別部品で構成されており，今後，小型集積化が必要である[2]。ここで，テラヘルツ波源の出力，検出器の感度，伝送路の損失，動作帯域，入出力インターフェースなど様々な課題が挙げられるが，量子薄膜構造を有する電子デバイス，共鳴トンネルダイオード（RTD：Resonant Tunneling Diode）[3]は本稿で述べるように小型のテラヘルツ送信器および受信器として有望である。そして，極低損失性を有する誘電体としてのシリコンを微細加工し，フォトニクスに基づくアイディアで受動デバイスを形成し，テラヘルツ送信器，受信器の集積プラットホームとすることを目指した研究の進展も著しい[4]。

　本特集では，RTDのテラヘルツ通信応用の最近の進展に関して述べた後，周波数多重通信を可能とするシリコンテラヘルツ合分波器および，シリコンテラヘルツ導波路へのRTDの集積化とその応用例であるテラヘルツファイバ通信を紹介したい。

2 共鳴トンネルダイオードのテラヘルツ通信応用

　基本波として，テラヘルツ発振が可能な量子効果電子デバイスRTDはシンプルな回路構成が可能で低消費電力なテラヘルツ能動デバイスである[3]。2011年に0.3 THz帯のRTDデバイスを1.5 Gbit/sのテラヘルツ無線通信に応用した結果が報告[5]された後，RTDデバイスがテラヘルツ波の検波器としても働き，テラヘルツ受信器および送信器として無線通信が可能であることが示された[6]。その後，RTDデバイス設計のための回路モデルが構築され[7]，図1に示すようなRTDとアンテナ間にインピーダンス整合回路を有する従来よりも高出力な0.3 THz帯デバイスが開発された[8]。このデバイスではボータイアンテナを有するRTDチップがシリコンレンズに実装されることで高いアンテナ指向性を実現している。また，同軸コネクタから入出力されるデータ信号はベースバンド回路基板を介して，ボンディングワイヤでRTDデバイスとやり取りされる。ここで，Metal Insulator Metal（MIM）構造は，低域透過フィルタとして働き，データ信号および直流バイアス電圧は透過させる一方，テラヘルツ波に対しては反射の作用を有し，RTDのテラヘルツ共振回路を形成する。

　このようなRTDデバイスを用いることでRTDを送信

第5章　Beyond 5Gにおけるテラヘルツ通信への期待

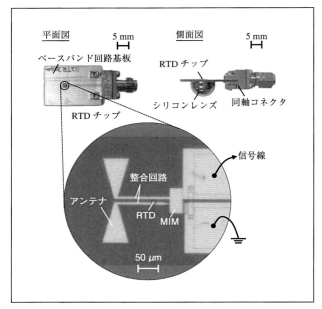

図1　テラヘルツ共鳴トンネルダイオードデバイス。

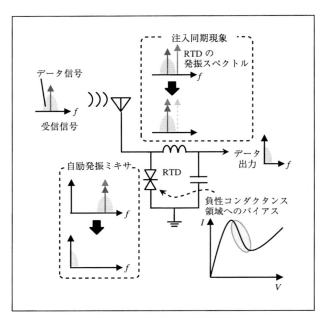

図2　共鳴トンネルダイオード発振器による同期検波。

器および受信器として用いた通信システムとして，その当時過去最高となる9 Gbit/sの実用上エラーフリーといえるビット誤り率10^{-11}以下の無線通信と非圧縮4K映像伝送が報告された[8]。一方，RTDを発振器として動作させる場合，外部から到達しRTDにて検出されるテラヘルツ波とその発振周波数が近い場合にはRTDの発振状態が外部からのテラヘルツ波と同期し，その発振出力が検出動作に援用され，感度が増強するという図2に示すような同期検波現象を見い出された[9]。この同期検波を利用したRTD受信器によって，RTD送信器による30 Gbit/sの通信速度が達成された。多くのトランジスタを用いた大容量無線通信実験はデジタル信号処理による誤り訂正を前提とした複雑な多値変調方式を用いているが，RTDではトランジスタでは困難な0.3 THzを超えるキャリア周波数を利用して，電子デバイス送信器における最も高い周波数での無線通信[10]および，最もシンプルなオンオフ変調方式において最も高いデータレートがリアルタイムに実用上エラーフリーの条件（ビット誤り率$<10^{-11}$）で実現されている[9]。

さらに最近，図3に示すようにRTD受信器による非圧縮8K映像の無線伝送も報告されている[11]。このシステムでは周波数差が0.3 THz帯になるように設定した波長

図3　8K映像テラヘルツ無線通信実験の様子。

1.55ミクロン帯のレーザペアの出力を強度変調器によって8K映像信号源で変調し，光電変換デバイスでテラヘルツ波に変換することでテラヘルツ送信器2チャンネルが構成されている。ここで8K映像信号源として，4チャネルの12 Gbit/sの信号として出力される市販の8K映像

196

コンテンツを準備し，これを2チャンネルの24 Gbit/s信号になるように多重化したオンオフ変調信号が用いられた。無線伝送されたテラヘルツ波はRTD受信器で検波された後，2チャンネルから4チャネルに分離され，HDMIケーブルを経て，8Kモニタに接続された。以上のシステムを用いることで，48 Gbit/sに相当する非圧縮8K映像のテラヘルツ波による無線伝送が実現された[11]。

3 シリコン誘電体プラットホームによるテラヘルツ合分波器

テラヘルツ帯においても光ファイバ通信同様，超大容量通信の実現に向けて，複数のチャネルを用いた情報伝送を可能とする信号多重化技術が必要であり，テラヘルツ信号を合成・分離する合分波器の開発が求められている。光ファイバ通信では実用化されている複数の異なる波長（周波数）の光（電磁波）に情報を乗せて伝送する波長（周波数）多重通信を想定した際，複数の異なる周波数の信号を合成・分離する合分波器が必要である。例えば，図3に示したシステムではキャリア周波数の異なる2チャンネルで通信を行っているが，これを小型化するには異なる二つの周波数の信号を多重化する合分波器が必要である。ここで，通常の電子回路で利用される金属配線で合分波器を構成しようとすると，テラヘルツ帯では金属に起因する損失が大きい[12]ため，小型で実用的な合分波器は実現されていない状況である。

誘電体としてのシリコンに着目すると，抵抗率の高いシリコンはテラヘルツ波の吸収が極めて小さく，精密な微細加工が可能な理想的な誘電体といえる。10 kΩcmを超える高抵抗シリコンに周期的な孔を形成したフォトニック結晶によって，0.3 THz帯で金属線路よりも2桁以上低損失な0.1 dB/cm以下の伝搬損失を有する極低損失テラヘルツ導波路が2015年に実現された[13]。その後，フォトニック結晶を用いたテラヘルツ合分波器が開発され[14]，多チャンネル化の可能性が示された[15]。一方，通常のフォトニック結晶導波路はテラヘルツ帯においては動作帯域に課題があることが明らかになり[16]，トポロジカルな性質を有するフォトニック結晶[17]，波長よりも十分に小さな周期を有する微細孔を形成した実効屈折率媒質を屈折率の低いクラッドとして，全反射効果でシリコンに

テラヘルツ波を閉じ込める実効屈折率導波路[18]などが検討された。ここで，図4（a）に示すクラッドがない（アンクラッド）シリコン細線導波路は，シリコンと空気という極めて大きな屈折率差による全反射効果でテラヘルツ波を閉じ込め可能であり，構造がシンプルという特徴を有している[19]。一括形成されるシリコンフレームでシリコン細線を保持することで，支持基板無しで自立可能である。ここで，シリコンフレームの一部に低屈折率性を有する実効屈折率媒質を形成することで，シリコン細線からシリコンフレームへのテラヘルツ波の漏れを防ぐことが可能である。同図中の拡大図に示すように2本のシリコン細線導波路を近接させると，長い波長を有する低い周波数のテラヘルツ波は入出力とは別のシリコン細線に結合し

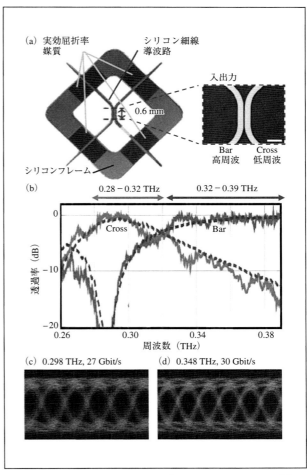

図4 シリコンフォトニック構造に基づくテラヘルツ合分波器。(a) 作製された合分波器。(b) 周波数特性。(c), (d) 通信アイパターン。

(Cross),高い周波数のテラヘルツ波は結合せず透過(Bar)することになり,これは周波数によってテラヘルツ波を分離・合成する合分波器として動作する。導波路間の結合の強さおよび結合長を調整することで,図4(b)に示すような0.3 THz帯において,40 GHz以上の帯域を有する広帯域な合分波器が実現された。この合分波器で通信実験を行ったところ,キャリア周波数0.298 THzおよび0.348 THzで27 Gbit/s以上のデータレートでビット誤り率10^{-11}以下の明確なアイパターンが観察された[19]。さらに極最近,シリコン細線からシリコンスラブへのテラヘルツ波のトンネリング現象を利用した4チャネルの合分波器とその通信応用も報告されている[4]。

4 共鳴トンネルダイオードとシリコン誘電体プラットホームとの融合

2節および3節でそれぞれ述べたRTDとシリコン誘電体プラットホームとを融合させることで小型テラヘルツシステムが実現される。シリコン導波路中のテラヘルツ波はシリコンに閉じ込められながら伝播することになる。例えば,0.3 THz帯の設計では,数100 μmというサブ波長のスケールの空間にテラヘルツ波が閉じ込められることになる。一方,RTDはInPなどの化合物半導体で作製され,バイアス電圧を印加するための金属電極が形成されている。また,RTD本体の大きさはテラヘルツ帯で動作させるためにキャパシタンスの低減が必要で,数μm以下のサイズであり,前述したシリコン中に閉じ込められたテラヘルツ波のスケールと比べて,桁違いに小さいディープサブ波長の構造である。このようにシリコン中に閉じ込められたテラヘルツ波を金属電極を有する極微細構造へと高効率で結合させる試みは,かなり挑戦的な課題であるといえる。

図5(a)に示すようにInPからなるRTDチップに一体形成される金属テーパ構造からなるモード変換機構が開発された。RTD部分で金属スロットで閉じ込められたテラヘルツ波がテーパ構造で断熱的に広げられることでシリコンフォトニック結晶導波路との高い結合効率が実現できる。さらにRTDチップの厚さをシリコンの厚さの半分とすることでRTDチップとシリコンの断面方向の電磁界分布の腹となる部分を一致させることで70%以上の結合効率が得られた[20]。

以上を踏まえ,図5(c)に示すようなモジュールが作製された。このモジュールには,シリコンフォトニック結晶導波路の先端がテーパ状となったコネクタが一体形成されている。このコネクタを中空導波管に挿入すると,

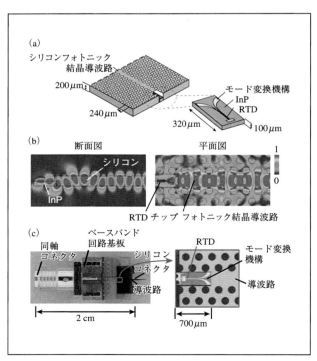

図5 共鳴トンネルダイオードとシリコンフォトニック結晶の融合。(a) 模式図。(b) 電磁界分布。(c) 作製されたモジュール。

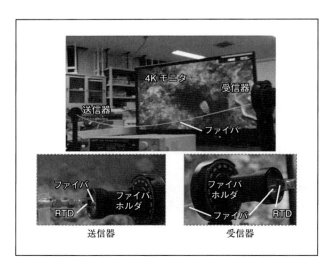

図6 テラヘルツファイバ通信の様子。

0.2 dB以下の極めて低い挿入損失の入出力インターフェースとして働く[13]。このコネクタはまた，自由空間へのインターフェース，すなわちおよそ10 dBiのアンテナ利得を有するアンテナとしても働く[21]。さらにこのコネクタが中空テラヘルツファイバへの高効率インターフェースとしても働くことが見出された[22]。0.34 THzで動作するRTDをシリコンフォトニック結晶導波路に集積化したモジュールを送信器および受信器として，図6に示すようなテラヘルツファイバ通信実験が実施された。長さ1mのファイバにおいて，10 Gbit/sまでの実用上エラーフリー伝送（ビット誤り率$<10^{-11}$）が達成され，非圧縮4K映像の伝送に成功した[22]。テラヘルツファイバでの高速通信の実現は，光ファイバへの置き換えが進んでいない領域，例えば，高精細化が進む大型ディスプレイ内での配線や自動運転など高度な情報処理の検討が盛んな自動車内での情報通信などへの展開が期待される。その際，ポリマの中空ファイバは金属ケーブルと比較して軽量なため，ケーブルの軽量化も期待できる。

5 おわりに

以上のようにRTDのテラヘルツ通信応用が切り拓かれ，テラヘルツシリコンフォトニクスといえる新たなテラヘルツ集積工学分野が花開きつつあり，今後のBeyond 5G無線通信技術とその波及効果が切り拓くであろう様々なテラヘルツ波の利活用に向けた新たな基盤技術となることが期待される。

謝辞

本特集で述べた研究内容は，永妻 忠夫教授をはじめとする大阪大学大学院基礎工学研究科システム創成専攻電子光科学領域情報フォトニクスグループのメンバーおよび，ローム㈱，パイオニア㈱，オーストラリア アデレード大学，シンガポール 南洋理工大学との共同研究の成果である。本研究の一部は，JST CRESTおよび科研費の支援を受けた。

参考文献

1) K. Sengupta, T. Nagatsuma, and D. M. Mittleman, "Terahertz integrated electronic and hybrid electronic-photonic systems," *Nat. Electron.* **1** (2018) 622.

2) T. Nagatsuma, G. Ducournau, and C. C. Renaud, "Advances in terahertz communications accelerated by photonics," *Nat. Photon.* **10** (2016) 371.

3) M. Asada and S. Suzuki, "Terahertz emitter using resonant-tunneling diode and applications," *Sensors* **21** (2021) 1384.

4) D. Headland, W. Withayachumnankul, M. Fujita, and T Nagatsuma, "Gratingless integrated tunneling multiplexer for terahertz waves," *Optica* **8** (2021) 621.

5) T. Mukai, M. Kawamura, T. Takada, and T. Nagatsuma, "1.5-Gbit/s wireless transmission using resonant tunneling diodes at 300 GHz," in *Int. Conf. Opt. THz Sci. Tech. (OTST)*, (2011).

6) T. Shiode, M. Kawamura, T. Mukai, and T. Nagatsuma, "Resonant-tunneling diode transceiver for 300 GHz-band wireless link," in *Asia-Pacific Microw. Photonics Conf. 2012 (APMP)*, (2012).

7) S. Diebold, S. Nakai, K. Nishio, J. Kim, K. Tsuruda, T. Mukai, M. Fujita, and T. Nagatsuma, "Modeling and simulation of terahertz resonant tunneling diode-based circuits," *IEEE Trans. THz Sci. Tech.* **6** (2016) 716.

8) S. Diebold, K. Nishio, Y. Nishida, J. Kim, K. Tsuruda, T. Mukai, M. Fujita and T. Nagatsuma, "High-speed error-free wireless data transmission using a terahertz resonant tunnelling diode transmitter and receiver," *Electron. Lett.* **52** (2016) 1999.

9) Y. Nishida, N. Nishigami, S. Diebold, J. Kim, M. Fujita and T Nagatsuma, "Terahertz coherent receiver using a single resonant tunnelling diode," *Sci. Rep.* **9** (2019) 18125.

10) N. Oshima, K. Hashimoto, S. Suzuki, and M. Asada, "Terahertz wireless data transmission with frequency and polarization division multiplexing using resonant-tunneling-diode oscillators," *IEEE Trans. THz Sci. Tech.* **7** (2017) 2017.

11) J. Webber, A. Oshiro, S. Iwamatsu, Y. Nishida, M. Fujita, and T. Nagatsuma, "48-Gbit/s 8K video-transmission using resonant tunnelling diodes in 300-GHz band," *Electron. Lett.* **57** (2021) 668.

12) M. Fujishima, S. Amakawa, K. Takano, K. Katayama, and T. Yoshida, "Terahertz CMOS design for low-power and high-speed wireless communication," *IEICE Trans. Electron.* **98** (2015) 1091.

13) K. Tsuruda, M. Fujita, and T. Nagatsuma, "Extremely low-loss terahertz waveguide based on silicon photonic-crystal slab," *Opt. Express* **23** (2015) 31977.

14) M. Yata, M. Fujita, and T. Nagatsuma, "Photonic-crystal diplexers for terahertz-wave applications," *Opt. Express* **24** (2016) 7835.

15) W. Withayachumnankul, M. Fujita and T. Nagatsuma, "Integrated silicon photonic crystals toward terahertz communications," *Adv. Opt. Mat.* **6** (2018) 1800401.

16) X. Yu, M. Sugeta, Y. Yamagami, M. Fujita, and T. Nagatsuma, "Simultaneous low-loss and low-dispersion in a photonic-crystal waveguide for terahertz communications," *Appl. Phys. Express.* **12** (2014) 012005.

17) Y. Yang, Y. Yamagami, X. Yu, P. Pitchappa, J. Webber, B. Zhang, M. Fujita, T. Nagatsuma, and R. Singh, "Terahertz topological photonics for on-chip communication," *Nature Photon.* **14** (2020) 446.

18) W. Gao, W. Lee, X. Yu, M. Fujita, T. Nagatsuma, C. Fumeaux, and W. Withayachumnankul "Characteristics of effective-medium-clad

dielectric waveguides," *IEEE Trans. THz Sci. Tech.* **11** (2020) 28.

19) D. Headland, W. Withayachumnankul, X. Yu, M. Fujita and T. Nagatsuma, "Unclad microphotonics for terahertz waveguides and systems," *J. Lightw. Tech.* **38** (2020) 6853.

20) X. Yu, J. Kim, M. Fujita and T. Nagatsuma, "Efficient mode converter to deep-subwavelength region with photonic-crystal waveguide platform for terahertz applications," *Opt. Express* **27** (2019) 28707.

21) W. Withayachumnankul, R. Yamada, M. Fujita, and T. Nagatsuma, "All-dielectric rod antenna array for terahertz communications," *APL Photon.* **27** (2018) 051707.

22) X. Yu, Y. Hosoda, T. Miyamoto, K. Obata, J. Kim, M. Fujita, and T. Nagatsuma, "Terahertz fibre transmission link using resonant tunnelling diodes integrated with photonic-crystal waveguides," *Electron. Lett.* **55** (2019) 398.

■**Recent Progress of Terahertz Integrated Technologies based on Resonant Tunneling Diodes and Silicon Photonic Structures**

■Masayuki Fujita

■Associate Professor, Graduate School of Engineering Science, Osaka University

フジタ　マサユキ

所属：大阪大学　大学院基礎工学研究科　システム創成専攻電子光科学領域　准教授

サブテラヘルツ帯域における通信を対象としたテストベッドの評価

キーサイト・テクノロジー㈱

眞鍋秀一

1 サブテラヘルツ帯域における通信への期待

　近年サブテラヘルツ帯域を利用した通信への関心が急速に高まっている。スタンダードの策定はまだ先にも関わらず，100 GB/s[1] や，1 TB/s[2] のデータ転送レートが注目を集めている。これは5Gの100倍相当の通信速度であり，さらに超低遅延性および非常に高い時間同期精度を備えた規格[3] となっている。

　6Gフラッグシップなどに代表される国際ワーキンググループにおける技術議論に加え，政策面においても大きな動きが見られた。既存の通信規格を妨害しないことを条件に，米国連邦通信委員会（FCC）が95 GHz－3 THzの周波数帯域において10年間有効な調査ライセンスを提供し始めたことで[4]，同帯域における調査や試作品開発などが容易になり，研究開発の活発化が期待される。

　この様なミリ波帯域における通信において信号損失は大きな問題であるが，一方で94 GHz，140 GHz，220 GHzなどで信号損失が小さくなることが報告されている[5]。そのため，これらのサブテラヘルツ周波数帯域は次世代通信規格の潜在的な通信帯域として期待されており，実際に140 GHzにおけるチャネルサウンディングや信号伝搬の評価が行われ，建物の材質や既存の28 GHz，73 GHzにおける結果と比較検討が実施された[6]。

　本稿では，サブテラヘルツ帯域におけるデバイスやシステムを開発する上で重要となる測定システムに求められる条件や課題について考察し，テストベッドと測定例について紹介する。

2 サブテラヘルツ帯域におけるデバイス設計と測定システムの課題

　広信号帯域を利用した高速通信が期待されるサブテラヘルツ周波数帯域において，測定システムのパフォーマンスに関わる4つの重要な課題を次に挙げる。

2.1 信号対雑音比（SNR）の最適化

　一般的に信号出力を上げることで信号対雑音比を改善できるが，他の信号への影響も大きくなるため，サブテラヘルツ周波数帯域においても信号出力の最適化が求められる。

　一方，雑音は広い信号帯域においても影響を及ぼすため，こちらの対策も重要である。例えばBeyond 5Gで期待される10 GHzの信号帯域幅は，10 MHzのLTE信号帯域に比べて1,000倍以上（30 dB以上）となる積分ノイズの影響を受ける。

　上記の通り，信号出力と雑音は，広信号帯域が期待されるサブテラヘルツにおいても信号特性に影響を及ぼす要因となり得る。そのため，信号対雑音比（SNR）は有効な指標であり，残留EVMに置き換えて表すことができる。高いEVMパフォーマンスを達成するためには，システムの信号対雑音比（SNR）を最適化する必要がある。

2.2 位相ノイズの最小化

　中間周波数（IF）からサブテラヘルツ周波数へのアップコンバージョンには局部発振器（LO）と周波数コンバーターによる周波数変換が含まれ，サブテラヘルツ周波

第5章 Beyond 5Gにおけるテラヘルツ通信への期待

数からIFへのダウンコンバージョンについても同様な事が言える。信号の変調特性への影響を避けるため，一般的に周波数逓倍器は信号パスを避けてLOパスでのみ使用されるが，LOの位相ノイズは周波数逓倍器によって$20^{*}\mathrm{Log}(N)$で増幅される。ここで言うNは周波数逓倍器の逓倍に相当する。さらに周波数逓倍器自身の位相雑音も付加されるため，LOの位相ノイズはさらに悪化する可能性がある。そのため，サブテラヘルツ周波数帯域において残留EVMを抑えてテストを実施するためには，位相ノイズの少ない高品質なLO信号源が必要となる。

LOの位相ノイズがサブテラヘルツ周波数アップコンバーターに与える影響をキーサイトPathWaveシステムデザイン（SystemVue）を用いてシミュレーションした。なお，本シミュレーションは位相ノイズの影響を示すことが目的であり，シミュレーションに用いたモデルは実在しているものとは無関係である。

シミュレーションでは変調IF信号の中心周波数を6 GHzに設定したアップコンバーターのモデルを用いて実施した。その際，変調方式はQPSK，16QAM，または64QAMから選択し，シンボル・レートは8.8 GHz，RRCフィルターのロールオフ係数を0.22で設定した（図1）。

図1の下部に示すLO周波数は23 GHzに設定され，6逓倍の周波数逓倍器によってミキサーにおけるLO周波数は138 GHzとなる。IF信号は6 GHzのため，144 GHzにアップコンバートされたRF信号が生成される。一方，ミキサーの非線形性に起因したイメージやスプリアスはフィルターを用いて取り除く必要があるが，これについては次目で述べる。

位相ノイズによる影響の解析にはPathWaveベクトル信号解析ソフトウェア（VSA）を使用する。PathWave VSAはキーサイト製シグナル・アナライザ，オシロスコープ，デジタイザなどの測定器に接続して実測信号の解析を行ったり，PathWaveシステムデザインと併用して信号解析シミュレーションを実施することが可能である。本シミュレーションではVSAをアップコンバーターの出力端に設定し，位相ノイズを付加した時の影響を模擬した。

図1のモデルをシミュレーションした結果を図2に示す。中心周波数144 GHz，占有帯域幅（OBW）が約10 GHzにおけるスペクトラムと，16QAMのコンスタレーション・ダイアグラムが確認できる。EVMは1.56％であ

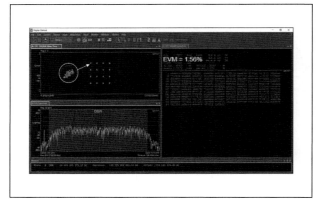

図2 位相ノイズを付加する前のシミュレーション結果

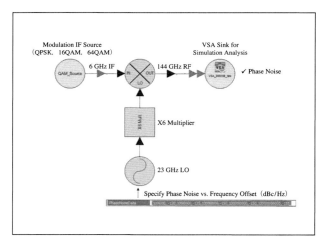

図1 位相ノイズシミュレーションに用いた仮想サブテラヘルツ周波数アップコンバーターのモデル

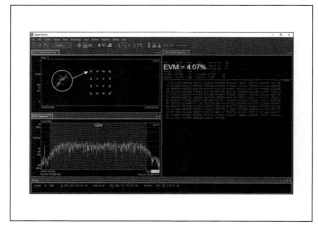

図3 位相ノイズを付加したシミュレーション結果

った。一方，図3には位相ノイズを10 dBc/Hz付加した結果を示した。コンスタレーションが回転を帯びている様子に加え，拡大した座標では図2に比べて点が拡散していることが確認できる。

2.3 デバイスの線形性，及び非線形性誤差による影響

ヘテロダイン方式による信号イメージや，LOのフィードスルー信号，信号帯域外からのスプリアスなど，システムに障害を引き起こす可能性のある要因はフィルターによって取り除くことが可能である。しかし，測定システムに使用されるフィルターや，ミキサー，増幅器などは広い帯域に渡って信号振幅や位相に誤差を導入する可能性がある。この様な誤差を軽減するためにアダプティブ・イコライザーが用いられることが多い。通常，通信システムのレシーバーで受信する信号は理想的でない事が多いため，アダプティブ・イコライザーによる信号補正が行われる。レシーバーが受信した信号の振幅や位相における線形成分の誤差はイコライザーによって補正できる。一方，非線形成分による誤差やノイズは補正できないため，非線形性誤差はイコライザーの有無に関わらず測定システムの残留EVMに直結し，EVM測定値の悪化に繋がる。

上記についてシミュレーションを用いて説明する。図1で示したモデルに，中心周波数144 GHzのバンドパスフィルターと信号増幅器を追加したモデルを図4に示す。信号増幅器にはゲインと1 dB圧縮ポイント，ミキサーには出力3次インターセプト（TOI）を設定して測定システムの非線形特性を模擬した。

図5はアダプティブ・イコライザーが無効時のシミュレーション結果である。EVMは15.99％を示し，信号品質の劣化によってコンスタレーション・ダイアグラムの各座標点が拡散して広がっていることが分かる。一方，信号品質の劣化がバンドパスフィルター，信号増幅器，ミキサーなどの線形性誤差に由来するのか，または非線形成分に起因するか，この結果から判断するのは難しい。

図6にアダプティブ・イコライザーが有効時の結果を示す。EVMは4.57％に改善されているものの，図2の結果と比較すると悪化していることが分かる。この結果から，アダプティブ・イコライザーは，新たに追加されたバンドパスフィルター，信号増幅器，ミキサーによる誤

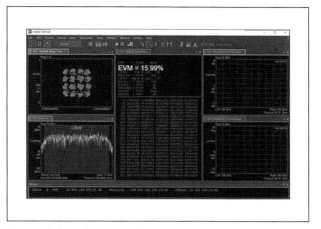

図5　アダプティブ・イコライザーが無効時の結果

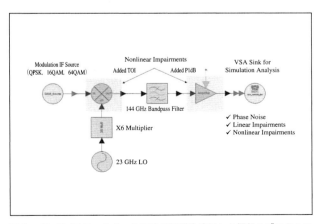

図4　バンドパスフィルターと信号増幅器を追加した仮想サブテラヘルツ周波数アップコンバーターのモデル

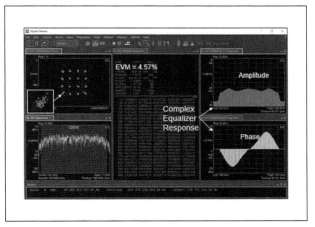

図6　アダプティブ・イコライザーが有効時の結果

差を完全には補正できず，誤差成分は測定システムの残留EVMとして現れていることが推測される。拡大したコンスタレーション座標点に注目すると，対角線上に拡散しているのが確認できる。これは信号のゲイン・コンプレッションによる影響を示しており，アダプティブ・イコライザーが補正できない非線形性の歪に起因する。つまり，アダプティブ・イコライザーは非線形性誤差を取り除く事はできない。

2.4　搬送波の変調方式

シングルキャリアのQAM変調方式に基づくシミュレーション結果を紹介してきた。一方，従来のシングルキャリアQAMやOFDMだけでなく，サブテラヘルツ帯域の物理特性に適した変調フォーマットで評価することも重要である。サブテラヘルツ帯域の測定システムに求められるのは，カスタム変調方式を含めた様々な変調パターンでシミュレーションを行える柔軟性と，システムのパフォーマンスを正確に模擬できる事である。現状Beyond 5Gのスタンダードが策定されていない中，この様な柔軟性は効率的なシステム設計において極めて重要であると考える。

3　サブテラヘルツ帯域に対応したテストベッドについて

前項で述べたデバイス設計と測定システムの課題をクリアし，サブテラヘルツの広信号帯域に対応したキーサイト・テクノロジーのテストベッドを図7に示す。

キーサイトM8195A 65 GSa/s任意波形発生器（AWG）はマルチチャネルに対応し，アナログ帯域幅は25 GHzをサポートしているため広帯域のIF変調信号が生成可能である。

Virginia Diodes（VDI）社のコンパクトDバンド（110 – 170 GHz）やGバンド（140 – 220 GHz）アップコンバーターは，M8195Aから生成された4 – 6 GHzのIF信号を，対応した周波数バンドへアップコンバートできる。これらのコンパクト・アップコンバーターはLO信号を6逓倍でアップコンバートするため，低位相ノイズのLO信号が必要となる。キーサイト67 GHz E8257D PSGアナログ信号発生器は，オプションUNYを追加することで低位相ノイズのLO信号源を提供し，アップコンバージョン

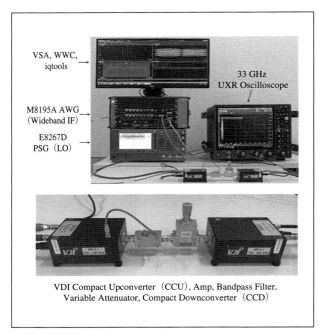

図7　サブテラヘルツ・テストベッドの例

による位相ノイズの影響を抑えることが可能である。

受信側において，VDI社のコンパクト・ダウンコンバーターによってRF信号は4 – 6 GHzのIF信号にダウンコンバートされ，キーサイトUXRマルチチャネル高性能オシロスコープ，またはM8131AマルチチャネルAXIeストリーミング・デジタイザーによってデジタル信号化される。図7の右側に示しているのは，33 GHz, 128 GSa/s, 10ビット分解能対応のUXRオシロスコープである。

このテストベッドはD, Gバンドに加えてVバンド（50 – 75 GHz），Eバンド（60 – 90 GHz），Wバンド（75 – 110 GHz）など，VDIコンバーターの対応バンドを変更することで幅広い周波数バンドに応用可能である。また，キーサイトがサポートするソフトウェア・プラットフォームを使用することで搬送波の様々な変調方式に対応する柔軟性も持ち合わせている。特定の通信規格向けに用意されたソフトウェアだけでなく，任意のパラメーター設定が可能なPathWaveシステムデザイン（SystemVue），ベクトル信号解析ソフトウェア（VSA），またはIQtools（MATLABベースの無償サンプルソフトウェア）などもサポートされている。テストベッドのハードウェアはマルチチャネルに対応しているため，MIMOの研究開発に利用することも可能である。

3.1 サブテラヘルツにおける広信号帯域の測定結果

送信側と受信側の導波管を直結した状態において，周波数帯域140－148 GHz（中心周波数144 GHz）でシングルキャリア16QAM MCS12に対応した測定を行い，チャネル帯域幅を変えた際のEVM評価を実施した。Beyond 5Gの信号フォーマットが規定されていないため，替わりとして802.11ayのテストソフトウェアを使用し，4.32 GHz帯域幅（2 chボンディング）の信号をM8195A AWGを用いて生成した。VDIコンバーターによる周波数のアップダウンコンバージョンを行い，UXRオシロスコープで受信した後にソフトウェアによる復調解析を実施した。DバンドのコンバーターをD用いた際のEVM測定結果を図8に，Gバンドのコンバーターを使用した結果を図9に示す。どちらのコンバーターを使用した場合でも同等のEVM値が得られた。

同様に4チャネル信号を結合し，チャネル帯域幅を8.64 GHzに変えて測定した結果を図10と図11に示す。IF信号の周波数が高い方がイメージ除去が容易なため，ここではIFを5 GHzに設定した。

図8，図9の結果と比較するとEVM値が悪くなっているが，これはチャネル帯域幅が広がった事による積分ノイズの増加や，チャネル帯域内における振幅・位相フラットネスの劣化に起因する。

続いてチャネル帯域幅を10 GHzに拡大し，VDIのGバンドコンバーターでIF信号を6 GHzに設定した結果を

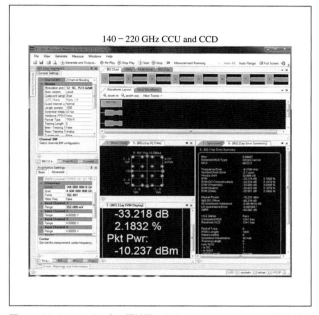

図9 4.32 GHzのチャネル帯域幅における16QAM MCS12の測定結果（Gバンドコンバーター）

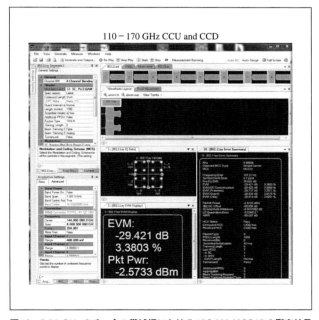

図10 8.64 GHzのチャネル帯域幅における16QAM MCS12の測定結果（Dバンドコンバーター）

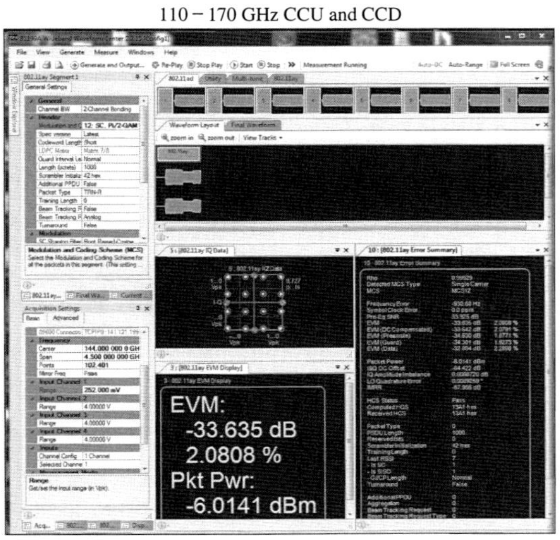

図8 4.32 GHzのチャネル帯域幅における16QAM MCS12の測定結果（Dバンドコンバーター）

第5章 Beyond 5Gにおけるテラヘルツ通信への期待

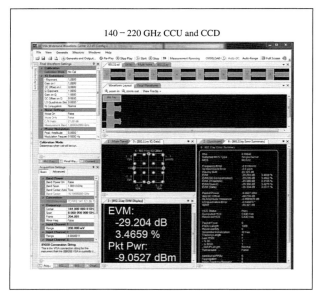

図11 8.64 GHzのチャネル帯域幅における16QAM MCS12の測定結果（Gバンドコンバーター）

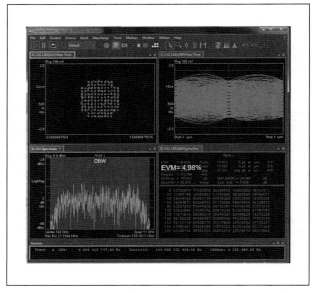

図13 10 GHzのチャネル帯域幅における128QAMの測定結果（Gバンドコンバーター）

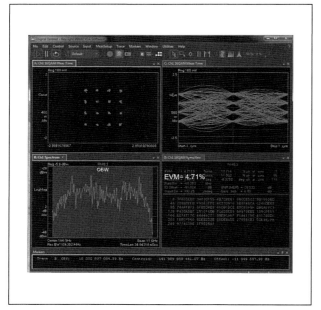

図12 10 GHzのチャネル帯域幅における16QAMの測定結果（Gバンドコンバーター）

図12に示す。この測定においては，送信端でベースバンドの周波数特性を予め補正した信号をM8195Aで出力し，受信端においてもVSAのイコライザーによる信号補正機能を有効にした。EVM測定値は4.71％であった。

QAMを128に上げた結果を図13に示す。シンボル・レートは8.8 GHzのため，一度に転送できるデータ量の理論値は8.8 Gsymbols/sec*7 bits/symbolで求められ，61.6 Gb/sとなる。

4 サブテラヘルツの無線通信テストベッドについて

無線信号の品質評価には，M8131Aストリーミング・デジタイザーを用いてVDIダウンコンバーターからのIF信号をデジタル信号化処理する。M8131AとM8195Aはどちらも AXIe モジュールに対応しており，5スロットのAXIeシャーシに収まってコンパクトである（図14）。また，M8131Aは32 GSa/sにおいて最大12.5 GHzの帯域幅，10ビット分解能，2チャネルをサポートしている。

送受信端にVDI社のGバンドコンバーターとホーンアンテナを接続して35 cm離し，中心周波数144 GHz，チャネル帯域幅10 GHz，16QAMの変調信号を用いて電波暗室内で測定した結果を図15に示す。この測定ではベースバンドの周波数特性を予め補正した信号をM8195Aで出力し，VSAのイコライザーによる信号補正機能を有効にしてある。EVM測定値は4.75％となり，図12で導波管を直結したケースと遜色ない結果が得られた。

図14 サブテラヘルツ無線通信向けテストベッドの例

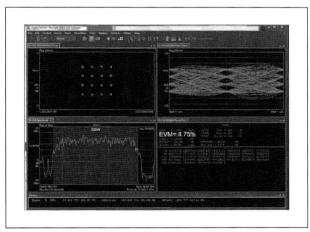

図15 10 GHzのチャネル帯域幅における16QAMのOTA測定結果（Gバンドコンバーター）

5 おわりに

次世代通信規格の策定にはまだ暫く時間がかかると予想されるが，サブテラヘルツ帯域に関連した技術討論や研究開発，政策整備は着々と進行している。本稿ではサブテラヘルツ帯域におけるデバイス設計と測定システムの課題を提示し，テストベッドの例と測定結果について紹介した。読者の新たな知見の一部となれば幸いである。

参考文献

1) Tariq, Faisal, Muhammad R. A. Khandaker, Kai-Kit Wong, Muhammad Imran, Mehdi Bennis, and M'erouane Debbah. "A Speculative Study on 6G." IEEE Magazine, (2019). https://arxiv.org/pdf/1902.06700.pdf
2) Key Drivers and Research Challenges for 6G Ubiquitous Wireless Intelligence. Oulu, Finland: University of Oulu, (2019). http://jultika.oulu.fi/files/isbn9789526223544.pdf
3) Li, Richard, et al. Network 2030: A Blueprint of Technology, Applications, and Market Drivers Towards the Year 2030 and Beyond. FG-NET-2030, (2019). https://www.itu.int/en/ITU-T/focusgroups/net2030/Documents/White_Paper.pdf
4) "Spectrum Horizon," ET Docket No. 18-21, RM-11795, FCC 19-19, March 15, (2019).
5) Millimeter Wave Propagation: Spectrum Management Implications. Washington, DC: Federal Communications Commission, Office of Engineering and Technology, Bulletin Number 70, (1977). https://transition.fcc.gov/Bureaus/Engineering_Technology/Documents/bulletins/oet70/oet70a.pdf
6) Xing, Yunchou, and Theodore S. Rappaport. "Propagation Measurement System and Approach at 140 GHz-Moving to 6G and Above 100 GHz." Paper presented at 2018 IEEE Global Communications Conference (GLOBECOM), Abu Dhabi, United Arab Emirates, December (2018).

■ A New Sub-Terahertz Testbed for 6G Research
■ Hidekazu Manabe
■ Keysight Technologies

マナベ　ヒデカズ
所属：キーサイト・テクノロジー㈱

第5章　Beyond 5Gにおけるテラヘルツ通信への期待

テラヘルツ波帯域透明電波吸収シート

マクセル㈱
藤田真男，豊田将之

1 はじめに

近年は，携帯電話などの移動体通信や無線LAN，料金自動収受システム（ETC）などで，数ギガヘルツ（GHz）の周波数帯域を持つセンチメートル波，さらには，30 GHzから300 GHzの周波数を有するミリ波帯，ミリ波帯域を超えた高い周波数帯域の電波としてテラヘルツ（THz）帯域の周波数を有する電波を利用する技術の研究も進んでいる。

このような高い周波数の電波を利用する技術トレンドに対応して，不要な電波を吸収する電波吸収体に対しても，ミリ波帯域からそれ以上の高い周波数帯域の電波を吸収可能とするものへの要望がより強くなることが考えられる。不要な電波の反射を抑えて吸収する電波吸収体としては，誘電体層の電波入射側表面に抵抗皮膜が設けられ，反対側の裏面には電波を反射する電波遮蔽層が設けられて，電波遮蔽層で反射して外部に放射される電波の位相を抵抗皮膜表面で反射する電波の位相から1/2波長分ずらすことで，電波吸収体から反射する電波を打ち消しあって吸収するいわゆる電波干渉型（λ/4型，反射型とも言う）のものが知られている。

そこで弊社では，薄型に形成された電波干渉型の電波吸収体である電波吸収シートとして，誘電体層の表面に形成される抵抗皮膜に導電性有機高分子膜を採用することで，所望する周波数帯域の電波を良好に吸収することができるとともに，透明性と可撓性を備えた電波吸収シートを開発している。多層構造で構成させており，電波

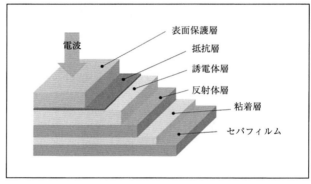

図1　電波吸収シートの構造

が入射する側から表面保護層，抵抗層，誘電層，反射体層，粘着層，セパフィルムの構成となっている（図1)[1]。

2 λ/4型電波吸収シートの原理

次に高周波の電波が反射減衰する原理を紹介する。参考文献1）では，電波吸収と記述しているが，厳密には電波干渉を利用した打ち消し合いである。

表面での反射波（1次反射波）と裏打ちした反射体層での反射波（2次反射波）が互いに打ち消しあうことにより，見かけ上空気と電波吸収体の整合がとれた状態となる（図2)[2]。

また，図2より2次反射波が1次反射波に対して位相差が180°に近いために振幅比が1ではないが，打消し合う。3次反射波以降は，1次反射の打消しの残りを高次の反射波で打ち消していくことになる。

弊社開発のテラヘルツ波帯域透明電波吸収シートは，

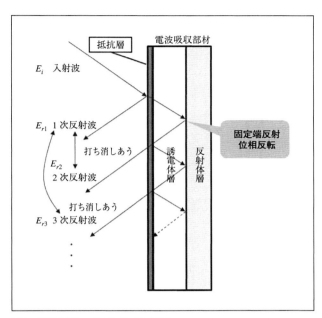

図2　電波吸収シートの原理（λ/4型）

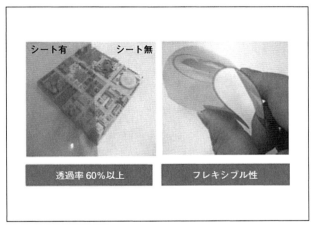

図3　透明性とフレキシブル性

反射体層に特殊な金属層を用いることにより透明性を約60％以上もたせることができ，且つ，フレキシブル性も持ち得ている。図3にその様子を示す。

3　λ/4型電波吸収シート

テラヘルツ波帯域透明電波吸収シートの試作過程を簡単ではあるが，記述する。まず，テラヘルツ波帯域透明電波吸収シートの誘電層厚みを式(1)とした。

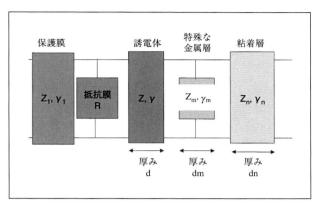

図4　λ/4型電波吸収部材のモデル
Z_0：空気の抵抗値，γ_0：空気の伝搬係数，Z_1：保護層の抵抗値，R：抵抗膜の抵抗値，Z：誘電体層の抵抗値，Z_m：特殊な金属層の抵抗値，Z_n：粘着層の抵抗値，γ_1：保護層の伝搬係数，γ：誘電体層の伝搬係数，γ_m：特殊な金属層の伝搬係数，γ_n：粘着層の伝搬係数

$$d = \frac{\lambda}{4} = \frac{\pi c}{2\omega\sqrt{\varepsilon_s}} \quad (1)$$

ここでdは誘電体層の厚み，λは波長，cは電波の光速，ωは角振動数，ε_sは誘電体層の比誘電率となる。

図1の多層構造を電気回路に例えて示すことができる。図4に電気回路図を示す。保護層，抵抗層，誘電体層，特殊な金属層，粘着層で構成している。粘着層は，エンドユーザー側であるなしを決めることができる。

図4より行列式を組立て2次元での電波シミュレーションを開発することに成功した。尚，市販で売られている3次元での構造解析は非常に高価であること，また開発初期段階としては，先ず2次元での検討を進めることを目的とした為，内作でシミュレーションを構築した[3]。

以上，2次元ではあるが電波シミュレーションを用いることにより弊社にてTHz帯電波吸収部材を開発する指針をたてることができ，次頁に示す表1の材料パラメーターにより，開発することができた。

次に次頁表1で示されたシミュレーションパラメーターより実際に試作された電波吸収シートをTHz-TDS（Time-Domain Spectroscopy）アドバンテスト社製TAS7500TSにて測定した反射減衰特性の結果を図5に示す。反射減衰の周波数中央値を300 GHzで電波吸収シートを試作している。誘電体層の厚みを厚くすることで低周波側へ，逆に薄くすることで高周波側へとコントロー

第5章　Beyond 5Gにおけるテラヘルツ通信への期待

表1　開発品電波吸収シートの材料パラメーター

シミュレーションで使用したパラメーター				
各層	抵抗値（Ω）	比誘電率	厚み（μm）
保護層	–	3.2	50
抵抗層	377	–	–
誘電体層	–	3.0	90
特殊な金属層	–	–	60

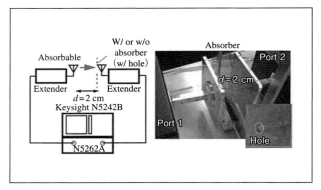

図6　300 GHz帯送受信機とTHz帯電波吸収シート

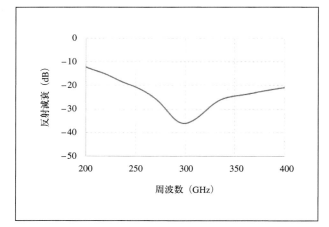

図5　電波吸収シートの反射減衰

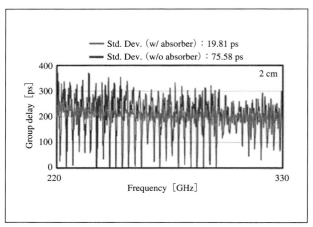

図7　図6の実験で得られたデータ

ルすることが可能となる。また，表面抵抗層の抵抗値を377 Ωにすることで直進する電波の反射減衰を最大にすることができ，表面抵抗層の抵抗値をコントロールすることで角度依存性をもたせることも可能である[4]。

4　実装実験

国立大学広島大学藤島研究室との共同研究にて次のような実験系を組み（図6），次のような結果を得ることができた（図7）[5]。

THzエキステンダー送受信機との間隔は，2 cmであり，VNAは，キーサイト製N5242Bを使用している。

送受信機の周囲にTHz帯電波吸収シートを設置することで信号ノイズを抑えることにより通信遅延を約60 ps改善することができた。

5　アプリケーション

弊社で開発したテラヘルツ波帯域透明電波吸収シートでの我々が考えるアプリケーション例を以下に挙げる。

・電波遮蔽ボックス

従来の電波暗室では，金属の囲いに覆われた箱の中に，カーボン製のピラミッド型の電波吸収体を配置して広帯域に電波を吸収させ使用しているものが主たるものと考えられる。従来からの電波暗室の課題としては，実験系の様子が外部からは視認できず，直接人が電波暗室の中に入るか，カメラ等で間接的に確認するといった手段であった。そのため，電波暗室自体も大きなものが必要になり，設置にはある程度スペースも必要なるといった問

題が挙げられる。これに対し，弊社が提案するものは，例えば透明なアクリルボックスに透明電波吸収シートを貼り合せて，必要な実験系だけを覆うものである。これであれば実験系が外部から容易に視認でき，内部の様子が判別できるメリットがある。また，大きな電波暗室を用意する必要がなく，必要最低限の装置を覆えば良いことから，非常に簡易的な設置方法で電波遮蔽を行うことが可能となるというメリットもある。そのため，電波暗室の導入コストといった点でも差別化が図れると言える。

図8は車載用のミリ波レーダー（Delphi製76-77 GHz）に吸収する透明電波吸収シートを作製し，透明なアクリルボックスの側面，天面の計5面に当該シートを貼り合わせボックスで簡易的な電波遮蔽ボックスの効果を確認した実験の様子である。図の左側はミリ波レーダーから電波が照射されており，検知物ありと識別されている状態を示す。

これに対し，図8の右側は左側の状態に電波遮蔽ボックスを被せた状態である。これを見て分かるように，電波遮蔽ボックスを被せた方は見事にあたかも検知物がない状態の識別結果となっている。これはつまり，ミリ波レーダーから照射された電波が電波吸収シートで正しく吸収されている状態を示している。尚，ここで試作した透明電波吸収シートの吸収性能は–25 dB＠77 GHz程度である。

なお，本稿の電波遮蔽ボックスは，総務省告示第

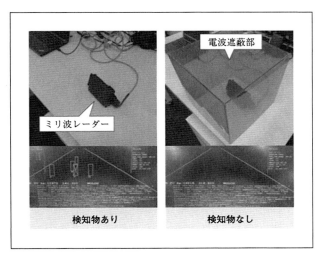

図8　電波遮蔽ボックスの遮蔽実験

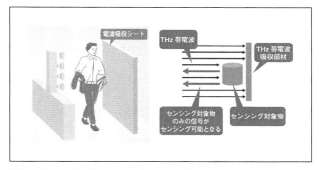

図9　テラヘルツボディスキャナーへの適用例

百七十三号：電波法施行規則 第六条第一項第一号の規定に関わらない電波遮蔽ボックスである。追記になるが，電波暗室に関しては，電波に関する研究開発又は法及びこれに基づく命令に規定する技術基準等に対する適合性に関する試験等を行うための電波暗室その他の試験設備であって，金属遮へい体により収容され，その内部で使用される無線設備の使用周波数における漏えい電波の電界強度を40 dB以上減衰させることが明らかであるものとなっている。

・ボディスキャナー，非破壊検査用途

次に提案するのはテラヘルツの透過特性を利用したボディスキャナーや非破壊検査への応用である。図9に示すように照射されるテラヘルツ波の周波数帯で吸収する性能を持たせた透明電波吸収シートを被検査物の背面に設置することで，テラヘルツ波が照射された際に，被検査物以外の背面から帰ってくるテラヘルツ波を吸収させる。これにより，被検査物以外のノイズ成分となる領域の反射波が受信部に帰らなくなり，結果として信号のS/Nが向上する。また，電波吸収シートは透明であるため，元々存在している壁などが背面にあってもそこに描かれているデザインも意匠性を損なうことなく自然な状態で存在させることが可能と言える。

6　今後の展開

今後は電波吸収シートの域を出て，電波を制御できるシートを研究課題として研究開発していきたいと考えている。

謝辞

本稿で報告した第4章の実装実験は，2018年から2021年まで国立大学広島大学藤島研究室との共同研究である研究題目「300 GHz帯域CMOS無線トランシーバーにおける電波障害抑制技術の研究」にて得られた結果である。実験にご尽力いただいた皆様にこの場をお借りして深く御礼申し上げます。

参考文献

1) 橋本修，"電磁ノイズ発生のメカニズムと克服法"，科学情報出版，pp. 223-242, (2016).
2) 三枝健二，蔦岡孝則，畠山賢一，"初めて学ぶ電磁遮へい講座"，科学情報出版，pp. 17-33, (2013).
3) 三枝健二，"電磁波吸収・遮蔽の基礎理論"，EMC <No. 330>，科学情報出版，pp. 13-23, (2015).
4) M. Fujita, M. Toyoda, S. Hara, I. Watanabe, and A. Kasamatsu, "Design of electromagnetic wave absorption sheet with transparency and flexibility in sub-THz bands", Int. Symp. on Radio-Frequency Integration Technology, pp. 96-98, (2020).
5) S. Lee, M. Fujita, M. Toyoda, S. Hara, S. Amakawa, T. Yoshida, and M. Fujishima, "Effect of an electromagnetic Wave absorber on 300-GHz short-range wirelessscommunications", Int. Symp. on Radio-Frequency Integration Technology, pp. 108-110, (2020).

■ Terahertz wave band transparent electromagnetic wave absorption sheet
■① Masao Fujita　② Masayuki Toyoda
■ Functional innovation department, Development section New Business Produce Division, Maxell, Ltd.

①フジタ　マサオ　②トヨダ　マサユキ
所属：マクセル㈱　新事業統括本部　機能性イノベーション部開発課

第 6 章

インタビュー
NTT が描く次世代光通信と新たな世界
― IOWN 構想が導く未来とは

第 6 章　インタビュー　NTTが描く次世代光通信と新たな世界—IOWN構想が導く未来とは

NTTが描く次世代光通信と新たな世界
―IOWN構想が導く未来とは

日本電信電話㈱
芝　宏礼，大西隆之，工藤伊知郎

◆芝　宏礼（シバ　ヒロユキ）
日本電信電話㈱　研究企画部門　R&Dビジョン担当　担当部長　博士（国際情報通信学）

◆大西　隆之（オオニシ　タカユキ）
日本電信電話㈱　研究企画部門　R&Dビジョン担当　担当部長　博士（工学）

◆工藤　伊知郎（クドウ　イチロウ）
日本電信電話㈱　研究企画部門　R&Dビジョン担当　担当部長

　インターネットの誕生以来，通信トラフィックは右肩上がりに増加を続けている。そして今なお，クラウドやストリーミング，さらにはIoTや5Gなど新たなサービスが登場し，需要を喚起し続けている。
　それを支え続けてきた通信キャリアだが，既存の通信網では，旺盛な需要を受け止めきれない可能性や，膨大な消費電力の問題が顕在化してきた。
　そこでNTTは昨年，新たなコミュニケーション基盤である「IOWN」構想を打ち出した。光技術を軸としたその青写真には，これまで日本が出遅れてきたプラットフォーマーへの野望も透ける。壮大な試みは果たして世界を変えるのか。このインタビューで開発の端緒を開いた「IOWN」について解説した頂いた。

―「IOWN」とは何か教えてください

　（芝）IOWNとは「Innovative Optical & Wireless Network」の略で，スマートな世界を実現するための最先端の光関連技術と情報処理技術を活用した未来のコミュニケーション基盤です。2つの変革「Digital to Natural」と「Electronics to Photonics」により，環境に優しく，持続的な成長を実現し，究極の安心・安全・信頼を提供します。多様性に寛容で，かつ個だけではなく，全体最適化も図れるような世界や社会を提供し，これによってスマートシティやスマートワールドを実現していくものです。まず一つ目の変革「Digital to Natural」ですが，例えば花の写真を見たとき，人は「きれい」という価値観で見ますが，一方，ミツバチにとっての価値観は「どこに蜜や花粉があるか」

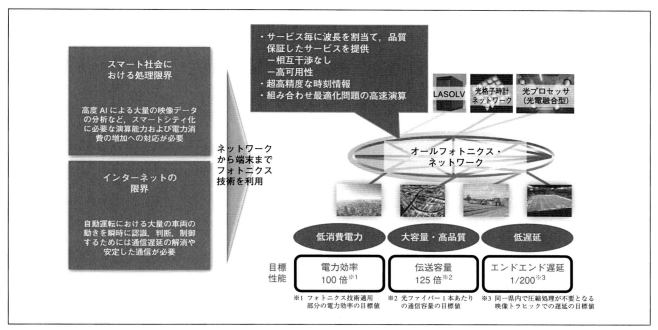

IOWN構想の概要（提供：NTT）

ということなので，花を紫外線で捉えて見ています。

また，人の受容体はRGBの3色で中間色は脳で生成していますが，生物界最速のパンチを持つシャコは12色の受容体で物体を判別し，生物界最速で事物を見ることができると言われています。つまりそれぞれの生物は，生活環境や価値観に合わせて進化をしてきたわけです。

こうした生物種特有の知覚をドイツの生物学者のヤーコプ・フォン・ユクスキュルが環世界という学問にしています。「Digital to Natural」とは，こうした人がまだ使っていない価値観を上手く使っていくことで，新しい価値観を生み出せるのでは，という提案です。例えばコネクティッドカーを考えた時，4Kや8Kで高精細に道路の映像を撮るのがいいのか，それとも，瞬時に障害物や路面の凍結を判別できる方が重要なのか。そういうこともこれまでにない価値観が必要です。

これまで情報通信は大容量化，効率化という形で進化し，ベストエフォート型で安価にサービスを提供してきました。その中にはこういったミツバチやシャコの価値観は欠落した情報になっています。そこで，こうしたものも全部含めた情報を伝えてイノベーションを起こそうというのが，IOWNに至った着想の大きなポイントの一つです。

そしてもうひとつの大きな変革が「Electronics to Photonics」です。インターネットのトラフィックは2006年から2015年にかけて190倍も増加していて，これに伴うIT機器の電力消費も急激に上がっています。半導体の微細化も限界に達しつつあって，これ以上動作周波数も上がりません。

このままでいくと壁に当たるのが目に見えてきているので，新しい技術的なブレイクスルーを入れて，10年後に向けたコミュニケーション基盤を作ろうという重要な変革が「Electronics to Photonics」です。ネットワークから端末まで，あらゆる所にフォトニクス技術を入れていくことによって，低消費電力で大容量，高品質，低遅延なネットワークを実現しようとしています。

同様に，ネットワーク側のソフトウェアにもAIを入れ，これから進む人口減少に対応して自動化が進みます。IOWNの時代は色々な波長の組み合わせなど，人間の手では解決できなくなるような世界になるので，データセンターから端末まで，こうしたAIを使って最適化し，自律・自己進化するような制御を実現していきたいと考えています。

第6章　インタビュー　NTTが描く次世代光通信と新たな世界—IOWN構想が導く未来とは

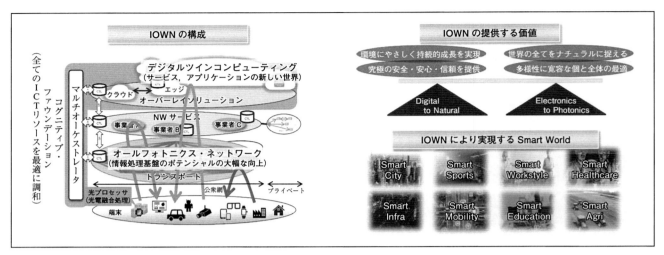

IOWNの構成要素とその価値（提供：NTT）

―IOWNを実現するのに必要な技術とはどんなものですか？

（芝）IOWNを実現するために必要な技術は数多くありますが，主要な要素は3つです。一つ目は「All-Photonics Network」。ネットワーク内から端末やLSIまでを含めてフォトニクス技術を適用します。2つ目の「Cognitive Foundation」は，世界中の様々な拠点にあるICTリソースを連携させるプラットフォームです。最後の「Digital Twin Computing」は，実世界をサイバースペースに再現するだけでなく，インタラクションを可能にする新たな計算パラダイムです。

（工藤）まず「Cognitive Foundation」ですが，NTT西日本と東日本がそれぞれ閉じたネットワークで動いているように，従来のICTリソースはサイロ化され個別に管理・運用されています。IOWNが全世界に広がったとき，サービスの提供を個別に最適化してしまうと，非効率になる部分が出てくることで，エッジコンピューティングやハイブリッドクラウドにおける高度な分散連携を実現する際の大きな障壁となり，全体を最適にコントロールするのが非常に難しくなります。

そこで全体を見て，最初から最後まで通信だけでなく，間に入っているコンピューティングのリソースや，通信以外のIoTリソースも含めて全体最適を作っていくためのサービス機能が「Cognitive Foundation」で，最近よく聞く「オーケストレーター」を使って全体をコーディネートしていくイメージです。これにより，マルチドメイン，マルチレイヤ，マルチサービス・ベンダ環境における迅速なICTリソースの配備と構成の最適化が実現できるもので，NTTではラスベガス市と「Cognitive Foundation」によるスマートシティの実証実験を進めています。

（大西）「Digital Twin Computing」は，「All-Photonics Network」や「Cognitive Foundation」によって情報があまねくネットワークを通じて収集できる世界がやってきた時に最上位層となるものです。Digital Twinとは言葉のとおり，リアルな世界にあるものをバーチャルの世界に持ってきてシミュレーションしようという既存の概念で，よくあるのが工場の設備や飛行機のエンジンの中をセンサーで情報収集して，まるごとコピーをデジタルの世界で実現しようというものです。コンピューターで仮想的にシミュレーションした結果を現実世界にフィードバックできるのが強みで，リアルに存在するものの完全なコピーを，バーチャルな世界に構築することが重要となります。

IOWNの「Digital Twin Computing」には大きく二つの機能があります。まず一つは，リアルのコピーに終始するのではなく，コピーしたパーツを組み合わせる，あるいは能力を交換することで，現実世界より広範なシミュレーションや，正確な未来の予測といった世界を目指す，つまり現実よりもさらに複雑な世界をバーチャルで実現

し，そこでシミュレーションした結果をリアルにフィードバックする概念が含まれています。Digital Twin にComputing という言葉を加えたのはこのためです。

もう一つは人に関するものです。あくまで現状の Digital Twin の対象はモノで，ヒトをバーチャルな世界で扱うというのは極めて難しい問題です。ヒトを扱うとなると，究極的には人間の脳をコピーしてデジタルな世界で再現することになりますが，それはまだ技術的にも倫理的にも困難です。

ただ，そこまでいかなくても，例えば人間の特性，考え方やクセ，性格などをデジタルの世界に取り込むことによって，ヒトという要素も含めたシミュレーションと未来予測をしようとするのが「Digital Twin Computing」の大きな特徴で，色々なパーツの組み合わせをヒトという側面も含めて行なうものです。

人間のクセや特徴を抽出してシミュレーションする技術はまだありませんが，我々はすでにコールセンターなどで，電話をかけてきた方が怒っている，あるいは緊急を要しているといった感情を読み取る技術を持っています。そうしたところから，人間の要素をいかにデジタルのシミュレーションの世界に取り込んでいくか，ということに踏み込んでいきたいと考えています。

―IOWN 構想を発表するに至ったきっかけは？

（芝）2019年4月に我々が発表した光トランジスタの報道発表があります。従来の光トランジスタに比べて消費電力を94％も削減できるような原理が確認でき，「ネイチャー・フォトニクス」に掲載されました。こうしたブレイクスルー技術によって，信号処理，情報処理の部分も含め，光の技術によって新しい世界が作れる可能性が見えてきたことが，IOWN 構想の発表に繋がりました。

それまでの光トランジスタは小型化もあまり進まず，消費電力もそこそこのところで止まっており，電気から光に移行するというモチベーションがあまりわかない状況でしたが，この技術によってようやく光が電気と同等の位置に立ち，今後消費電力を落としていける見込みもついてきました。

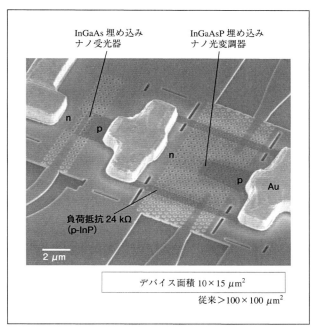

NTT が開発した光トランジスタ（出典：NTT プレスリリース）

―「All-Photonics Network」はどう進めていきますか？

（芝）目標となるのは光のレイヤーと電子のレイヤーを融合したプロセッサですが，光のレイヤーは技術的にハードルが高く，2030年くらいにならないと実現しないと思われます。長距離通信に使っていた光トランシーバーの伝送距離をどんどん縮め，最後は情報処理のプロセッサーの中にまで入れて，究極の低消費電力化をネットワーク全体で図ろうというのが今のアプローチです。なので2030年まで待っているのではなく，その手前の段階でもネットワークにもどんどんこうした技術を入れながら，低消費電力化に取り組んでいこうと考えています。

具体的にはネットワークの一部から光化していき，最終的なネットワークの形に移行していきますが，もちろん全部光にするわけではりません。5Gや6Gといった電波や電子の部分も残し，インターネットも含めてさまざまな価値を提供できるようなネットワークを提供していこうと考えています。まずは今のネットワークを400 Gb/s に高速化し，オペレーションにAIを入れた自動化などが，直近として見えているところです。

第6章　インタビュー　NTTが描く次世代光通信と新たな世界—IOWN構想が導く未来とは

電子のレイヤーに光のレイヤーを積層したチップのイメージ

—IOWNの実現でどんな世界が待っていますか？

（芝）IOWNで提供できる価値は4つ，まず，エネルギーやCO_2の問題といった環境にやさしい持続的成長の実現。そしてコネクティッドカーのような究極の安全・安心。また人間の中でもいろんな価値観がありますが，そういった多様性に寛容な個人や社会全体の最適化。世界のモノや価値観をナチュラルに人に享受することもIOWNの価値と考えています。今のインターネットで不十分なところは，こういった新しいインフラでカバーしていかないといけません。

　もっと具体的に言えば近い将来，IOWNによって時間や場所に制約されず働けるスマートワークスタイルの実現が期待されます。労働力不足を解消し，生産力を高める次世代農業，無人のトラクターが働く農場が当たり前になり，患者ごとに最適化されたパーソナル医療が普及します。運転ミスや車の故障を安全に制御し，事故が起こらないスマートモビリティも実現するでしょう。スマートシティにおけるスマートスポーツといったものもできあがってきます。

　「Digital Twin Computing」でサービス，アプリケーションの新しい世界，仮想空間上に将来予測も含めたもうひとつの世界を作れば，例えばスマートヘルスケアではこうした生活習慣を続けていくと，どのくらいまで健康でいられるのかがわかってきます。その時，今の時点でどのように行動を変えていったらいいのか，そういったところもIOWNのプラットフォームを使うと可視化できます。

　IOWN構想自体は非常に幅広い研究テーマを取り扱っています。単純に光の技術をネットワークに入れるだけでなく，AIを将来予測に使ったり，価値観をどう取り入れていくかといった，社会性，社会問題，倫理，哲学といった色々なものを包含した構想になっています。大きな構想ですので，グローバルに色々な方と一緒に進めたいと考えていて，弊社とインテル様，ソニー様と共同で国際的なフォーラム「IOWNグローバルフォーラム」を2019年10月31日に設立し，2020年3月2日よりメンバーの募集を開始してます。今の時点で国内175社，国外100社以上にご興味を持っていただいて，2030年のサービスリリースを目指して協力を進めています。

　IOWNは大きな未来の構想だが，枝葉となる具体的な技術開発は早くも進められている。今回，特に光技術に関する研究を紹介して頂いた。

■ナノフォトニックアクセラレーション
　限界の見える電気回路に対し，光でチップ上の情報を伝送するコンセプト。その実現にはNTTが「オンシリコンプラットフォーム」と呼ぶ，シリコン上へのレーザーの作り込みがカギとなる。NTTではフォトニック結晶で作った光導波路に数μmの活性層を埋め込んだリープレーザーを開発しており，1 bitあたり4.4 fJでの動作を確認している。

　さらにO-E変換を行なうナノ受光器，E-O変換を行なうナノ変調器，そして昨年にはO-E-O変換を行なう光トランジスタの動作原理を実証し，IOWN推進のブレイクスルーとなった。必要な光制御エネルギーは1 bitあたり

Photonics Acceleratorのイメージ

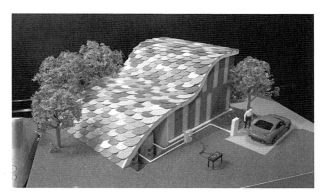

人工光合成パネルを設置した家のイメージ

1.6 fJで，従来のO-E-O変換素子に比べて2桁以上低減している。

NTTはここを起点として光コンピューティングに取り組む。例えばニューラルネットワークを模した光のネットワークや光トランジスタを用い，光が得意とする処理は光で高速に行ない，演算処理やメモリが必要な部分は従来のエレクトロニクスに接続する，ハイブリット型のコンピューティングの実現を目指す。

■人工光合成

NTTが取り組む人工光合成は半導体を使い，植物と同じように太陽光とCO_2と水から，酸素とメタン，エタノールといった有用物質の生成を目指す。

太陽光が受光部に当たると半導体電極で電子と正孔が発生し，この電子が金属電極上で還元反応を起こして水素ガスを生成する。現在，屋内で300時間の連続運転と植物と同程度（水素への変換効率0.2％）の効率を達成している。

実用化すれば，例えば住宅の屋根でエネルギーの生成・貯蔵できるほか，工場から排出されるCO_2を再燃料化する炭素循環にも貢献できる。エネルギーの効率利用もIOWNの目標の一つであり，こうした通信と関係の無いように見える取り組みも進めていく。

■光エネルギー高効率利用技術

メタル線を使うアナログ電話は通信局舎からの給電により停電時でも通話ができるが，光ファイバーを用いる光電話はできない。そこでNTTでは光を通信手段だけではなく，エネルギー伝送手段としても活用する研究を行なっている。実験では通信用とは別にエネルギー送信用のファイバーを用意し，局舎から送られるレーザーを受光装置で電気に変換してバッテリーに充電し，ホームゲートウェイと電話の駆動に成功している。

具体的には12 V換算で240 mW程度の電力を取り出したが，このエネルギーだけではバッテリーを使わないとホームゲートウェイを動かせないため，他の微小エネルギーと組み合わせる技術や，こうした微小なエネルギーを蓄積して一定量が溜まったら少しの間通信するといった，通信端末側の省電力化技術も今後検討するとしている。

■光ファイバー環境モニタリング

IOWNで活用する情報を，光ファイバーや光ケーブルの周囲から光ファイバーセンシングによって取得する試み。一般的な光ファイバーセンシングとは異なり，設置されている通信用の光ファイバーを使う。既設のファイバーは状態が千差万別なため，状況に依存せずに測定できるよう，NTTでは測定器のS/N比の向上や測定できる信号強度・速度の拡張などに取り組んでおり，成果として振動の様子と位置の検出に成功している。

今後，ファイバーの揺れや振動から，地下の光ファイバーであれば，道路の通行や工事の状況，架空した光ファイバーであれば，風やゲリラ豪雨などの天候状況や異常による光ファイバーのたるみなどの検出が期待できる。街中に張り巡らされた通信用光ファイバーにより，渋滞予測や災害の被災状況の把握，局所的な気象情報など，スマートシティに向けた環境情報を収集をめざして

第6章　インタビュー　NTTが描く次世代光通信と新たな世界—IOWN構想が導く未来とは

メタサーフェースによるフィルタの例

開発した超小型RGBカプラ（提供：NTT）

いる。

■メタマテリアル

　メタマテリアルは負の屈折率を実現する物質として注目されているが，製作が難しい3次元構造ではなく，表面に2次元構造を施したメタマテリアルであるメタサーフェースが広く研究されている。NTTではメタサーフェース構造を用いたフィルターにより，今まで取れなかった情報をセンシングできるセンサーデバイスの研究を始めている。

　例えば偏光を可視化するフィルターは，偏光を分離することで肉眼や普通のカメラでは撮れない応力や歪をセンシングできる。また，波長によって異なる点で集光させるフィルターは，カラーフィルターを用いなくても色がそれぞれのセンサーで集光するので，イメージセンサーの感度の向上が期待できる。また可視光以外の紫外線や赤外線といった情報も，小さな端末で取れるようになる。

　これらのフィルターはシリコン製で，可視光程度の波長であれば光デバイスの製造技術で製作することでき，むしろ分離したい波長や方向によって微細なパターンを変える設計の技術が重要となる。これにより，見えなかった情報を届けるAIの眼の実用化が期待される。

■超小型可視光光源技術

　PLC（Planar Lightwave Circuit）は，通信用WDM信号の分派や合波をするデバイスとしてNTTが世界に先駆けて開発した。今回，その波長領域を可視光に変え，RGBカプラとする試みをしている。

　スマートグラスなど映像を眼鏡に投映する眼鏡型端末のうち，3原色のレーザーを合波してMEMSでスキャンして眼鏡に映す方式は，レンズやミラーなど部品の点数が多く，コストとデバイスのサイズを増やす原因となっている。

　これを開発するRGBカプラに置き換えれば，合波に必要な部分のサイズが1/100程度になる。現在市販している眼鏡型端末はスマホ大の光源とケーブルで繋がっているが，眼鏡のツルの部分に光源とRGBカプラを納められれば，普段の眼鏡と変わらない感覚で映像を見ることができる。すでに専用の光源もできており，実用化すればARインターフェースなどとしてIOWNに重要なデバイスとなる。

■Hidden Stereo

　Hidden Stereoは，3Dメガネをかけると3D映像が見え，メガネを外すと2D映像をが見える映像技術。2Dの画像に対して人間に奥行の情報を与える働きをする視差誘導パターンを生成し，元の2D画像に足したり引いたりすることで，左目用映像と右目用映像をそれぞれ作成する。

　この画像を左右交互に高速表示し，シャッター式3Dメガネをかけると3D映像が見えるが，メガネを外すと視差誘導パターン同士が打ち消しあい，通常の2D映像に見える。現在は1分半の映像のパターンを作るのに人が1ヵ月くらいかけて作業をしているため，深層学習を用いたAIによる視差誘導パターンの作成，および被写体抽出と奥行推定の研究開発を進めている。

第 7 章

OPTRONICS ONLINE
ニューストピックス

第 7 章　OPTRONICS ONLINE ニューストピックス

OPTRONICS ONLINE ニューストピックス

1 通信関連機器・デバイス市場

掲載日：2023年11月15日

富士キメラ総研は，光通信関連機器・デバイスの世界市場を調査し，その結果を「2023 光通信関連市場総調査」にまとめた。

それによると，2023年の「光通信関連機器・デバイスの世界市場」はFTTxやデータセンターへの投資が落ち込み，伸びは鈍化するとみている。しかし，中長期的にはデータセンターへの投資回復，6G通信の基地局投資の活発化などが期待されるとともに，高速対応製品の比率が上昇することなどから，2028年の市場は60兆円を突破すると予測する。

光通信関連機器は，光伝送装置，ルーター，L2・L3スイッチ，PONシステム，サーバーが対象。特にサーバーの規模が大きいという。現在，一時的にデータセンター向けが落ち込んでいるものの，2024年以降の投資回復，また，高価格なAIサーバーの需要増加により，引き続き市場をけん引するとみている。

光伝送装置はデータセンター相互接続向け，L2・L3スイッチはデータセンター内通信向けが増えており，継続的な伸びを予想する。PONシステムは，2023年は中国を中心に需要が落ち込んでいるが，欧米を中心にG-PONの導入，10G-PONへの移行需要は大きく，2024年以降は中国市場の回復とともに堅調な推移が期待されるという。

光コンポーネントは，出荷数量の増加に加え，高速化に対応するため光トランシーバーなどの製品単価が上昇し市場が拡大している。データセンターでの通信高速化を背景に100G以上のクライアント側光トランシーバーが，それ未満の置き換えを受け伸びるとみる。また，2022年頃から800Gのクライアント側光トランシーバーやAOC（アクティブ光ケーブル）の本格採用も始まっている。

光アクティブデバイスは，2023年は規模の大きいLDチップ（DML・EML）が過剰在庫などで落ち込んでいるが，データセンター向けの回復などにより2024年は伸びに転ずるとする。また，光トランシーバーの多レーン化，高速LDの採用増加が中長期的な伸びの追い風になるとしている。

HB-CDMやCOSA・IC-TROSAは次世代のライン側光トランシーバーに搭載されるため，データセンター相互接続で使用される400G ZRなどを中心に伸びる。光パッシブデバイスは，ライン側で用いられるWSSモジュールが好調だという。

レンズ関連は，2023年はボールレンズや非球面レンズは苦戦しているが，プラスチックレンズはAIサーバーでの需要が増えているという。中長期的には，シリコンレンズの採用拡大やSiPhやCo-Packaged Optics（CPO）採用の影響がポイントとなる。

光ファイバー・光回路デバイスでは，規模の大きい光ケーブルはデータセンター向けが伸び悩んでいるため，本格的な需要回復は2024年以降と予想する。光ファイバーは，2023年は中国のFTTx需要の減少や，データセンター向けの投資減により縮小するが，2024年以降は投資回復により堅調な伸びが期待されるという。

■光通信関連機器・デバイスの世界市場

	2023年見込	2022年比	2028年予測	2022年比
光通信関連機器	33兆7,730億円	113.3%	47兆7,970億円	160.3%
光コンポーネント・デバイス	8兆6,962億円	101.3%	14兆4,783億円	168.7%
光測定器・関連機器	1,083億円	98.0%	1,084億円	98.1%
合計	42兆5,775億円	110.6%	62兆3,837億円	162.0%

出展：https://www.fcr.co.jp/pr/23118.htm

POFは，通信や装飾・照明，センサーなどで採用されており，需要増加が続いている。光コネクターはデータセンターなどインフラ投資の回復により，2024年以降は順調に伸びるとみる。その他のデバイスには，仮想化技術や生成AIなどでの採用がけん引して好調な品目がみられるとしている。

デジタルコヒーレントDSPは400G ZRなどの小型製品への搭載開始や，800G LRなどクライアント側光トランシーバーへの採用開始により需要が増える。PAM用ICは800Gなど，高速光トランシーバーやAOCなどで採用が増加しているという。

イーサネットスイッチチップは，サーバーとつなぐ下部階層のスイッチ機器の増加により，スマートNICは増大するCPUへの負荷を低減するためのオフロード処理ニーズが高まっているため，堅調な伸びが期待されるとしている。

光測定器・関連機器は光デバイスやコンポーネントの市場と連動している。光スペクトラムアナライザー，オシロスコープ，BERTは主に光トランシーバーの製造ライン検査やR＆Dに用いられるため，光トランシーバーの生産動向や高速光トランシーバーの開発状況などの影響を受け，2023年の市場は縮小を予想，2024年以降は横ばいで推移するとしている。

2 テラヘルツ通信技術

・SB，独自アンテナで走行車に向けテラヘルツ通信

掲載日：2024年6月5日

ソフトバンク（SB）は，独自のアンテナ技術の活用により，300 GHz帯テラヘルツ無線を用いた，屋外を走行する車両向けの通信エリアを構築する実証実験に成功した。

同社は，テラヘルツ無線を移動通信として利用するた

出展：https://www.softbank.jp/corp/news/press/sbkk/2024/20240604_01/

めの研究を進めており，これまでに屋外での通信エリア構築の検証に成功し，見通し外でも通信ができる可能性を確認している。

しかし，端末向け通信では，常にビームを追従するシステムが必要で，装置の複雑化や端末の追従精度が課題となる。また，通信エリアを広げようとすると電力が分散してしまい，通信エリアがかなり小さくなってしまう。

そこで今回，通信エリアを車道のみに限定して電力の分散を防ぎ，通信可能なエリアを広げることで，走行車両向けのテラヘルツ無線通信エリアを構築した。

通常の基地局では利得の高いセクターアンテナが採用される。こうしたアンテナは，水平方向は広く，高さ方向は鋭くなるように電波が放射されるが，基地局の近傍では電波が弱くなるとがある。そこで今回，水平方向を鋭く，高さ方向に広い電波を放射することで，車の走行方向に対して安定するようなエリアを構築した。

また，コセカント2乗ビームの特性（コセカント2乗特性）を応用した。これは，航空レーダーの技術で，高低差のある送受信アンテナの水平距離にかかわらず，基地局と端末それぞれの受信電力が一定となる特性。

このコセカント2乗特性の実現には特殊なアンテナ構成が必要だが，同社はコセカント1乗ビーム特性のアンテナ（コセカントアンテナ）を独自開発し，それを基地局と端末の双方に用いることで，高いアンテナ利得を維持しながらコセカント2乗特性を実現し，受信電力を一定にした。

こうしたアンテナは，既存の移動体通信の周波数帯では大きくなるが，テラヘルツ波は波長が短いため，1.5 cm×1.3 cm×1.0 cm（基地局用），1.5 cm×1.3 cm×1.5

223

第7章 OPTRONICS ONLINE ニューストピックス

cm（端末用）というサイズを実現した。

実証実験は，送信側を地上高約10 mにコセカントアンテナを取り付けた無線機を設置し，5Gの変調信号を300 GHzに変換して送信した。受信側は，コセカントアンテナを取り付けた測定車を，送信側無線機の下を通る直線道路上を走行させて5Gの信号を測定した。

車の速度を徐行から時速30 kmまで変化させながら測定を行ない，いずれの場合も無線機の近くからおよそ140 mの区間において，走行中でも常に安定して試験信号を受信・復調できた。

同社は，通信不可となる電力まで余裕があるため，さらに長距離のエリア化が可能だとしている。

・岐阜大ら，屋外設置型テラヘルツ通信装置を開発
掲載日：2024年3月4日

2024年3月，岐阜大学と早稲田大学は，屋外設置可能なテラヘルツ通信装置を開発し，早大西早稲田キャンパス（東京都新宿区）内で長期連続伝送実験を開始した。

次世代移動通信システムBeyond5G/6Gシステムの基地局を接続するためのネットワークにおいて，その一部を高速テラヘルツ通信が担うことが期待されている。

これまでの研究報告のほとんどは実験室内での実証や測定器を使った通信の模擬によるものだった。テラヘルツ無線は雨や雪の影響を受けやすいという課題があり，その影響を評価する必要があった。また，ミリ波帯・テラヘルツ帯ではその波長の短さからアンテナ方向の精密調整が必要という課題もあった。

研究グループは，屋外設置可能なIEEE802.15.3d準拠のテラヘルツ通信装置の開発に成功した。テラヘルツ帯通信実験では測定器による伝送の模擬や単方向の画像伝送をデモンストレーションするものが大半だが，今回開発した装置はイーサネットインターフェースを有しており，実データの双方向伝送を可能としている。

また，屋外において連続伝送実験を行なうための筐体の開発，センサー装置の実装を行なった。ミリ波帯やテラヘルツ帯ではビーム幅の細い電波を用いるが，アンテナ方向の調整にコストがかかるという課題があった。

今回の研究では，精度の高い機構設計と精密電動雲台による制御により，自動アンテナ方向調整を実現した。

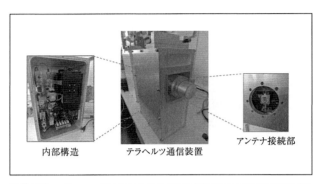

出展：https://www.gifu-u.ac.jp/about/publication/press/20240304.pdf

また，テラヘルツ帯では送信と受信のアンテナを共通にすることが困難であったために，それぞれ個別のアンテナを用いることが一般的だった。

この研究では，300 GHz帯回路を設計し，送受アンテナ共通化と機構設計の精密化により，装置の小型化，防水対応，アンテナ方向精度の向上を図った。

現在，長期連続伝送実験を，早大西早稲田キャンパス内に一組のテラヘルツ通信装置を設置し実施している。気象センサー，装置内温度センサー，振動センサーなどを備え，風雨・降雪・温度変化と伝送特性の相関を連続的に観測することが可能。

2024年2月の東京地方降雪時においても連続データ取得をし，大雪時に受信電力（RSSI）の大きな変動を確認した。詳細については解析中だがアンテナへの着雪と落雪が繰り返されたことによると推定している。

研究グループは，今回開発した屋外で動作させることが可能な小型のテラヘルツ通信装置を活用し，実用化に向けて，伝送容量・伝送距離拡大や，他の無線器との干渉の影響の解析など様々な実験を実施する。

さらに，複数のテラヘルツ通信装置を連携させ，悪天候時にもおいても安定的に動作するシステムの実現を目指すとしている。

・東北大，6G通信向け周波数チューナブルフィルタ開発
掲載日：2024年2月19日

東北大学の研究グループは，シリコン製のサブ波長格子で構成される機械式の屈折率可変メタマテリアルを新たに開発し，ファブリペロー共振器内の屈折率を制御す

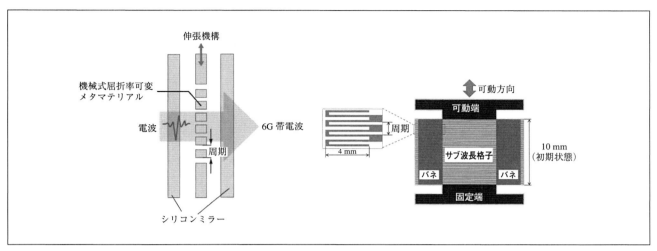

出展：https://www.tohoku.ac.jp/japanese/newimg/pressimg/tohokuuniv_press0219_02web_6g.pdf

ることにより，狙った周波数域の電波を通過させる周波数チューナブルフィルタを開発した。

周波数選択性フィルタとしてファブリペロー共振器で採用されてきた周波数の動的制御法である2枚のミラー間の距離を調整する方式や，共振器内に液晶を充填する方式は，ノイズ除去性能が低いことや電波の減衰といった課題があった。

研究グループは，機械式の屈折率可変メタマテリアルをファブリペロー共振器内に搭載した周波数チューナブルフィルタを実現し，6Gに向けた新たなチューナブル・テラヘルツ波制御技術の開発に成功した。

この周波数チューナブルフィルタは，シリコン製の機械式屈折率可変メタマテリアルを2枚のシリコンミラーで構成されるファブリペロー共振器内に搭載している。どちらも高抵抗シリコンで構成され，制御対象とする周波数0.3 THz近傍の電波吸収損失はほぼ無く，高いピーク透過率を実現する。

周波数チューナブルフィルタに入射した電波は，不要な周波数の電波が除去されて，必要な周波数の電波のみ透過する。伸縮機構を備えた機械式屈折率可変メタマテリアルを機械的に変形させることで透過周波数をチューニングする。

機械式屈折率可変メタマテリアルは，バネにより自己支持されたサブ波長格子構造が固定端と可動端に連結されており，可動端を動かすことでサブ波長格子の周期を変えることができる。

サブ波長格子の周期が変わると機械式屈折率可変メタマテリアルの屈折率が変化する。ファブリペロー共振器の透過スペクトルは，機械式屈折率可変メタマテリアルの屈折率変化に応じてシフトするので，ファブリペロー共振器内の屈折率を人工的に精密制御して狙った周波数の電波を透過させることができる。

製作したサブ波長格子構造のサブ波長格子はシリコンで構成され，空隙は空気で満たされており，周期を100 μmから150 μmまで可変させることができた。

周期制御による屈折率と周波数のチューニング特性は，100〜150 μmの周期変化に応じて，メタマテリアルの屈折率を1.50〜2.08の範囲で変えることができ，ピーク周波数を0.303〜0.320 THzの範囲で制御できることが示された。また，周波数0.303 THz付近で，従来技術よりも高いピーク透過率87％が得られた。

研究グループは，この技術は6Gの通信技術をはじめ，医療・バイオ・農業・食品・環境・セキュリティなど幅広い分野での活用が期待されるとしている。

・阪大ら，テラヘルツで世界最高の無線通信速度を達成
掲載日：2024年2月1日

大阪大学とIMRA AMERICAは，300 GHz帯無線通信システムの送受信器に，超低雑音サブテラヘルツ信号発生器を用いることにより，シングルチャネルでの無線通信システムの伝送速度として世界最高となる240 Gb/sを

225

第7章　OPTRONICS ONLINE ニューストピックス

達成した。

これまで純電気的にサブテラヘルツ信号を生成するには，周波数逓倍器を用いていたため，振幅雑音に加えて位相雑音と呼ばれる周波数の揺らぎが生じていた。

研究では「ブリルアン光源」と呼ばれる光信号発生器を送受信システムに用いた。この光源は，2つの半導体レーザーの波長の異なる光波を，高安定の光ファイバ共振器（共振器長75 m）に注入して，その共振周波数にロックさせる。

また，光ファイバーを伝搬する光信号の線幅は，誘導ブリルアン散乱現象で狭窄化され，サブテラヘルツ波の周波数ゆらぎを一層向上させることに寄与する。

無線通信システムにおいて，まず送信側では，ブリルアン光源から発生した2つの異なる波長の光を2つの光路に分岐する。一方の波長の光は，16 QAM〜256 QAM変調された光信号を生成する。もう一方の波長の光は変調を施さず，光合波器を用いてデジタル変調された光と合波される。

この合波された光をフォトダイオードで電気信号に変換すると，2波の波長差に対応した周波数をキャリア信号とする電波に変換できる。

アンテナで受信したRF信号は，サブハーモニックミキサで10 GHz〜30 GHzの周波数IF信号に変換する。例えば，20 GHzのIF周波数を得るには，周波数127.5 GHzのLO信号をサブハーモニックミキサに印加する。

従来，このLO信号もマイクロ波信号を周波数逓倍器により変換していたため，振幅雑音や位相雑音が大きかった。今回，RF/LO信号の双方の発生に「ブリルアン光源」を用い，振幅雑音や位相雑音を従来の1/100以下に低減した。

IF信号は，増幅した後，リアルタイムオシロスコープで元のデータ信号に復調し，ビット誤り率（BER）を計測する。

64 QAMは一度に6 bitのデータを送受信することに対応し，伝送速度240 Gb/sを達成した。もうひとつの前方誤り訂正技術であるSD-FECリミットと呼ばれるBER値では，252 Gb/sに達した。また，256 QAMまで100 Gb/s超伝送に成功しており，いずれもシングルチャネルでの世界最高の伝送速度となった。

さらに，通信距離を20 mまで長尺化した実験では，

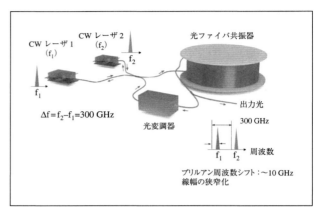

出展：https://resou.osaka-u.ac.jp/ja/research/2024/20240131_1

32 QAM変調時で，200 Gb/s（HD-FECリミット）を達成した。研究グループは，大容量，超低遅延通信ネットワークの実現が期待される成果だとしている。

・NTTら，ビームフォーミングで300 GHz帯高速通信
掲載日：2023年6月13日

日本電信電話（NTT）と東京工業大学は，300 GHz帯のフェーズドアレイ送信モジュールを開発し，ビームフォーミングを用いた300 GHz帯高速無線データ伝送に初めて成功した。

6Gでは300 GHz帯の高速無線通信が期待されているが，300 GHz帯の電波は広い帯域を利用できる一方，伝搬損失も大きい。そこで，受信端末に向けて電波のエネルギーを集中させるビームフォーミング技術が検討されている。

この技術は，28 GHz帯や39 GHz帯の電波を使用する5G無線システムにおいてCMOS-ICによって実現されてきたが，300 GHz帯においてCMOS-ICのみでは出力電力が不足するため，高出力なIII-V族の化合物ICとの組み合わせによる実現が期待されている。しかし，化合物IC内やCMOS-ICとの接続部で発生する損失の問題があった。

今回，東工大は周波数変換回路や制御回路等を搭載した高集積なCMOS-ICを作製し，NTTは独自のインジウム・リン系ヘテロ結合バイポーラトランジスタ（InP HBT）技術で高出力なパワーアンプ回路とアンテナを一体集積したInP-ICを開発した。

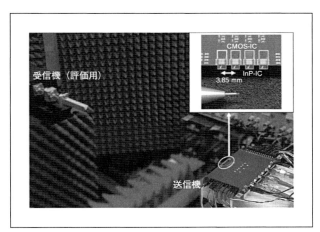

出展：https://www.titech.ac.jp/news/2023/066953

　このCMOS-ICとInP-ICとを同一プリント基板上に小型実装した4素子フェーズドアレイ送信モジュールを実現した。このモジュールは36度の指向性制御範囲と通信距離50 cmにて最大30 Gb/sのデータレートを達成。300 GHz帯において，ビームフォーミングを用いた高速無線データ伝送に初めて成功した。
　この成果では以下の2つの高出力化技術を用いた。
① 300 GHz帯で高い出力電力を実現可能なパワーアンプ回路を設計し，NTTのInP HBT技術で製造。パワーアンプ回路では複数の増幅素子から出力される電力を独自の低損失合波器を用いて束ねることで高出力化を図った。この回路でCMOS-ICから出力される信号を増幅し，同一チップ上に形成されたアンテナから受信端末に向けて電波を放射することで，高速データ伝送に必要な大きな電力を受信端末に送り届けることができる。
② 従来，300 GHz帯で異なる種類のIC同士を接続するには，それぞれのICを導波管モジュールに実装して接続するが，損失が問題だった。今回，両者を同一基板上にフリップチップ実装し，数十μmの微小な金属バンプを介して接続し，接続損失を低減して高出力化を実現した。
　研究グループは今後，2次元アレイ化よる2次元ビームフォーミングの実証やアレイ数を増やすことで通信距離の拡張等に取り組む。また利用用途に応じた受信モジュールも開発し，従来比10倍以上の伝送容量を有する無線通信をめざすとしている。

・徳島大ら，マイクロ光コムでテラヘルツ通信に成功
掲載日：2023年5月25日

　徳島大学，岐阜大学，情報通信研究機構（NICT），名古屋工業大学は，マイクロ光コムを用いてテラヘルツ波を発生させ，無線通信に応用した。
　6Gで扱うテラヘルツ帯は，電気的手法の周波数上限に達する可能性があり，超高周波信号の低出力化や低品質化，信号伝送損失の増大といった問題が顕在化し始めている。
　6Gは，光通信と無線通信の伝送速度ギャップを大きく緩和する可能性を有するが，両者間には光技術と電気技術の相違に起因する光信号と電気信号の変換に伴う時間遅延が生じる。6Gの超高速性を活かしながら汎用性を担保するためには，「光通信と無線通信のシームレス接続」が求められる。
　研究グループは，エレクトロニクスの代わりに光学的手法（フォトニクス）を利用した6Gにより課題を解消できると考え，マイクロ光コムをコア技術としたオール光型テラヘルツ通信（Photonic 6G）に関する研究を行なっている。
　研究では，6Gキャリア周波数と同等な超高周波光電気周波数信号（近赤外光）を生成可能なマイクロ光コムを用いて，テラヘルツ波を発生させた。等間隔で複数の光周波数モード列が立ち並んだマイクロ光コムから，隣接した2モードを光フィルタで抽出すると，時間領域では光ビート信号が生成され，そのビート周波数は，マイクロ光コムのモード間隔（＝frep）に一致する。
　この光ビート信号を，光／電気変換素子（今回は単一走行キャリア・フォトダイオード）に入射すると，ビート周波数に厳密に等しい周波数を有するテラヘルツ波を発生させることができる。
　マイクロ光コムのモード間隔（＝frep）は周波数および位相が極めて安定であり，単一走行キャリア・フォトダイオードはマイクロ光コムの高安定性を損ねることなく光／電気変換を行なうので，極めて高品質なテラヘルツ波を得ることができる。
　ここで，抽出した隣接2モード光の一方に対して，伝送情報を光変調器で重畳させると，発生したテラヘルツ波が変調されることになる。今回は，2 Gb/sでOn-Off-

第7章　OPTRONICS ONLINE ニューストピックス

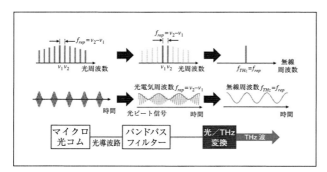

出展：https://www.nict.go.jp/press/2023/05/25-1.html

Keying（OOK）振幅変調されたテラヘルツ波（周波数560 GHz）を用いて無線通信実験を行なった。

OOK振幅変調されたテラヘルツ波を空間伝播させた後，テラヘルツ検出器で受信したところ，時間波形信号の中央部分にeye状の空間を観測し，データ伝送実験の成功を確認した。

今回の手法の最大の特長は低位相ノイズ性のため，研究グループは今後，安定化制御されたマイクロ光コムを用いて超低位相ノイズのテラヘルツ波を発生させ，その優位性を活かしたテラヘルツ通信の実現を目指すとしている。

・KDDIら，複数デバイスとマルチビームTHz通信

出展：2023年5月23日

KDDI総合研究所と名古屋工業大学は，テラヘルツ帯の送受信機とマルチビームレンズアンテナを組み合わせた仮想化端末ハードウェア実証システムを開発し，送信機と2つの受信機との間で同時に，広帯域なデジタル信号を送受信することに成功した。

Beyond 5G/6Gでは5Gの100倍の超高速・大容量通信を実現するために，広い周波数帯域を使えるテラヘルツ帯の活用に関する研究開発が始まっている。研究グループは，両者が提案する仮想化端末に関連し，2022年5月にテラヘルツ帯（300 GHz帯）でビーム方向を変更可能なマルチビームレンズアンテナの開発に成功した。

一方，仮想化端末の実現に向けては，ユーザーの端末と複数の周辺デバイスとの間を超広帯域のテラヘルツ帯無線でつなぐ必要があった。

そこで研究グループは，テラヘルツ帯（300 GHz帯）で広帯域信号を無線伝送する2組の送受信機と，ビーム方向を変更可能なマルチビームレンズアンテナとを組み合わせた，仮想化端末ハードウェア実証システムを開発した。

この実証システムでは，2台の送信機から入力された信号を1台の送信アンテナから異なる2方向へ向かうビームで送信し，それぞれの信号を2台の受信機で受信することで，4.8 GHz帯域幅のQPSKデジタル変調信号を2信号同時に伝送可能とした。

マルチビームレンズアンテナは，60度の角度（アンテナ正面を0度とし，プラスマイナス30度）でビーム方向を変更できる。送信側と受信側の双方でビームを向かい合わせることで，QPSKデジタル変調信号の伝送に要求される伝送品質を達成した。

また，受信機の位置や向きが変わった場合でも送信側，受信側それぞれのアンテナで適切なビームへ切り替えることで信号の伝送品質を維持できることを確認した。

研究グループは，今後も送受信機の小型・軽量化や，

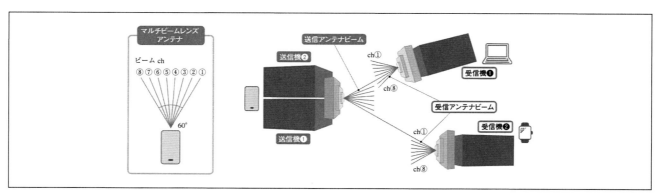

出展：https://www.nitech.ac.jp/news/press/2023/10410.html

さらに広い角度にビーム方向を変更可能なアンテナの開発を進めると共に，開発した送受信機やアンテナを用いて，仮想化端末の実現に向けてテラヘルツ帯を利用した実証実験を継続していくとしている。

・東北大，6G通信に向けた光源の新原理を提案
掲載日：2023年4月28日

東北大学の研究グループは，磁石を組み込んだメタマテリアルによる新光源の原理を提案した。

近年，屈折率を時間的に変化させる「時間変調メタマテリアル」が注目されている。時間変調メタマテリアルを用いると，非線形光学効果により電磁波の周波数変換が可能となる。研究グループはこの時間変調メタマテリアルによる周波数変換を用いて，小型で室温動作する6G向けの新光源の実現を目指している。

電磁気学的には，屈折率は物質の電気応答を記述する誘電率と磁気応答を記述する透磁率，それぞれの平方根の積で表される。これまで開発された時間変調メタマテリアルは，誘電率を時間的に変調することで屈折率を時間的に変調する。

一方で，透磁率を時間変調する方法はこれまでほとんど報告されていない。しかしながら，磁気物理や磁気工学の分野では，透磁率は鉄やニッケルなど強磁性体の磁気モーメントの歳差運動の共鳴（強磁性共鳴）付近で大きく変化することが知られていた。

そこで研究グループは，磁気物理や磁気工学の知見をメタマテリアルに融合し，透磁率を時間変調する時間変調磁性メタマテリアルの原理検証実験に取り組み，磁石（ニッケルと鉄の合金であるパーマロイ）と，重金属（プラチナ）の二層膜を作製した。

二層膜に交流電流を流すと，プラチナでの大きなスピン軌道相互作用によるスピンホール効果がスピン流を生み出す。このスピン流がパーマロイに注入されること（スピン注入）により，パーマロイの磁化にスピントルクを及ぼして強磁性共鳴が誘起される（スピントルク強磁性共鳴）。これに加えて直流電流を同時に流すことで，直流のスピン流も注入した。

ここで，基板にシリコンを用いることで熱伝導性が良くなり，二層膜に大電流を流すことが可能となった。こ

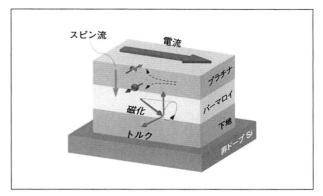

出展：https://www.tohoku.ac.jp/japanese/2023/04/press20230428-02-6g.html

のことは強いスピン注入を可能とする。その結果パーマロイに大きなトルクを働かせ，共鳴条件を大きく変化させることができた。

これらの実験結果を用いた理論計算から，共鳴条件が変わることで透磁率が大きく変化していることが明らかになった。今後，この直流電流を別の交流電流に置き換えることで，時間変調磁性メタマテリアルが実現できるという。

時間変調磁性メタマテリアルを応用すれば，室温で動作する周波数可変で小型の6G通信用の光源が実現できる。さらに透磁率のみならず誘電率も同時に時間変調できる媒質を組み合わせれば，フレネルドラッグと呼ばれる移動媒質を模倣する現象も可能になり，研究グループは，基礎物理の観点からも広く展開できることが期待されるとしている。

3 宇宙応用

・NeSTARら，衛星-地上間量子暗号通信を地上実験
掲載日：2023年3月16日

次世代宇宙システム技術研究組合（NeSTRA），情報通信研究機構（NICT），ソニーコンピュータサイエンス研究所（ソニーCSL），東京大学，スカパーJSATは，地上可搬局を用いて盗聴解読の脅威のない暗号鍵共有に向けた光伝送実証に成功した。

宇宙産業は今最も勢いのある成長産業の一つとして注目されており，なかでも人工衛星は様々な用途での活用

第7章 OPTRONICS ONLINE ニューストピックス

出典：https://www.t.u-tokyo.ac.jp/press/pr2023-03-16-001

が期待されている。利用の拡大が見込まれるデータ通信においては特にセキュリティレベルのさらなる向上が求められている。

研究グループは，受託中の総務省研究開発案件「衛星通信における量子暗号技術の研究開発」において2018年度より実施中の，超小型衛星に搭載可能な量子暗号通信技術の研究開発を進めている。

今回，盗聴不可能な暗号鍵を共有するサービスの可用性を高めるために開発した地上試験モデル（可搬型光地上局）を用いて，2022年12月9日に東京スカイツリー－上野恩賜公園第一駐車場間の約3 kmにわたり，情報理論的安全性を持つ鍵の共有のための地上間光伝送模擬実証を実施した。

その結果，低軌道衛星（ISSなど）と地上局で想定される伝送条件よりも厳しい伝送損失において10Gクロックの微弱光信号パケットの受信が確認でき，低軌道衛星－地上可搬局とでの光通信技術を応用した安全な暗号鍵共有技術（物理レイヤ暗号による盗聴解読の脅威のない暗号鍵共有）の実現に向けた技術検証に成功した。

この研究開発案件では，今後も研究開発成果について実証を重ね，将来超小型低軌道衛星－地上間での量子暗号・物理レイヤ暗号通信を実現し，通信の高秘匿化を実現することを目指している。研究グループはこの目標に向けて，今後はより長距離での実証として国際宇宙ステーション（ISS）－地上間において最終実証の実施を予定しており，今回の地上間模擬実証の成果はそのための大きな足掛かりだとする。

また，今回の実証成功結果を受け，今後も超小型衛星等に搭載可能な物理レイヤ暗号・量子暗号通信技術を開発し，計算技術が進展しても盗聴解読の脅威のない安全性を備えた衛星通信網の実現に貢献していくとしている。

・KDDIら，フォトニック結晶レーザーで自由空間通信
掲載日：2023年10月20日

KDDI，KDDI総合研究所，京都大学は，光を緻密制御するフォトニック結晶レーザーを用いた超高感度な自由空間光通信方式の実証に成功した。

研究グループは，これまで，フォトニック結晶レーザーを用いた自由空間光通信の研究開発を行なってきた。フォトニック結晶レーザーは光ファイバー増幅器などの大型装置を使わずに，単一の半導体デバイスだけで光ファイバー増幅器などを用いた場合と同等以上の送信パワーが実現できるため，通信システムの大幅な小型化や低消費電力化が期待されている。

フォトニック結晶レーザーを用いた自由空間光通信は，その小型・低消費電力の特長から宇宙空間での利用が想定される。さらに衛星間通信での活用に向けては，3万6,000 kmを超える長距離をカバーする必要がある。これまでの実証では強度変調・直接検波方式を用いていたが，長距離宇宙空間を見据えると，受信感度がより高い通信方式を適用することで通信距離を延伸する技術が求められていた。

そこで研究グループは，フォトニック結晶レーザーの周波数変調とコヒーレント受信方式を組み合わせることで，出力光の強度が1億分の1に減衰しても通信可能な，新たな自由空間光通信方式の実証に成功した。

通常，半導体レーザーに直接電流を注入すると，その

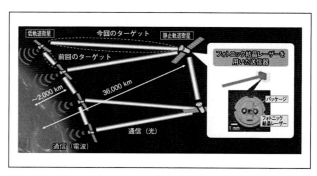

出展：https://www.t.kyoto-u.ac.jp/ja/research/topics/20231019-1

電流に応じて半導体レーザーからの出力光の強度が変調される。また，この過程において，出力光の強度のみならず周波数も同時に変調されることが知られている。今回この現象を積極的に活用し，送信側ではフォトニック結晶レーザーを従来の強度変調よりも効率的で大出力な周波数変調器として動作させ，さらに受信側では，フォトニック結晶レーザーの狭線幅性を生かしたコヒーレント受信方式を取り入れることで，極めて弱い光信号でも受信できる，超高感度な自由空間光通信方式を考案した。

実験では0.5 GbaudのNRZ電気信号によって，フォトニック結晶レーザーを直接駆動し，高出力光周波数変調信号を生成した。そしてこの光信号を1億分の1に減衰させ，コヒーレント受信後に復調を行なっても，もとのNRZ信号が復元できることを確認した。

研究グループは，フォトニック結晶レーザーを用いた，さらなる長距離かつ大容量な自由空間光通信を実現し，6G時代における宇宙空間での通信を支える光伝送技術の研究開発を推進していくとしている。

・三菱，宇宙通信用レーザー光源モジュールの性能実証
掲載日：2023年6月23日

三菱電機は，大容量宇宙光通信のキーパーツとして開発した光源モジュールを超小型人工衛星に搭載し，2023年1月に宇宙空間での性能実証に成功した。

近年，災害現場の状況把握や森林資源の保護など，さまざまな用途で人工衛星による撮影画像の活用が進んでいる。用途によっては，より早く高精度に地上の状況を把握する必要があるが，従来の電波を利用した衛星通信では通信容量や通信時間，通信距離などの制約があった。

同社は，電波による通信に比べて10倍以上の大容量化や高速化，長距離通信が可能で，波長が短いことから地上の受信アンテナの小型化と設置が容易など，さまざまな状況での利用拡大が期待できる宇宙光通信の実現に向けた技術開発を推進している。

今回，この大容量宇宙光通信に適用可能な波長1.5 μm帯レーザー光源モジュールを，産学連携プロジェクトで開発した超小型人工衛星「OPTIMAL-1」に搭載し，宇宙光通信で重要なレーザー光周波数制御の宇宙空間での性能実証に成功した。

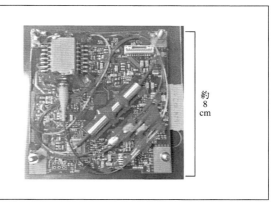

出典：https://www.mitsubishielectric.co.jp/news/2023/0620.html

人工衛星間でレーザー光線を用いた通信を行なうには，人工衛星がそれぞれの速度で動くために生じるドップラー効果（レーザー光周波数の変化）を人工衛星の相対速度に応じて補正することが必要となる。今回開発した光源モジュールで，世界で初めてこのドップラー補正に十分なレーザー光周波数変化量60 GHzを宇宙空間にて実証した。

また，産学連携プロジェクトで開発した超小型人工衛星を活用し，宇宙空間での性能実証試験を実施したことで，大規模な宇宙開発プロジェクトへの参画と比べ，短期間で低コストの実証が可能になった。具体的には，従来の大型人工衛星への搭載による実証に比べ，約3分の1の期間と約100分の1の開発費用で実現に成功した。

同社は，今回の実証で活用した技術を，大規模な宇宙開発プロジェクトへも提案していく。また，超小型人工衛星を宇宙空間での重要な実証プラットフォームと位置付け，引き続き産学連携の枠組みを活用した研究開発を推進していくとしている。

・NICTら，ISS-地上間で秘密鍵共有と高秘匿通信に成功
掲載日：2024年4月18日

情報通信研究機構（NICT），東京大学，ソニーコンピュータサイエンス研究所，次世代宇宙システム技術研究組合，スカパーJSATは，低軌道上の国際宇宙ステーション（ISS）から地上の可搬型光地上局への光通信により，1回の上空通過で100万ビット以上の秘密鍵を共有し，

第7章　OPTRONICS ONLINE ニューストピックス

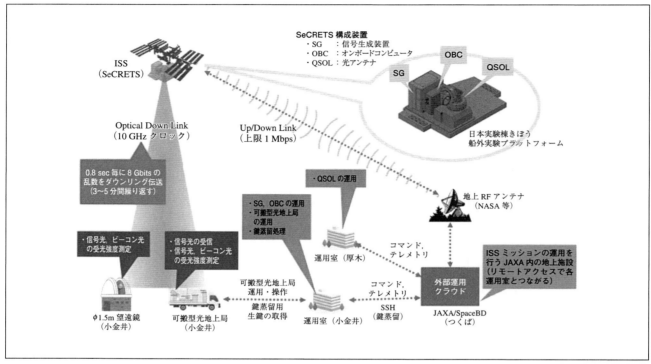

出展：https://www.t.u-tokyo.ac.jp/press/pr2024-04-18-002

ISSと地上局とでの情報理論的に安全な通信の実証に成功した。

地上での中継が不要な，衛星を用いた量子鍵配送の可能性が模索されているが，共有される鍵の量が限られ，また大型の地上局が必要など，その実用には課題が残っていた。

今回，研究グループは，衛星—地上局間の見通し通信路の性質を利用し，より高効率で鍵共有を可能とする物理レイヤ暗号の研究開発を進め，その宇宙実証を行なった。

研究グループは，低軌道高秘匿光通信装置（SeCRETS）を開発し，ISSの日本実験棟きぼう船外実験プラットフォームに搭載した。このSeCRETSから10 GHzクロックで乱数データ（鍵データ）を変調した信号光を地上に向けて発射し，NICT本部（東京都小金井市）に設置した可搬型光地上局の直径35 cm反射型望遠鏡で信号光を受信することができた。

なお，可搬型光地上局及びそこから25 m離れた直径1.5 m地上固定局望遠鏡で光信号とビーコン光の光強度を測定し，地上での光ビームの広がり具合を推定している。

そして，信号の盗聴者への情報漏えい量を無限小とするため，この受信した乱数データをISSと地上局の間で鍵蒸留処理をすることで，1回の上空通過で100万ビット以上の安全な暗号鍵の生成に成功した。

さらに，この蒸留処理した暗号鍵を用いて軌道上にある写真データをワンタイムパッド暗号化してISSからの電波による通信を通じて地上に送信し，復号することでこの写真データを取得することにも成功した。

今回開発したSeCRETSは，そのほとんどを民生部品で構成しているが，低軌道のような過酷環境下でも問題なく動作することを確認したという。また，光学系望遠鏡をトラックに搭載することで可搬型の光地上局を構成し，かつ，高速変調した信号の受信のための極めて微細な調整が可能な追尾システムを導入している。

これらの開発により，衛星搭載用暗号装置の低コスト化及び開発期間短縮の可能性を高め，可用性の高い可搬型光地上局を用いた高速光通信を実証することができた。

研究グループは，この通信実証の成功により，低軌道衛星からの光通信による高速かつ高い安全性を持つ暗号鍵を任意の地上局と共有する技術的な見通しが立ったとしている。

4 その他光通信技術

・NTT，通信断なく光ファイバーの分岐・合流施工に成功

掲載日：2024年4月25日

　日本電信電話（NTT）は，用途ごと・設置場所ごとに異なる様々な種類の光ファイバにおいて，通信断を生じさせることなく分岐・合流させる施工技術を世界で初めて実証した。

　光通信技術の進展・普及により，様々なIT端末の活用が拡大している。それに伴い，今後は無線基地局やセンサーなど多種多様な端末がネットワークへ接続されることが想定される。

　これを実現するためには，多種多様な端末が迅速かつ容易に接続できる柔軟な光ネットワークが必要となる。

　しかし，これまでは通信を遮断せずにネットワーク構成を変更することができなかったため，新たな場所に端末を接続するためには新たな光ファイバケーブル等のネットワークを構築する工事が必要であり，設備構築コストやネットワーク開通まで時間を要している。

　また，世界的に広く使われている光ファイバは，多様な屈折率分布を有しており，それぞれ伝搬特性（実効屈折率）が異なる。これらの光ファイバを分岐させる従来技術においては，分岐元の光ファイバと分岐先の光ファイバとで同じ伝搬特性（実効屈折率）である必要がある。そのため，分岐元の光ファイバの実効屈折率を現地で把握し，それに適した分岐用光ファイバを用意する必要があった。ところが，実効屈折率の把握を行なうためには，分岐元の光ファイバをサービス停止する必要があるため，現実的には困難な状況だった。

　こうした背景から，通信中の光ファイバがどのような実効屈折率を有している場合であっても，分岐を可能と

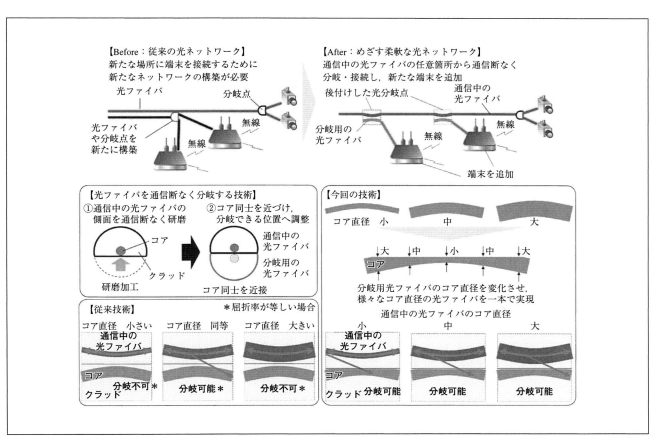

出典：https://group.ntt/jp/newsrelease/2024/04/24/240424b.html

する技術の確立が課題となっていた。そこで同社は，コア直径を変化させた構造を有する分岐用光ファイバの作製方法を開発した。実効屈折率は，コア直径により変化するため，この構造の光ファイバは，多様な実効屈折率を有する光ファイバとして使うことが可能だという。

これを分岐用光ファイバとして使用することで，分岐元光ファイバの実効屈折率がどのような場合であっても，光ファイバを分岐することが可能となる。同社は，この光ファイバを作製する技術，ならびにこれを用いた分岐を，世界で初めて実証した。

これにより分岐可能な光ファイバの範囲を従来と比べて大幅に拡大し，光アクセスネットワークで一般的に使用されている国際標準規格を満たすすべての光ファイバを分岐・合流することが可能となった。同社は，この技術を活用することで，どこからでも通信へ影響なく接続できる柔軟な光ネットワークを実現し，通信事業者の設備構築コスト削減や工期短縮による早期のネットワーク利用が可能になるとしている。

・富士通ら，電力使用量を削減した通信網の運用を開始
掲載日：2023年10月31日

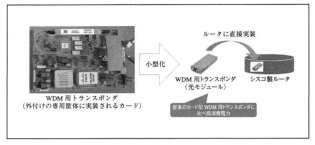

出典：https://pr.fujitsu.com/jp/news/2023/10/31.html

KDDI，米シスコシステムズ，富士通は，IPレイヤと光伝送レイヤを融合した地域網内ネットワークであるメトロネットワークの本運用を開始した。

現在普及が進む5Gサービスの全国展開に伴い，動画などデータ量が多いサービスの利用者が増加し，通信量が急速に増大している。5Gの普及と通信量の増大によりさらなる電力量の増加が想定され，CO_2削減への取り組みが一層重要になっている。

KDDIは，2030年度までにKDDI単体の事業活動におけるCO_2排出実質ゼロを目指しており，事業活動における消費電力の低減が求められている。さらに，通信量の増大に対応するためには，設備を迅速に拡張することが喫緊の課題となっている。

今回採用したIPレイヤと光伝送レイヤを融合した構成は，従来外付けで設置していたWDM用トランスポンダを実装するための筐体が不要になることで消費電力の削減と機器設置スペースの節約を実現している。なお，WDM用トランスポンダは小型化され光モジュールとなり，シスコ製ルーターに実装されている。この光モジュール自体も半導体製造プロセスの改良により低消費電力化されているという。

メトロネットワークの局間伝送路で採用した富士通のOLS「1FINITY」シリーズはオープンインターフェースに対応しており，他社製品を含むさまざまな機器との接続が可能。そのため，局間の伝送容量を拡張する際もルーター側のハードウェア増設や設定変更のみで容量の拡張ができる。これにより，将来の通信トラフィックの増大に応じて迅速な対応が可能となる。

KDDIは，2028年度末までにIPレイヤと光伝送レイヤを融合したメトロネットワークを全国展開していくとしている。

・NICT，38コア・22.9 Pb/sのマルチコア通信に成功
掲載日：2023年10月6日

情報通信研究機構（NICT）は，1本の光ファイバで世界最大の伝送容量となる22.9 Pb/sの通信が可能であることを実証し，これまでの世界記録であった10.66 Pb/sを2倍以上更新した。

同社では，マルチコア方式とマルチモード方式を組み合わせた，100通り以上の光経路を有する空間多重や，商用の波長帯（C，L）と商用化されていないS波長帯のほぼ全域を活用した，合計20 THzの周波数帯域を有するマルチバンド波長多重などをこれまでに実現している。

しかし，空間多重とマルチバンド波長多重の併用に関しては，4コアファイバ中心に検討が進められており，より多数の光経路を有する光ファイバ（例えば，38コア3モード）においては，伝搬に伴い各コアやモード間で生じる信号同士の干渉を分離するためのMIMO受信機を

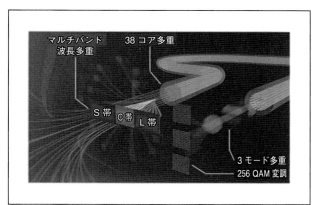

出典：https://www.nict.go.jp/press/2023/10/05-1.html

マルチバンド伝送に対応させる必要があった。

同社は，2020年に10.66 Pb/s伝送を実証した38コア3モード光ファイバ伝送システムのMIMO受信機をマルチバンド伝送用に拡張することで，マルチコア・マルチモード方式による空間多重と，マルチバンド波長多重の融合に成功し，合計22.9 Pb/sに及ぶ超大容量光通信の可能性を実証した。

使用した波長数は，S帯で293波，C帯とL帯で457波の合計750波で，18.8 THzの周波数帯域を使用した。信号の変調には，情報量が多い偏波多重256 QAM方式を使用した。ほぼ周波数帯域の等しい4コアファイバでの実験と比べ，光経路の数を28.5倍に拡大した。

その結果，コアごとに約0.3〜0.7 Pb/s，全38コアの合計で22.9 Pb/sの伝送容量が得られた。これは，現在の商用の光通信システムにおける伝送容量の約1,000倍に相当し，3年前の記録に比べ2倍以上の伝送容量拡大を果たした。

現在，4コアファイバの実用化が推進されているが，通信量が1,000倍になるといわれる将来に向けては光通信インフラの更なる高度化が求められ，超大容量の光ファイバを実用化していく必要がある。この研究は，将来の超大容量な情報通信ネットワークの実現に向けた，マルチコア・マルチモード方式による空間多重技術とマルチバンド波長多重技術の併用の初実証だとする。

研究グループは，マルチバンド波長多重の適用範囲を，より大規模なMIMO受信機を要する結合型マルチコア光ファイバやマルチモード光ファイバへと拡張し，Beyond 5G後の光通信インフラ進化の道を築くとしている。

・香川大ら，非対称データ光通信を効率的に収容

掲載日：2023年3月6日

香川大学，日本電気（NEC），サンテック，古河電気工業（古河電工）は，非対称データ通信を効率的に収容可能な，マルチコアファイバに基づく空間分割多重光ネットワーク技術の実証に成功した。

現在，第5世代（5G）無線通信サービスの導入が進められているが，すでに国内外でその次の世代（Beyond 5G）の無線通信サービスに向けた研究開発が推進されている。将来のBeyond 5G移動無線通信サービスは，5Gの特長である「高速・大容量」，「低遅延」，「多数端末との接続」のさらなる高度化が期待され，これを支える光ネットワークには，ペタビット毎秒（Pb/s）級光リンク容量が必要となると考えられている。

一方，現在の光ネットワークでは，上り通信と下り通信のデータ量が非対称であっても，上り下りで同じ帯域の光信号が割り当てられ，データ量が少ない方向の光信号の容量が無駄になっている。Beyond 5G時代には，クラウドコンピューティングの増加等により，上り通信と下り通信のデータ量の非対称性が一層拡大することが予想され，このような非対称データ通信を無駄なく収容可能な光ネットワークの実現が求められている。

今回実証した技術は，次の4つの技術，①1芯マルチコアファイバを用いて非対称データ通信を効率よく転送可能な空間分割多重光ノード構成技術（担当：香川大学），②1芯マルチコアファイバ内の任意のコアを任意

出典：https://www.kagawa-u.ac.jp/29599/

235

第7章　OPTRONICS ONLINE ニューストピックス

の方向に伝搬する光信号を増幅する技術（担当：NEC），③入力マルチコアファイバ内の任意のコアを任意の出力マルチコアファイバに切り替え可能なコア選択スイッチ技術（担当：サンテック），④装置内接続用マルチコアファイバ設計・配線・接続技術（担当：古河電工）から構成される。

　研究グループは，これらの技術より，マルチコアファイバを用いて非対称データ通信を効率よく転送したり，光のまま増幅したりすることが可能になり，将来のBeyond 5G無線通信サービスを支える，経済性と転送性能に優れた超大容量光ネットワークの実現が期待されるとしている。

・島津，光／音響ハイブリッド水中通信装置を開発
掲載日：2024年4月17日

　島津製作所は「光／音響ハイブリッド水中通信装置」のプロトタイプ（試作機）を開発したと発表した。従来，水中での通信はケーブルによる「有線通信」が主流で，一部音波による「音響無線通信」が利用されてきた。前者はケーブルが陸上と同様のリアルタイム伝送が可能ではあるものの，海流などの抵抗を受け，ROV（Remotely Operated Vehicle：遠隔操作型水中ロボット）の活動は制限される。後者は，AUV（Autonomous Underwater Vehicle：自律型水中ロボット）に搭載されているが，通信速度は数十キロb/sが限界のため，大容量データのリアルタイム伝送に難があった。

　これらを解決すべく，国内外のメーカー・研究機関は高速化が容易な水中光無線技術を開発してきたが，その多くは発光ダイオード（LED）を光源に使う方式。同社が製造・販売する水中光無線通信装置「MC100」および「MC500」では，より指向性と応答速度に優れた半導体レーザーを採用している。

　同社は，防衛装備庁の2022年度の先進技術の橋渡し研究において同社製の水中光無線通信装置と他社製の音響通信装置を組み合わせたプロトタイプを使い，昨年1～2月に水槽および実海面での実証実験を行なった。実験は「刻々と変化する深度，濁度，水温など様々な条件下で，近・中距離での大容量データ通信では光無線通信装置を使い，外乱光や濁りの影響が強い水中や遠距離で

出典：https://www.shimadzu.co.jp/news/2024/4l_a_8g8xbqs94_4.html

は音響通信装置に切り替える」という内容。

　同社は安全保障や海洋資源探査，洋上風力発電の設置・点検，養殖を中心とする漁業などで使える水中無線通信技術を開発していく予定だとしている。

・NICT，紫外LEDで障害物を介した光無線通信に成功
掲載日：2023年6月1日

　情報通信研究機構（NICT）は，深紫外LEDを活用し，太陽光による背景ノイズの多い日中・屋外で，かつ送信機と受信機の間にビルなどの障害物がある"見通し外（NLOS：Non-Line-Of-Sight）"環境下において，光無線通信伝送を実証した。

　光無線通信は，電磁波ノイズに強く，高速・広帯域なデータ通信が可能なことから，次世代の超高速ワイヤレス通信システムの候補とされる一方，電波よりも波長の短い光は直進性が高く，物体を透過しない性質を持つ。このため光無線通信は，途中に光を遮る障害物がなく，送信機と受信機が見通し良く向き合った，"見通し内（LOS：Line-Of-Sight）"環境下での通信に限定されていた。また，従来の可視光や赤外光を用いる光無線通信においては，太陽光による背景ノイズの影響を極めて強く受けてしまう問題もあった。

　研究グループは，深紫外波長帯（200～300 nm）で発光する窒化アルミニウムガリウム（AlGaN）系LEDの開発と，その深紫外LEDを"見通し外"環境下での光無線

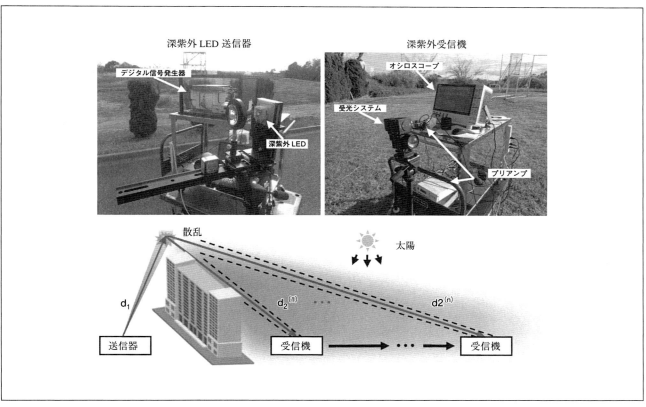

出典：https://www.nict.go.jp/press/2023/06/01-1.html

通信に活用するための研究を進めてきた。特に，波長280 nm以下の深紫外光は，オゾン層で強く吸収されるため自然界には存在せず，太陽光背景ノイズの影響を回避することができる。

また，波長の極めて短い深紫外光は，大気中のエアロゾルや分子と強く相互作用し，高確率に散乱されるため，送信機と受信機の間に障害物がある"見通し外"環境下においても，散乱過程を介して障害物を回り込み，無線通信が実現できる可能性がある。しかし，"見通し外"環境下における散乱過程を介した深紫外光は，伝送距離に対する減衰率が極めて大きく，高出力な深紫外LEDと，太陽光背景ノイズを高精度に除去する受光システムの開発が必須だった。

今回，波長265 nm帯，光出力500 mW超の独自開発の高強度シングルチップ深紫外LEDを搭載した送信機を開発した。また，太陽光背景ノイズを高効率に除去し，深紫外波長領域の信号光だけを選択的に取得可能な二重コールドミラーを備えた受信機を開発した。これを用い，"見通し外"の実験配置において，アイパターンの直接計測を行なった結果，最大80 mの長距離伝送，1 Mb/sの通信速度で明瞭なアイパターンを確認した。

これは，日中・屋外の"見通し外"環境下において，長距離・高速（Mb/s以上）の深紫外LED光無線通信伝送を達成した世界初の例。見通しの悪い条件下においても，高強度深紫外LEDで高速光無線通信が実現できる可能性が示された。

研究グループは今後，"見通し外"光ワイヤレス伝送の長距離化や大容量化の実証を目指すとしている。

OPTRONICS MOOK　光通信技術

定価（本体 15,000 円＋税）

令和 6 年 9 月 30 日　　第 1 版第 1 刷発行

編集・発行　　　㈱オプトロニクス社
　　　　　　　　〒162-0814
　　　　　　　　東京都新宿区新小川町 5-5 サンケンビル
　　　　　　　　TEL（03）3269-3550
　　　　　　　　FAX（03）3269-2551
　　　　　　　　E-mail　editor@optronics.co.jp（編集部）
　　　　　　　　　　　　booksale@optronics.co.jp（販売担当）
　　　　　　　　URL　　https://www.optronics.co.jp/

※万一，落丁・乱丁の際にはお取り替えいたします。　　　　　　　　　　　　　　　　Kn98dNcG

ISBN978-4-902312-78-2 C3055 ¥15000E